U0227475

科学技术哲学文库 | 丛书主编·郭贵春　殷　杰

科学哲学问题研究

·第五辑·

◎ 郭贵春　主编

科　学　出　版　社

北　京

图书在版编目(CIP)数据

科学哲学问题研究. 第五辑 / 郭贵春主编. —北京：科学出版社，2017.3
（科学技术哲学文库）
ISBN 978-7-03-051926-9

Ⅰ.①科… Ⅱ.①郭… Ⅲ.①科学哲学–研究 Ⅳ.①N02

中国版本图书馆 CIP 数据核字（2017）第039808号

丛书策划：侯俊琳 邹 聪
责任编辑：邹 聪 程 凤 / 责任校对：赵桂芬
责任印制：李 彤 / 封面设计：有道文化
编辑部电话：010-64035853
E-mail:houjunlin@mail. sciencep.com

科学出版社 出版
北京东黄城根北街 16 号
邮政编码：100717
http://www.sciencep.com
北京厚诚则铭印刷科技有限公司 印刷
科学出版社发行 各地新华书店经销
*
2017 年 3 月第 一 版 开本：720×1000 1/16
2022 年 1 月第四次印刷 印张：19 1/2
字数：376 000
定价：98.00元
（如有印装质量问题，我社负责调换）

总　序

认识、理解和分析当代科学哲学的现状，是我们抓住当代科学哲学面临的主要矛盾和关键问题、推进它在可能发展趋势上取得进步的重大课题，有必要对其进行深入研究并澄清。

对当代科学哲学的现状的理解，仁者见仁，智者见智。明尼苏达科学哲学研究中心在 2000 年出版的 Minnesota Studies in the Philosophy of Science 中明确指出："科学哲学不是当代学术界的领导领域，甚至不是一个在成长的领域。在整体的文化范围内，科学哲学现时甚至不是最宽广地反映科学的令人尊敬的领域。其他科学研究的分支，诸如科学社会学、科学社会史及科学文化的研究等，成了作为人类实践的科学研究中更为有意义的问题、更为广泛地被人们阅读和争论的对象。那么，也许这导源于那种不景气的前景，即某些科学哲学家正在向外探求新的论题、方法、工具和技巧，并且探求那些在哲学中关爱科学的历史人物。"[①]从这里，我们可以感觉到科学哲学在某种程度上或某种视角上地位的衰落。而且关键的是，科学哲学家们无论是研究历史人物，还是探求现实的科学哲学的出路，都被看作一种不景气的、无奈的表现。尽管这是一种极端的看法。

那么，为什么会造成这种现象呢？主要的原因就在于，科学哲学在近 30 年的发展中，失去了能够影响自己同时也能够影响相关研究领域发展的研究范式。因为，一个学科一旦缺少了范式，就缺少了纲领，而没有了范式和纲领，当然也就失去了凝聚自身学科，同时能够带动相关学科发展的能力，所以它的示范作用和地位就必然要降低。因而，努力地构建一种新的范式去发展科学哲学，在这个范式的基底上去重建科学哲学的大厦，去总结历史和重塑它的未来，就是相当重要的了。

换句话说，当今科学哲学在总体上处于一种"非突破"的时期，即没有重大的突破性的理论出现。目前，我们看到最多的是，欧洲大陆哲学与大西洋哲学之间的渗透与融合，自然科学哲学与社会科学哲学之间的借鉴与交融，常规科学的进展与一般哲学解释之间的碰撞与分析。这是科学哲学发展过程中历史地、必然地要出现的一种现象，其原因在于五个方面。第一，自 20 世纪的后历史主义出现以来，科学哲学在元理论的研究方面没有重大的突破，缺乏创造性的新视角和新方法。第二，对自然科学哲学问题的研究越来越困难，无论是拥有什么样知

---

① Hardcastle G L, Richardson A W. Logical empiricism in North America//Minnesota Studies in the Philosophy of Science. vol xviii. Minneapolis: University of Minnesota Press, 2000：6.

识背景的科学哲学家，对新的科学发现和科学理论的解释都存在着把握本质的困难，它所要求的背景训练和知识储备都愈加严苛。第三，纯分析哲学的研究方法确实有它局限的一面，需要从不同的研究领域中汲取和借鉴更多的方法论的经验，但同时也存在着对分析哲学研究方法忽略的一面，轻视了它所具有的本质的内在功能，需要在新的层面上将分析哲学研究方法发扬光大。第四，试图从知识论的角度综合各种流派、各种传统去进行科学哲学的研究，或许是一个有意义的发展趋势，在某种程度上可以避免任何一种单纯思维趋势的片面性，但是这确是一条极易走向"泛文化主义"的路子，从而易于将科学哲学引向歧途。第五，科学哲学研究范式的淡化及研究纲领的游移，导致了科学哲学主题的边缘化倾向，更为重要的是，人们试图用从各种视角对科学哲学的解读来取代科学哲学自身的研究，或者说把这种解读误认为是对科学哲学的主题研究，从而造成了对科学哲学主题的消解。

然而，无论科学哲学如何发展，它的科学方法论的内核不能变。这就是：第一，科学理性不能被消解，科学哲学应永远高举科学理性的旗帜；第二，自然科学的哲学问题不能被消解，它从来就是科学哲学赖以存在的基础；第三，语言哲学的分析方法及其语境论的基础不能被消解，因为它是统一科学哲学各种流派及其传统方法论的基底；第四，科学的主题不能被消解，不能用社会的、知识论的、心理的东西取代科学的提问方式，否则科学哲学就失去了它自身存在的前提。

在这里，我们必须强调指出的是，不弘扬科学理性就不叫"科学哲学"，既然是"科学哲学"就必须弘扬科学理性。当然，这并不排斥理性与非理性、形式与非形式、规范与非规范研究方法之间的相互渗透、融合和统一。我们所要避免的只是"泛文化主义"的暗流，而且无论是相对的还是绝对的"泛文化主义"，都不可能指向科学哲学的"正途"。这就是说，科学哲学的发展不是要不要科学理性的问题，而是如何弘扬科学理性的问题，以什么样的方式加以弘扬的问题。中国当下人文主义的盛行与泛扬，并不是证明科学理性不重要，而是在科学发展的水平上，社会发展的现实矛盾激发了人们更期望从现实的矛盾中，通过对人文主义的解读，去探求新的解释。但反过来讲，越是如此，科学理性的核心价值地位就越显得重要。人文主义的发展，如果没有科学理性作为基础，就会走向它关怀的反面。这种教训在中国社会发展中是很多的，比如有人在批评马寅初的人口论时，曾以"人是第一可宝贵的"为理由。在这个问题上，人本主义肯定是没错的，但缺乏科学理性的人本主义，就必然走向它的反面。在这里，我们需要明确的是，科学理性与人文理性是统一的、一致的，是人类认识世界的两个不同的视角，并不存在矛盾。从某种意义上讲，正是人文理性拓展和延伸了科学理性的边界。但是人文理性不等同于人文主义，正像科学理性不等同于科学主义一样。坚持科学理性反对科学主义，坚持人文理性反对人文主义，应当是当代科学哲学所要坚守的目标。

　　我们还需要特别注意的是，当前存在的某种科学哲学研究的多元论与 20 世纪后半叶历史主义的多元论有着根本的区别。历史主义是站在科学理性的立场上，去诉求科学理论进步纲领的多元性，而现今的多元论，是站在文化分析的立场上，去诉求对科学发展的文化解释。这种解释虽然在一定层面上扩张了科学哲学研究的视角和范围，但它却存在着文化主义的倾向，存在着消解科学理性的倾向。在这里，我们千万不要把科学哲学与技术哲学混为一谈。这二者之间有重要的区别。因为技术哲学自身本质地赋有更多的文化特质，这些文化特质决定了它不是以单纯科学理性的要求为基底的。

　　在世纪之交的后历史主义的环境中，人们在不断地反思 20 世纪科学哲学的历史和历程。一方面，人们重新解读过去的各种流派和观点，以适应现实的要求；另一方面，试图通过这种重新解读，找出今后科学哲学发展的新的进路，尤其是科学哲学研究的方法论的走向。有的科学哲学家在反思 20 世纪的逻辑哲学、数学哲学及科学哲学的发展，即"广义科学哲学"的发展中提出了五个"引导性难题"（leading problems）。

　　第一，什么是逻辑的本质和逻辑真理的本质？

　　第二，什么是数学的本质？这包括：什么是数学命题的本质、数学猜想的本质和数学证明的本质？

　　第三，什么是形式体系的本质？什么是形式体系与希尔伯特称之为"理解活动"（the activity of understanding）的东西之间的关联？

　　第四，什么是语言的本质？这包括：什么是意义、指称和真理的本质？

　　第五，什么是理解的本质？这包括：什么是感觉、心理状态及心理过程的本质？[①]

　　这五个"引导性难题"概括了整个 20 世纪科学哲学探索所要求解的对象及 21 世纪自然要面对的问题，有着十分重要的意义。从另一个更具体的角度来讲，在 20 世纪科学哲学的发展中，理论模型与实验测量、模型解释与案例说明、科学证明与语言分析等，它们结合在一起作为科学方法论的整体，或者说整体性的科学方法论，整体地推动了科学哲学的发展。所以，从广义的科学哲学来讲，在 20 世纪的科学哲学发展中，逻辑哲学、数学哲学、语言哲学与科学哲学是联结在一起的。同样，在 21 世纪的科学哲学进程中，这几个方面也必然会内在地联结在一起，只是各自的研究层面和角度会不同而已。所以，逻辑的方法、数学的方法、语言学的方法都是整个科学哲学研究方法中不可或缺的部分，它们在求解科学哲学的难题中是统一的和一致的。这种统一和一致恰恰是科学理性的统一和一致。必须看到，认知科学的发展正是对这种科学理性的一致性的捍卫，而不是

---

① Shauker S G. Philosophy of Science, Logic and Mathematics in 20th Century. London：Routledge, 1996：7.

相反。我们可以这样讲，20世纪对这些问题的认识、理解和探索，是一个从自然到必然的过程；它们之间的融合与相互渗透是一个从不自觉到自觉的过程。而21世纪，则是一个"自主"的过程，一个统一的动力学的发展过程。

那么，通过对20世纪科学哲学的发展历程的反思，当代科学哲学面向21世纪的发展，近期的主要目标是什么？最大的"引导性难题"又是什么？

第一，重铸科学哲学发展的新的逻辑起点。这个起点要超越逻辑经验主义、历史主义、后历史主义的范式。我们可以肯定地说，一个没有明确逻辑起点的学科肯定是不完备的。

第二，构建科学实在论与反实在论各个流派之间相互对话、交流、渗透与融合的新平台。在这个平台上，彼此可以真正地相互交流和共同促进，从而使它成为科学哲学生长的舞台。

第三，探索各种科学方法论相互借鉴、相互补充、相互交叉的新基底。在这个基底上，获得科学哲学方法论的有效统一，从而锻造出富有生命力的创新理论与发展方向。

第四，坚持科学理性的本质，面对前所未有的消解科学理性的围剿，要持续地弘扬科学理性的精神。这应当是当代科学哲学发展的一个极关键的方面。只有在这个基础上，才能去谈科学理性与非理性的统一，去谈科学哲学与科学社会学、科学知识论、科学史学及科学文化哲学等流派或学科之间的关联。否则，一个被消解了科学理性的科学哲学还有什么资格去谈论与其他学派或学科之间的关联？

总之，这四个从宏观上提出的"引导性难题"既包容了20世纪的五个"引导性难题"，也表明了当代科学哲学的发展特征：一是科学哲学的进步越来越多元化。现在的科学哲学比过去任何时候，都有着更多的立场、观点和方法；二是这些多元的立场、观点和方法又在一个新的层面上展开，愈加本质地相互渗透、吸收与融合。所以，多元化和整体性是当代科学哲学发展中一个问题的两个方面。它将在这两个方面的交错和叠加中寻找自己全新的出路。这就是当代科学哲学拥有强大生命力的根源。正是在这个意义上，经历了语言学转向、解释学转向和修辞学转向这"三大转向"的科学哲学，而今转向语境论的研究就是一种逻辑的必然，成为科学哲学研究的必然取向之一。

这些年来，山西大学的科学哲学学科，就是围绕着这四个面向21世纪的"引导性难题"，试图在语境的基底上从科学哲学的元理论、数学哲学、物理哲学、社会科学哲学等各个方面，探索科学哲学发展的路径。我希望我们的研究能对中国科学哲学事业的发展有所贡献！

郭贵春

2007年6月1日

目　　录

社会科学哲学

认知与心理学哲学

一般科学哲学

科学文本研究中篇际语境分析的本质和特征 *

郭贵春　张　旭

篇际语境分析（analysis of intertextual context）是科学修辞学和语境分析法在科学文本研究中的具体应用，是语境修辞研究模型的重要方法。由于科学文本的特殊性，篇际语境分析在科学文本研究中显得格外重要。科学文本以其严密性、客观性著称，对科学文本的分析大多采用文本或数据的提取和分类对比等方式进行，但欠缺全面性和解释性，不能很好地反映科学文本写作的目的、过程、影响及其变化，不能真正满足科学文本研究的需求。篇际语境分析能够在科学文本分析过程中激活受分析文本与其他文本之间的关联，挖掘文本中容易忽略的隐藏信息，催化和凸显文本的核心内容，最终帮助分析者做出较为成熟、全面、合理和科学的文本解释。科学文本研究中频繁应用篇际语境分析，却始终没有对其进行系统的梳理和研究，因此对科学文本研究中篇际语境分析的本质和特征的研究是必要的。

一、篇际语境分析的本质

科学文本研究中的篇际语境有广义与狭义之分。广义的篇际语境是指科学文本所处的语境关系总和，它包含所有与受分析文本相关的社会、政治、经济、文化、物质资料等因素，以及它们之间的关系。贝尔德曾写道："话语不能孤立于它所处的社会环境。因此，社会环境的重构是必要的。必须做出与它相关的复杂经济、社会、政治、文学、宗教，以及其他活动的充分解释。"[1]他所指的"社会环境"实质就是广义的篇际语境。狭义的篇际语境又称文本间语境，是指受分析的科学文本与其他文本之间的关系总和。坎贝尔说过，如果文本被孤立在语言学语境或者文化语法（cultural grammar）之外，文本的解释将无法进行。坎贝尔对达尔文《物种起源》和其他文本的关联解读，强调的是狭义的篇际语境。科学修辞学中广义的篇际语境是以科学文本为出发点而形成的与文本相关的整个修辞

＊　原文发表于《西北师范大学学报（社会科学版）》2015 年第 1 期。
　　郭贵春，山西大学科学技术哲学研究中心教授、博士生导师，研究方向为科学哲学；张旭，山西大学科学技术哲学研究中心博士研究生，研究方向为科学哲学。

语境，狭义的篇际语境是我们进行科学文本研究时所使用的文本间修辞语境。文本分析作为最主要的修辞研究方式，在科学修辞学中得以继承和发扬，科学文本研究是重要的文本研究方式，同时也是最主要的科学修辞学研究内容。科学修辞学的科学文本研究是指通过运用一定的修辞研究方法，分析与科学相关的论文、著作、公开言说等文献资料，描述文本中所包含的信息，阐述其科学思想，解析其运用的修辞方法及效用，并对问题做出相应的修辞性解释。功能论和工具论的文本研究模式各有所长，长期被应用于科学文本研究中，但是随着解释学转向和修辞学转向带来的哲学新变化及科学修辞学的蓬勃发展，功能论和工具论的文本研究模式已经不能满足日益丰富的科学文本的解释需求，语境论的研究模式逐渐成为科学文本研究中的主流方式。维切恩斯 1925 年发表的《演讲的文学批评》开启了修辞批评的新篇章，语境修辞模式逐渐成为修辞批评分析中最重要的研究方式，科学文本研究领域的学者开始关注文本之间的关系，即篇际语境，试图通过这种分析来剖析文本隐藏信息并做出相应的解读。

篇际语境分析是借助篇际语境实现的一种分析方法，指在进行科学文本研究的修辞分析时，要结合前后文本、作者其他文本或私人文本，以及其他相关文本进行关联解读，这是一种基于狭义篇际语境而实现的研究方法，是语境精神在科学文本研究中的体现，是语境分析法的具体应用。语境在文本写作之初就决定了文本目的并引导文本批评的前进方向，被确定的目的开始组织整个文本建构，而语境和语境研究模型则作为一种背景因素隐藏起来。[2] 在科学文本研究中，解读文本就是要找出隐藏在科学文本中的语境因素，重新构建初始语境，找出文本与语境各要素之间的关系以求更加完整地理解原文本。有时语境是被刻意利用的，在文本产生之初就有很强的目的性，如针对性的科学批评和反驳。但是，更多时候作者会在文本产出过程中自觉地运用语境，语境是自然地渗透进文本的，是文本的内在组成部分。进行科学文本解读时要尽可能地重建语境以帮助我们理解，但是完全达到受分析文本产生之初的语境是不可能的。每个人在解释时会使用不同的语境，但文本最初的语境是一定的，哪个解释者所使用的语境与初始语境契合度高，他的解释就较合理。篇际语境分析就是在多个文本间跳跃，试图勾勒出最适当的分析语境并在其中做出解释。科学文本研究中，篇际语境分析的出发点一定是与科学相关的文本，其他所使用到的文本可以是非科学性质的甚至是私人书信，落脚点是通过语境分析对科学文本做出趋于合理的解释。

篇际语境分析有一定的范围和界限，它只适用于科学文本与其他文本之间的语境分析，一旦超越这一界限就会涉及更多的语境因素。这种情况下的修辞分析研究实质上是需要更高一级的语境修辞研究模型来整体进行的，此时就要求配合使用语境修辞研究模型的其他方法来完成。

篇际语境分析在科学文本研究领域是通用的，任何的科学文本研究都需要借助篇际语境分析，没有应用篇际语境分析的科学文本解释必定是孤立的、不完全的，也不会有太高的科学价值和参考价值。

篇际语境分析是在传统科学文本研究方法基础上形成的具有鲜明特征的研究方式。它在坚持传统科学文本研究方式的同时注重篇际语境的运用，由此完成对科学文本的语境解读。传统的科学文本分析从语言学角度、科学写作角度、分类和对比分析角度、数据效用分析角度等层面做出解释，对科学的进步做出了相当的贡献。但是随着科学的复杂化及哲学进路的转变，传统的科学文本研究不能很好地对不断发展的科学文本做出解释，面对推陈出新的科学文本和不断变化的科学文本写作技巧，新的科学文本研究方式呼之欲出。篇际语境分析并不是一种颠覆的分析研究方式，它与传统科学文本研究方式并没有冲突，而是一种思维方式的转变和演进。例如，传统的文本对比分析是一种没有主次之分的平等比较，而篇际语境分析是有固定出发点的——科学文本，它是微观具体的，其他的文本是用来分析它们与科学文本之间的语境关系以辅佐我们进行解读的，这些庞杂的相关文本是宏观的；文本对比分析得出的结论往往是它们的差异性，而篇际语境分析追求的是如何利用篇际语境更好地解读原科学文本。

综上所述，篇际语境分析本质上是建立在狭义篇际语境理论基础上的语境分析方法，它主张通过分析科学文本与其他文本之间的关系来对科学文本进行语境性和修辞性解读，是科学修辞学与语境分析法在科学文本研究中的具体应用，是语境修辞研究模型的重要方法之一。相对于传统科学文本分析法具有无比优越性的篇际语境分析能够在科学文本研究中展现出特有的功用。

二、篇际语境分析的主要特征

（一）语境化特征

篇际语境分析是一个不断摸索、语境重建（contextual restruction）的过程。我们在进行文本研究时可能知道文本初始语境的一些而非全部的因素，那么解读时产生的语境往往不完全等同于初始语境，在这种情况下对语境的建构实质是一种语境重建，它是针对不同语境而言的。如果重建语境与初始语境的契合度高，那么就能做出较为成功的解释，反之则容易产生曲解。语境重建不同于再语境化（recontextualizaiton）和语境还原（contextual restoration）。篇际语境分析注重修辞性解释，而再语境化追求文本的创新性解读，两者内在统一但又有区别。语境还原是指当明确知道原文本的最初语境因素时，对文本的解释就要参照那些初始语境因素，或者是还原初始语境来分析文本的相关内容并在此语境下做出解释。

虽然这一个过程很难完全还原初始语境，但这种理论下预设的初始语境不会发生改变。

篇际语境分析是最适用的科学文本研究方式，因为语境重建更加符合实际情况，语境还原或再语境化是一种理想情况下的解读模式，语境重建虽然很大程度上存在错误和偏差，但却是实际中最好用、最值得尝试的文本解读方式。科学就是对自然规律认识的研究过程，在这一过程中，如果我们遵循合理的建构就会寻得更多的科学宝藏。

得益于语境重建的无限可能性，篇际语境分析才会有各种各样的解读思路，演化出各种各样的修辞解释。坎贝尔是当代卓越的科学修辞批评家，他对达尔文思想的研究颇有建树，篇际语境分析是他始终贯彻的修辞分析方法，冈卡曾说："坎贝尔对《物种起源》的针锋相对又必不可少的解释一直沿用——发明的和篇际的。"[3] 类似坎贝尔那样对达尔文及其进化论进行的文本研究成果不计其数，这些成果的共同点是文本研究都注重篇际语境的关联解读，任何只分析《物种起源》的研究都不能称得上是好的学术研究。

（二）修辞性特征

（1）修辞性剔除。篇际语境分析实际上是在语境重建过程中对科学文本的修辞性表征进行修正，这一过程不断剔除和代入新的修辞，使文本增加说服力或对文本做出更有说服力的解释。在科学修辞学发展早期，科学文本写作使用的修辞手段较为单一。然而科学文本自身必然包含着修辞性，随着科学的演进和科学共同体交流的需要，科学文本的写作开始借助修辞以博得思想传播与交流的最大化，科学文本的修辞应用常常取得意想不到的有益效果。如何在经过修辞的科学文本中挖掘修辞就成为科学文本研究领域的重要内容。修辞性剔除要求通过篇际语境分析找出科学文本中使用过修辞的部分与这部分所使用的修辞手段，并通过修辞性分析来剔除那些无关紧要的修辞或对这些修辞做进一步的分析，从而筛选出科学文本中核心、未加修饰的部分。这种修辞性剔除能够帮助我们真正理解科学文本所要表达的内容，同时为后续的修辞研究做出贡献。

（2）修辞的效用分析。修辞的剔除并不是为了真的剔除科学文本的修辞性，而是为了找到文本核心实质。同时我们对发现的修辞部分进行分析，能够通过研究其修辞手段与方法、产生的修辞效用与影响来帮助我们理解和分析科学文本的意义与合理性。修辞的效用分析对于科学共同体是十分重要的，优秀的科学家尤其是科学事业刚刚起步的年轻科学家会关注成功科学文本所使用的修辞及这些修辞的效用，从而将有益的经验应用到今后自身的科学研究中，而对失败案例的修辞分析也能避免在科学研究的道路上重蹈覆辙。《物种起源》的出版引起了轰动并很快被包括科学家在内的大部分人接受，这本书的成功很大程度上归功于修辞的巧妙使用。各个版本的细微差别并不影响文本整体的灵魂思想，但是这些文字的差异反映出达尔文的修辞使用及这些修辞产生的效用。《物种起源》（第一版）的扉页引用了惠威尔和培根有关自然神学的思想名句，这种做法看似与其宣扬的科学精神初衷是相悖的，实际上这是达尔文为了显示自己对自然神学的尊重从而为进化论的传播开道，因此达尔文在第二版中又添加了巴特勒的名言来增加这种修辞效果[4]。修辞性并不能增加科学文本的科学性，但是修辞效用对科学文本的可接受性、传播与交流等有重要的推动作用。

（3）修辞术语的转换和隐喻的选择。科学文本中所使用的术语必须是一致的，这些术语极有可能是经过一定转换或改进的，篇际语境分析能够通过分析科学文本前后的变化得出术语的使用和转换并且分析这些变化的利弊，同时找出在文本中为了便于传播和交流而选择和反复调整的隐喻并分析这些隐喻的修辞效果。对《物种起源》文本的篇际语境分析不难发现"自然选择"（natural selection）、"生存竞争"（struggle for existence）等耳熟能详的术语和隐喻都是经过深思熟虑的。达尔文使用"自然选择"来替代当时流行的"造物法则"（laws of creation），这种转换将人们所不知的自然力量影响进化的方式转换为人们熟知的人为方式，去除了神性和奇迹性，更容易被接受和理解。特别是对于科学界来说，"选择"更具有科学气质，让人感受到理论和结果都是经过严密科学步骤完成的，而不像之前对物种进化的解释具有某种神秘色彩和不可控性。作为另一个重要的术语，"生存竞争"最早被达尔文称作"自然战争"（war of nature），达尔文经过反复思考最终放弃了它，他也没有接受同事莱伊尔的"物种数量的平衡"（equilibrium in the number of species），因为他觉得这个术语太过沉闷。达尔文最终选择"生存竞争"这一术语并不是因为其准确性，而是因为它在"战争"和"平衡"之间的语义空间是最令人最满意的[5]。

（三）文本性特征

（1）文本自由性与多样性。篇际语境分析的起点是单一的科学文本，但是在分析过程中所采用的文本确是自由和多样的，凡是与被分析文本相关且有分析价值的就可以被拿来进行协助研究。例如，我们发现文本中某一词汇出现频繁，这很可能是作者的有意设计，如果与这篇文本相关的作者其他著作中也出现此类情况或者其他相关文本对此高频词汇进行了解读，那么这两种语境很可能是一致的，以此展开的文本关联分析则更容易把握作者意图。依此类推，如果文本中反复提到某人的著作或思想，我们就需要按图索骥去找到作者想要汲取的那份思想来源。坎贝尔在对达尔文的进化论进行研究时，通过量化和分析词汇使用频率、文本各版本之间差异性、上下文之间关联、文章各部分逻辑关系、作者话语及语气转换等来对文本做出解释说明。他谈到："作者用一组词语频率将会有益于他认识的开始，它的重复性证明了作者潜在目的的一些迹象。"[6] 此外，篇际语境分析所涉及的文本也可以是非正式的和私人的。我们分析的科学文本必然是正式出版或公开发表的，那么作者在此期间或与此相关的书信往来、私人访谈之类非正式文本也都能够成为我们解读其思想变化的重要资料，也有助于理解原文本内容提出与变更的原因。

（2）文本的关联解读。篇际语境分析要求多文本的关联解读。我们可以考察受分析的科学文本与另外一个文本或多个文本之间的关系。篇际语境分析的过程必然是多样的而不会局限于单文本研究。坎贝尔的成功很大程度上源于他后期对篇际分析法的着重使用，特别是着手对达尔文的书信、笔记等进行大量分析，这些关联解读暴露了达尔文学说的大量矛盾。达尔文常在与他人的通信中将自己表现为一个坚定的归纳主义者，如达尔文曾在与菲斯克的信中强调说："我对归纳方法是如此坚定……我的工作必须开始于一些现实材料的积累而不是从原理中直接得来。"[7] 但是达尔文在 1860 年写给他的同事莱伊尔的信中却说道："没有理论的建构，我确信就没有观察可言。"[8] 在 1861 年写给同事福西特的信里，达尔文甚至用这样的话尖锐地批判归纳主义者："大概 30 年前，有很多言论说地质学家需要的仅仅是观察而不是理论；我还能记起来有些人说在这个领域最好的做法是走进碎石堆中，数数卵石的数量并描绘它们的颜色。这是多么愚笨的，居然没有人明白所有的观察都是为了支持或者反对一些理论观点。"[9] 显然，达尔文的观点有一定的局限性和片面性，他在公众面前表现出的归纳主义者姿态，一方面是考虑了 19 世纪培根归纳法在英国科学界的盛行；另一方面也是为了让自己的理论更具可接受性和实证性。通过篇际语境分析我们可以认识到达尔文的科学理论并不是单纯地经过实践和资料的搜集之后得出的，而是建立在特定的预设原则和理论基础之上，在寻找资料证据的过程中对理论不断修改的，这使得我们对达尔文和进化论有了更加全面的认识。

（四）其他特征

篇际语境分析是一种起始于科学文本并回归科学文本的解释方法，相对于数据对比分析和单纯的本文分析，它是一种由外及内的研究过程，篇际语境的采用和文本间关系的分析，都是为了服务于受分析科学文本的研究的。而数据对比分析是在外的研究，它讲求通过数据的分类对比研究对科学文本做出评价；文本分析则是在内的研究，它讲求通过文本内部的分析得出解释。篇际语境分析要求具有一致性的文本才能作为研究的对象，否则即使具有相关的思想仍不能作为参照，因为有可能它们讲得风马牛不相及，我们称这种要求为篇际一致性（intertextual coherence）原则。篇际一致性原则规定了篇际语境分析对文本的选取不是杂乱无章的。

结　语

篇际语境分析在科学文本研究中的广泛应用说明了其相对于传统科学文本研究方式的优越性，在它的影响下，文本间关系的探求已经潜移默化地成为科学文本研究中的必修课，任何试图全面剖析科学文本的工作都要首先对科学文本自身及其相关的篇际语境进行探讨。科学文本以其客观性、严密性、一致性等特点使传统科学文本研究工作困难重重，仅借助于数据分析已不能全面和有效说明文本信息，使用一种语境论的方法研究科学文本成为可能。科学文本的许多信息隐藏于干涩的数据表示之中，如何更好地将数据要表达的和能表达的表述出来是篇际语境分析的用武之地。篇际语境分析能更加灵活地应对各种问题，能够在科学文本分析过程中对文本的修辞性进行语境化解读，从文本之间关系角度加深对科学文本的理解，较为全面地把握科学文本所处的篇际语境及系统地分析其修辞的使用，有助于研究者形成一种关于科学文本的系统的、全面的认识，对于科学文本研究方法的革新有重要推动作用。

篇际语境分析是对语境修辞研究模型的补充和发展。通过篇际语境分析的不断使用，科学修辞学对语境的理解不断深入，文本研究过程中的语境绝不是简单的文本叠加，也不仅仅是围绕文本展开的因素集合，而是渗透到文本之中，参与到文本发展之中，并对之后的分析研究起到决定作用的。篇际语境分析是语境分析法在科学文本研究的具体应用，它丰富了语境分析法的内涵，对于理解语境分析法在科学修辞学领域的作用大有裨益。篇际语境分析在科学文本研究中大展异彩，同样在其他科学修辞学研究领域有重要价值。虽然在科学论战研究和科学实验研究中并不是唯一的研究方法，但它仍是不可或缺的、具有核心价值的研究手段，对于建构更加完善的语境修辞研究模型必不可少。

科学哲学从不缺乏创新精神，整个科学哲学研究历程都是在披荆斩棘中前进的，篇际语境分析的应用对于科学哲学的修辞学转向是很好的回应，对于服务科学的哲学思想有更多的启发价值。同时，在蓬勃发展的科学修辞学研究中，篇际语境分析作为深入人心的科学文本研究方法，逐渐催生出更多的研究成果，保证科学修辞学的不断前进，对于丰富科学修辞学理论和促进科学修辞学应用有着重要意义。

总之，篇际语境分析在科学文本研究中有着独特的优势，语境化的科学文本解读更容易让我们接近文本所表达的思想，在科学文本研究中不可能离开篇际语境分析，只有在这种方法的指引下，对科学文本的解读才会更清晰、更有意义。

参考文献

[1] Baird A, Thonssen L. Methodology in the criticism of public address. Quarterly Journal of Speech, 1947, (33): 137.

[2] Jasinski J. Instumentalism, contextualism, and interpretation in rhetorical criticism//Gross A G, Keith W M. Rhetorical Hermeneutics. Albany: State University of New York Press, 1997: 206.

[3] Gaonkar D P. The idea of rhetoric in the rhetoric of science//Gross A G. Keith W M. Rhetorical Hermeneutics. Albany: State University of New York Press, 1997: 59.

[4] Campbell J A. Charles Darwin: Rhetorician of science//Harris R A. Landmark Essays on Rhetoric of Science. Mahwah: Hermagoras Press, 1997: 4.

[5] Campbell J A. Charles Darwin: Rhetorician of science//Harris R A. Landmark Essays on Rhetoric of Science. Mahwah: Hermagoras Press, 1997: 13.

[6] Campbell J A. Scientific revolution and the grammar of culture: The case of Darwin's origin. Quarterly Journal of Speech, 1986, (4): 361.

[7] Darwin F. Life and Letters of Charles Darwin. vol. 2. New York: D. Appleton, 1896: 371.

[8] Darwin F. More Letters of Charles Darwin. vol. 1. New York: D. Appleton, 1903: 195.

[9] Darwin F. More Letters of Charles Darwin. vol. 1. New York: D. Appleton, 1903: 173.

科学争论的语境论解释 *

郭贵春　张　旭

　　科学争论伴随着科学的产生和革新，是科学发展历程中最具创造力和创新性的历史实在。它为科学和社会的对话搭建桥梁，为实验方法和思想理论的交流探讨提供载体。科学争论越激烈，越能推动科学和社会的整体进步，越能加速陈旧学说的淘汰和先进理论的产生，从而"在各种不同的科学概念、方法、解释和应用之间，创造一种内在的、深远的必要张力"。[1]科学争论分为内部和外在两个层面：内部争论主要考察科学的逻辑性，即科学理论是否符合客观规律、能否正确反映自然现象和实验结果；外在争论主要涉及科学的修辞性和社会性问题，是以科学为出发点，对自身进行的多角度、全面性审视。库恩在其著作中从不同层次对科学的组织、结构和社会建制等方面展开研究，由此引发的讨论使我们重新反思科学，科学哲学界对科学的修辞性和社会性问题的关注达到了新高度。然而，面对摆在新舞台上的旧问题，无论是科学修辞学的解释方法，还是引入其他相关领域的争论研究思路，各种尝试都无法针对科学争论问题给出一个较为满意的整体性解释。科学修辞学主要依靠修辞性策略与方法来完成具体问题的分析，在科学争论的案例研究方面做出了突出贡献，但它在理论综合上至今无法形成认识论层面的统一，长此以往的发展态势招致了学界对科学修辞学自身学科性的质疑[2]。针对科学争论问题，如何"修葺"科学修辞学，从而既能保留它在案例研究中的成果，又能形成一种统一有效的整体解释，是迫在眉睫的任务。在语境论视野下，借助语境分析法与策略分析法衍生出的语境修辞分析法，构建语境交流平台，将科学争论的整体过程和具体案例统一于一系列的语境交流及转换过程中，为我们从新提供了解决科学争论问题的语境论解释方法。

---

*　原文发表于《科学技术哲学研究》2015 年第 4 期。
　　郭贵春，山西大学科学技术哲学研究中心教授、博士生导师，研究方向为科学哲学；张旭，山西大学科学技术哲学研究中心博士研究生，研究方向为科学哲学。

一、科学争论研究的进路

科学争论是一个非常复杂的问题，但自从 20 世纪中叶以来，在某种意义上讲，存在着两种不可忽视的发展趋势。首先，科学争论研究的问题由内部层面主导走向外在层面主导。科学争论隐含着科学论证思想，科学论证被视作科学争论在传统意义语境下的特殊表现形式，这种预设了证明性过程并带有强力意旨性的研究视角逐渐局限于自然科学内部问题的研究范畴，与适应科学和社会高度结合的发展需求相脱节。与此对应，科学争论不再局限于科学内核问题的分歧探讨，它所关注的主要问题也转向了外在争论层面。其次，科学争论的解释方法正在走向一种语境论的融合。针对科学争论的主要问题，包括科学修辞学家在内的各界研究者，先从科学内部出发，而后借鉴外部研究方式的各种解决尝试，并没有形成一种普遍、完整、统一、有效的解释。而科学争论的语境论解释在体现科学的修辞性和社会性的同时不会削弱科学的实在性和逻辑性，随着自然科学的进步和与科学相关的哲学思想、社会建制的不断完善，科学争论走向了一种在语境交流平台中寻求协调一致的解释过程。

（一）科学争论研究的主要问题

现阶段，科学争论研究的主要问题集中于外在层面，即科学的修辞性和社会性问题。从整体角度讲，就是如何证明理论的逻辑有效性，如何说明科学使人信服的过程；如何理解科学活动的修辞性及与科学相关组织结构的社会性，从而最终回答科学如何可能的问题。具体来说，就是科学争论需要涉及哪些因素和条件，使用哪些策略和方法，经历怎样的修辞转化过程，会对社会产生什么影响和结果；在科学争论中如何规避科学的修辞性和社会性难题而确信科学，从而在争论中产生更具科学性的理论；如何保持争论后科学理论的长久有效性；构建怎样的研究平台才能使得科学的逻辑性、修辞性、社会性达到一致，并且将科学的逻辑价值取向和社会价值取向统一于这个平台之中。

科学争论问题的两个层面既不能混为一谈，也不能完全对立，内部问题和外在问题是在研究平台基底上的统一，逻辑性、修辞性和社会性是在科学整体语境中的一致。在内部争论问题的研究上，科学哲学家给出了有区别却各自有意义的解释，如逻辑经验主义的证实观点和历史主义的证伪理论，它们分别从不同角度对科学如何成立的问题进行了回答。而外在争论问题的研究起步较晚，直到库恩在《科学革命的结构》中提出一系列诘难后，科学的修辞性和社会性问题才得到了科学家和哲学家们前所未有的重视。这些问题是近代以来科学发展所必须面临的，实质是高速发展的科学与其他学科的交流障碍和理解困难。库恩的工作改变了之前科学争论按部就班式的研究状态，他的研究打开了"科学逻辑和社会制度之间的缺口，而科学修辞学正试图缝合这一缺口"[3]，这就像是打开了潘多拉魔盒，将一些本来不在考虑范围内的问题摆到了我们面前——如何重新认识和理解科学，如何回答科学、知识和社会之间的一系列问题，成为科学哲学的主流研究脉络。

这些问题的出现使我们醒悟到，科学自身不能完整地回答科学的问题，但是内部解决的不完备也并不意味着外部手段的有效。佩拉（M. Pera）等科学修辞学家对库恩的诘难做出了回应并努力在修辞学体系中构建解释方法，同时，哈贝马斯及科学知识社会学等相关研究工作，从另一种视角对科学争论研究做出了一定启发。但是，从科学问题入手的纯内在的解释没有达成共识，以社会性问题为突破口的太外在的研究思路也不能很好地应用于科学争论中，目前为止，尚没有一种理论能对科学争论问题进行全面和完整的解决。

（二）科学修辞学的回应

科学修辞学被看作是最有可能解决科学争论问题的方式之一，多方面因素促成了它在科学争论研究中的地位。首先，鉴于科学修辞学在具体案例分析中发挥的高效作用和取得的卓越成绩，它已经成为解释科学的最主要方法之一。其次，科学的争论过程即交流的过程，而修辞在准备阶段和结果阶段仍然起到至关重要的作用，很多时候，科学修辞学的解释范围和效力大过科学理论内核，因此它可以很好地囊括科学争论研究。此外，随着新修辞学理论的兴起和科学哲学的"修辞学转向"，越来越多的学者尝试用修辞方法解决科学研究领域出现的问题。

科学修辞学家将科学哲学思想与新修辞学理论相结合，针对具体争论问题的相关科学案例进行修辞性分析并取得了较为丰硕的成果，但这些理论都有各自的侧重点，自圆其说的同时又带来了新的困扰，难以在总体上形成统一的解释路径。佩拉在尝试解决库恩所揭示的科学与社会间的问题时，是以一种逻辑思辨为主的研究方式进行的，他同意库恩对修辞的理解，认为科学解释不能仅限于演绎和归纳等推理论证手段，有时也应采用修辞的劝服方式[4]。佩拉的分析指出，科学争论中理论确信的关键在于，共同体在相当的时间内，经过一系列讨论后对理论强度的认可：科学争论中的理论选择或抛弃不取决于双方论据合理性程度的大小，而是倾向取决于这些论据背后理论劝服力的强弱。他采取了一种实用主义解决姿态，将科学的确信问题化解为科学组织对科学的采纳程度。普莱利（L. Prelli）

通过分析社会因素和性质以扩展科学争论的认识维度，他的研究比佩拉更具修辞代表性。他对修辞受众的探讨加深了我们对修辞过程中社会心理层面的认识，但是普莱利的研究过于轻视科学在当代社会文化中思想层面的潜能[5]。佩拉与普莱利的解释理论从逻辑思辨角度和社会心理角度来讨论和理解科学劝服过程。在他们的理论中，科学的社会性仍然仅限于科学的公共文化层面，这些修辞研究在社会制度和社会语境角度未能深入到建制层面，不能很好地适应当代科学争论的需要。拉图尔（B. Latour）将科学放入广阔的社会语境中进行研究，他的修辞观点涉及科学的相关制度、组织和科学家等社会建制方面，但问题在于，拉图尔的分析与其修辞方法并不契合，而且他的策略方法缺乏规范性和一致有效性[6]。

以上的科学修辞学家对库恩问题的解决尝试都不够完整，同时，每一种方案又为后来的研究带来了不同程度的困扰，传统科学修辞学的研究思路要么因缺乏修辞的策略性和科学的社会性而导致解决问题的尝试局限于传统哲学的逻辑层面；要么过于强调修辞性而将这些解释尝试沦为对科学问题的纯粹修辞性解读。总之，这些科学修辞学理论在回答科学争论问题上遇到的困难是由其对科学的修辞性和社会性认识的不彻底造成的。

（三）哈贝马斯和 SSK 研究的启发

哈贝马斯对争论的研究立足于社会性探讨，这种思路应用到科学争论中能够产生不同于科学修辞学解释的功效，同时，他的研究还首次体现了语境在争论中的作用。哈贝马斯交往行为理论的解释效力不限于社会分析层面，他关于交流的理论同时也是一种关注科学调查和论证的学说，在回答科学的社会性问题时比从科学角度出发更有效。

在争论问题上，哈贝马斯交往行为理论中的修辞解释方法与传统策略性修辞解释方法有很大区别。首先，策略性修辞解释方法认为，争论是"一方"采用修辞策略试图影响"另一方"思想或行为的过程，这一过程会向着作为争论出发点的一方前进；而在交往行为理论中，哈贝马斯认为双方是为达成一致而进行交流的，这种状态下的"另一方"更加自由。其次，交往行为理论体现出新修辞学的特点，弱化了参与者在争论中的地位，更加适合科学争论的逻辑和实践经验。此外，哈贝马斯主要从逻辑、思辨和修辞三个层面展开争论研究并将它们放到社会语境中考察，他强调理论符合逻辑规范的同时也应当注重修辞及与此相关的社会建制[7]，但哈贝马斯所谓的修辞层面缺乏实质的修辞性，由此产生了类似佩拉的问题，即缺乏修辞性的研究最终囿于传统哲学的逻辑层面。不过哈贝马斯认识到，当在两种具有竞争性的理论之间进行选择时，修辞的有效性要高于理性，或者要利用修辞策略在理性的基础上进行超越以保证我们进行选择或者干涉他人做出选择。在科学争论中，特别是当两种相对的解释在逻辑上并不存在根本的区别和矛盾时，修辞的作用要高于逻辑的作用，如海森堡的矩阵和薛定谔的波动方程在数学上被证明具有等同性，尽管矩阵说提出较早，但是波动方程一面世就在形式和应用上占据了上风，其原因就是波动方程的修辞简洁性。

哈贝马斯发现了语境在争论中的作用，但没有将语境完全纳入他的研究模式中。他在交流模式的研究中要求参与者具备高度的自觉性，强调一种"有效要求"（validity claim），其实质就是争论中的语境相通性，只不过哈贝马斯理解的"有效要求"更多适用于社会范畴内的交际行为。高度自觉本身并不是问题，但在哈贝马斯的交流模式中缺乏一种动力机制，这一块导致其理论动态性和完整性缺失的拼图恰恰就是语境。哈贝马斯发掘出语境的价值却将其阻拦于外部，视其为遴选交流参与者的条件和保证讨论有效开展的前提，仅仅将其作为一种评价基础在理论的开始及结束时采用[8]。

另外，SSK 在科学、技术与社会的关系认识上存在一定偏差，这导致了他们将科学的社会性无限放大，从而把科学理解为由社会性主导的建构过程。技术是科学与社会之间的跳板，科学思想转化为技术支持才能作用于社会生产，从而产生实际效益，纯理论的科学并不能对社会产生如此巨大和直接的影响。而 SSK 切断了科学与社会的联系，或者说他们将科学和技术混为一谈，这种将技术剥离于"科学‒技术‒社会"影响模式的行为，混淆了科学争论内部问题和外在问题，背离了科学本性，走向一种社会性认识的极端。同哈贝马斯一样，SSK 也认为科学应当放入社会语境中进行考察，但他们将科学视作由社会主导的思路势必导致一种科学的相对性、主观性走向，逐渐将科学推向一种混乱的、无标准的状态，这种理解方式无益于科学的发展，所以 SSK 的尝试在解决整体科学研究时力不从心。

总之，在争论的相关研究中，哈贝马斯打开了语境论解释的大门，却没有坚持这一道路；SSK 正确地认识到科学社会性的重要，却将其过分夸大。哈贝马斯的研究偏向于争论过程中的哲学和社会学分析，他发现了争论开始和结束时所需要的语境因素，但他没能将语境应用于争论的整体研究中，忽略了语境对全局尤其是争论进程中的动态影响，他将动态的争论理解为逻辑、思辨和修辞的静态层面分析，不符合科学发展的趋势，但哈贝马斯对修辞结果的评价机制研究有助于我们理解语境和修辞在科学争论中所发挥的作用[9]。SSK 与哈贝马斯有类似的出发点却走向偏激，将科学放入社会语境中进行研究并不意味着科学需要完全社会化，这种通过外部认识来粉碎内部矛盾的方式实质是对科学的消解，彻底社会化的科学等于没有科学，SSK 的这种理解既不符合逻辑规律也不能使人信服，更不能从根本上解决科学争论问题。

二、科学争论的语境论解释走向

科学哲学的历史主义、科学修辞学及社会学的相关研究，从不同视角对科学争论问题进行了回答，但这些解决尝试都存在一定的不足，问题的根源就在于它们在解释时缺少统一和有效的整合型研究纲领和研究平台。当代科学理论和形式更加抽象和超验，科学争论的判决标准更为复杂，科学修辞学作为科学争论的有力增长点，满足当前局势下科学争论多域面、多层次的发展需求。科学修辞学在案例分析层面的发展程度超前于理论层面的研究，在回答有关具体科学争论的实践问题时能给出较为合理的解释。但由于各种修辞解释的零散性和非系统性，案例研究只有在特定的具体争论语境和内容中才有效，不同的争论研究没有形成一致的认识，这使得科学修辞学看似繁花似锦却没有统一的枝干，按照这种发展态势，科学修辞学太广泛的应用和太狭隘的理解都将降低其凝聚成独立性学术方向的能力并阻碍它作为一种科学解释方法的前进。更为严峻的是，案例研究透出的科学的修辞性并没有统一体现出整体科学的社会性，或者说，科学修辞学的案例研究将科学的社会性拆分为具体案例中的社会性，然而对这些被拆分社会性的整合工作却是困难的。所以即使取得了较多的研究成果，我们仍不能确定科学修辞学对理解科学的社会性是否具有真实的推动作用。我们认为，单纯的内部或外在的说明不能反映和满足科学争论的整体面貌和需求，内部和外在层面的问题可以在一定语境下结合，科学争论需要符合科学修辞学规范的新认识论纲领，应当追求一种平台整合下的统一解释。

将语境论思想引入科学修辞学，在语境论视野下构建交流的平台，形成科学争论的语境论解释，是一种可行的研究思路。摆在我们面前的任务就是如何构建语境交流平台并在此基础上做出科学争论的语境论解释，如何改进科学修辞学才能规避对科学的社会性的拆分，或者在拆分之后能否借助一定研究方式完整地映射出统一的科学的社会性。具体来说，也就是我们应当如何处理科学的实在性、历史性、逻辑性、修辞性和社会性，需要一种什么样的解决方式才能更好地理解科学争论；如果在语境论中展开研究，那么如何超越传统科学修辞学解释，以具有语境论特色的方式解决科学争论问题。事实证明，语境论解释走向符合科学争论研究的前进方向，同时这也是科学修辞学所必须做出的选择。科学争论的语境论解释改变了以往的科学修辞学观点，它将语境分析法与策略分析法结合产生新的语境修辞分析法，将具体案例与理论研究综合，将科学的逻辑性、修辞性和社会性统一于语境论视野下和语境交流平台中，加深了我们对科学争论的理解并切实推动了科学进步。科学争论的语境论解释的可行性和优越性表现在如下几个方面。

其一，语境论解释顺应了科学争论研究的发展趋势。首先，语境论解释所关注的是有一致结果产生的过程，在这种研究模式下的科学争论是不断推动科学进步的，而其他的一些论证性过程在一定语境下隐含于争论过程中，受外力主导的争论也由于过度涉及主观性而被排除于科学争论的语境论解释范围。语境论视野下的科学争论不同于传统科学修辞学意义上的科学争论，它认为单纯论证性争论结局的劝服力是有限的，这种结局实质上是一种科学创造性活动的过程，属于科学争论过程的一部分或争论的事件发端；同时，它认为因外力中断的争论应当属于社会学的研究范畴，因为外部主导的因素过多包含了主观性和不可控性，在科学争论的模式中不能完全适用。其次，语境论解释既涉及科学认识和科学活动层面的内容，如科学理论的描述和选择、实验及测量工具的继承与创新，也涉及有关科学社会性层面的内容，如共同体的科学素养、社会政治干涉与制度建制、经济文化的驱动和导向等，这些内容继承并拓展了科学争论研究的域面，同时也极大地丰富了科学争论研究的内涵。

其二，科学争论的语境论解释效用要显著优于传统科学修辞学解释。传统的科学修辞学解释在分析科学争论问题时，关注到争论双方的独立性而忽略了争论主体之间的联系性，因此解释的落脚点往往是关乎某一方及其进行的自身超越，是一种"锦上添花型"修辞策略。而科学争论的语境论解释认为，争论双方在寻求一致性的过程中，通过语境交流平台的互补融合，最终形成一种共同接受的新理论，这样的过程能够保护新理论的成长，又保证争论力量的培育。同时，它还认为解释的最终立场应该是争论双方关系的语境分析，即使是以某一方为主要修辞对象，也应当是由该对象出发的、针对另一方而产生的两者关系的超越或为了后续发展而刻意的收敛，是一种"韬光养晦型"修辞策略，这通过修辞对象之间关系的分析而将争论双方统一于修辞过程中。举例来说明这两种解释的区别，达尔文深知他所宣扬的理论会受到来自科学内部和社会各方的阻力，所以从《物种起源》的第一版开始，他就在一些显要位置援引了当时被普遍认可的神学自然观和古典自然观名言，这种做法在传统的科学修辞学解释中被认为是通过增加权威的引用来增强自身观点的合理性和逻辑性，是"锦上添花型"修辞策略；而语境论解释认为这种做法是为了减小新理论被反驳的概率而采取一定的修辞手段以缓和与旧势力的矛盾，最终为科学争论的展开和新理论的成长留足余地，是"韬光养晦型"修辞策略。显而易见，科学争论的语境论解释要比传统科学修辞学解释更深刻、更全面。

其三，语境论解释能够有效地解决科学修辞学和科学争论面临的问题，具体表现在如下两方面。首先，科学修辞学的问题在语境论认识中能够得到很好的解释。从较高的层面讲，科学修辞学面临的案例分析零散性与整体解释的缺失问题类似于真理认识的多面性与真理的唯一性之间的矛盾。在不同的语境下，科学真理的表象不同，产生的解释也不可能相同，无限接近真理的是在不同语境下所有合理解释的集合，这是语境、修辞在科学认识上体现出的独特魅力。例如，在量子力学解释中，我们不必关心传统哥本哈根解释的效用范围有多广，也不必纠结多世界解释和退相干理论在关于世界实在，以及其演化出的历史表象的一和多的问题争论上谁更具合理性，只需要了解在某个语境下哪种理论更有说服力、更能说明自然规律即可。这些解释都只是我们对科学真理的一种认识而不是真理本身，它们必然受到语境的制约。我们不否认科学真理的实在性和唯一性，但是我们必须首先认识到对科学真理多面理解的语境性。科学真理的多面性并不违背科学对自然规律简洁性的追求，在宴会上拉小提琴而赢得喝彩的爱因斯坦和在国际会议上令玻尔猝不及防地抛出"EPR 佯谬"的爱因斯坦是同一个人，多样的表达并没有妨碍我们对背后实在的人或事物的统一理解。语境论解释不是真理的相对主义解释，科学就像在不同场合中的缪斯女神，她每次的衣着和言谈举止皆不同，我们不能直接认识到她却能通过不同的景象拼凑出对她的完整印象。"讨论哪个是'真实'毫无意义。我们唯一能说的，是在某种观察方式确定的前提下，它呈现出什么样子来。"[10]语境论观点认为，相比较于抽象的科学概念，我们更应当关心在某种特定语境下体现出的具体科学的表现形式。与此类似，科学修辞学进行的案例分析并不是无意义的，我们只是缺少一种交流的平台来将这些零散的认识统一起来，在语境论视野下，科学争论的具体案例分析与理论研究能够得到渗透和融合。其次，科学争论的修辞解释困难能在语境中得到解决。语境论作为一种广泛应用的研究思路，在科学哲学领域特别是在具体科学问题的哲学研究中发挥了独特的作用。语境的边界是相对的、有条件的，但并不是相对主义的[11]，因为语境强调的是每个语境下独立的意义，而不是强调每个意义的差异性。科学修辞学缺失一种有别于修辞策略零散性的认识论纲领，致使在具体科学争论研究中形成的成果不能转化为理论层面的统一认识，而语境论解释可以直接回答为何案例研究如此不同却每一种解释都有意义，进而有助于将具体研究统一于整体的语境论视野中，在科学争论的范围内形成对科学的统一认识。

　　总之，科学争论的语境论解释本质上是科学修辞学性质的，它具有修辞解释性，顺应了科学修辞学和科学争论相关研究的发展趋势，同时超越了传统修辞学解释方法的局限性，而且，它与科学修辞学的具体案例研究不矛盾，增加了我们对科学的社会性的统一认识，它改变了传统科学修辞学的观点，具有解决科学修辞学研究和科学争论研究相关问题的潜质，是一种可行的、有效的、优越的解释方向。

三、科学争论的语境论解释特征

与科学争论的传统解释方法不同，语境论解释为科学修辞学注入了新活力，在对科学争论问题的认识上展现出新面貌，在研究问题的内容和形式上体现出复杂性与多样性，在分析过程中表现出语境依赖性与修辞基质性，同时还在整体上具有过程动态性与科学公开性等认识论特征。同时，它革新了科学修辞学的分析方法，将语境分析法与修辞学策略分析法结合，既包含了科学争论的修辞学特点又融入了语境论特质，在对科学的逻辑结构、语言系统、价值取向等多方面的考察中，衍生出新的语境修辞分析法，具有语境相通性、语境转换性和语境整体性等方法论特征。

（一）认识论特征

第一，对科学争论研究认识路径的转变，以及在研究问题的内容和形式上体现的复杂性与多样性特征。

（1）语境论解释将科学争论研究的认识路径由"案例引出问题"的研究模式转变为"问题联结案例"的研究模式。传统科学修辞学解释以案例研究方式为主，倾向于从现实表象中探讨背后的问题，而语境论解释扩展了这种认识路径，提倡一种由问题主导的研究方式，走向从问题出发的多案例联结研究。语境论思想注重动态活动中真实发生的事件和过程，参与者处在事件和语境的构造过程中，语境反过来也影响参与者的行为，语境论将实体、事件、现象等具有实在特性的存在视为是在相互关联中表述的，是一种相互促动、关联的实在图景[12]。一方面，这种认识路径的转变彻底改变了探求科学争论问题解决的研究方式，由问题出发而联结案例的研究模式能将类似的科学案例进行并向分析，从而有利于发现多案例的共同性质，有助于归纳修辞策略从而最终产生统一的理论解释，在很大程度上解决了科学修辞学中各种案例研究之间、具体案例研究和理论综合研究之间的不协调问题。另一方面，语境论解释的认识路径使整个争论过程的主导权走向客观性。传统的研究模式针对单个案例引发不同问题的思考，在客观性上备受争议，这种认识路径要么是比较单一的，要么是具有主观倾向的，而语境论解释从争论的问题入手，以多样的案例作为例证，将"一个案例多个问题"的对比关系颠覆成"一个问题多个案例"，更具有全面性和客观性，同时更具说服力。

（2）语境论解释在科学争论问题的研究内容和形式上表现出复杂性与多样性。科学争论的根本问题是内部问题和外在问题的结合，也就是"科学在争论中如何可能"的问题。具体说来，包括共同体内部关于科学的概念和指称、理论和认识、结构和推导、工具和方法等分歧，科学发现与理论发明之间的语义建构，科学传播中的社会环境、心理与认知因素，科学发展与社会建制的同步性问题等方面。科学争论的语境论解释有多种形态，既包含科学认识论层面的争论，也包含科学方法论层面的争论，以及由科学引导的外部争论。具体有科学的革命性争论，如大陆漂移说的提出引发了地学革命；社会性科学争论，如克隆技术应用对社会影响的争论；科学解释性争论，如对科学思想的不同认识或由科学争论所引发的理解性争论；科学本体论争论，如科学实在论之争；科学优先权争论等。总之，科学争论的语境论解释不仅包含自然科学内部关乎科学规律的争论，还涉及科学与社会问题的争论，问题复杂和多样，集所有科学难题于一身。

第二，在要素和过程分析中体现出语境依赖性与修辞基质性。

（1）科学争论的语境论解释将参与者纳入语境结构中，作为一种语境要素进行分析处理，杜绝了以参与者为主导的研究模式。传统的科学争论局限于简单的交互（图1），是对传统修辞学理论的应用，即从参与者出发的修辞策略研究，这种模式会导致一定的主观性和相对性。哈贝马斯采纳了新修辞学的思路，试图将参与者统一于一种双方互涉的状态，从而修补这种缺陷。这种做法通过促进交流而弱化了参与者的地位，但争论和交流仍过分依赖参与者的自觉性而不是整个争论系统的自觉性，所以哈贝马斯的解释没能从本质上脱离传统研究的诟病。科学不是个人或某些组织的独立活动，因此从语境论角度讲，科学争论只关心争论的结果是否对科学有益，而不关心结果由谁主导，因为即使一方的思想对结论产生了较高程度的影响也不能判定另一方的观点是完全错误的，我们认识到的只是当前语境下的某种更加合理的科学解释。此外，科学观念不会突兀地提出或孤立地存在，一定是限定于时间、场合、方式等条件下，包括科学家自身在内的多因素构成的复杂语境系统中的。争论过程中产生的变化受到语境的影响，同时争论的结果又会使得参与者所处的语境发生转变，争论中的个体或组织在辩护时会参照对方所处语境对自己的理解做出不同程度的修正，新的解释在双方共有语境的参与下才能完成。

（2）修辞性特征体现在整个争论过程中，而不仅仅是SSK理解的参与者与理论构建层面。科学争论是恰当的逻辑描述和有理由的修辞建构过程，语境论解释认为科学争论的实质是不同语义系统的修正和扬弃，争论双方要具备相通的语义结构以便在争论中理解对方并做出回应，若非如此，争论将演变为一种"公说公有理，婆说婆有理"的语言层面的不可通约状态。在争论过程中，相同的科学素养和相通的语义体系都始终存在于语境系统之中，这些必要的语境因素也是参与者必须具备的修辞要求。因此可以说，科学争论的语境论解释从一开始就是在限定的修辞条件下展开的，整个争论和解释过程体现了修辞基质性。

第三，科学争论过程的动态性与科学公开性。

（1）语境论解释使科学争论成为高度自觉的互动模式。如果将传统的科学争论模式比作一场你死我活的战争，那么语境论视野下的科学争论更像是当今国际协议的交流过程，参与者 A 和 B 在交流基础上努力争取或者做出让步从而形成一致性，这种一致性不是"要么 a 要么 b"性质的论辩式结论，而是一种交互状态下问题解决机制的协调（图 2）：互动模式下的结果包含了原先参与双方的思想成分，因此它既是 a 又是 b，同时它们又不同于原来的理论，所以它既非 a 也非 b。此外，由于理论自身一定是负载着参与者的价值取向的，这种价值负载能够将争论活动置于一种动态的完善过程。无处不在的语境转换反映了整个科学争论过程的动态性，也是语境论解释区别于传统科学修辞学解释的重要标志。

图 1　传统的科学争论研究模式　　　图 2　语境论视野下的科学争论研究模式

（2）科学争论与科学理论和活动直接相关，具有高度的科学公开性。私密的学术沙龙远远不足以形成规模化的科学争论，只有公开性的讨论才有可能上升到科学争论的层面，争论的双方以公开的形式为支持的理论进行解释和辩护，共同寻求一种问题的解决途径。科学争论可能由某些与科学不相关的人或事件引起，这些不具备科学性和公开性的一般讨论只能作为科学争论的前奏。例如，"两小儿辩日"并不足以引起日心说与地心说的争论，但是当人们对这种太阳距地远近问题的争执程度上升到由科学家参与并主导的过程时，一场科学争论也就正式拉开了帷幕。科学公开性要求参与者具备专业学术领域的规范要求，以便有针对性地对观点进行辩护和反驳。近代以来，科学发现优先权争论愈演愈烈，如关于牛顿和莱布尼茨"谁先发明微积分"的争论持续发酵，甚至引发了两国科学界的争论，科学对公开性的要求也更加明确和迫切。

（二）方法论特征

语境论解释将语境分析法与策略分析法相结合，衍生出超越修辞性质的语境修辞分析法，在语境交流平台的构建和科学争论的整体分析中表现出语境相通性、语境转换性和语境整体性等方法论特征。

第一，语境相通性是语境修辞分析法的最基本特征，它在语境论解释中发挥着重要作用，也是语境交流平台的基础，并在一定程度上改变了科学争论的判别标准。

在科学争论的语境论解释中，语境相通性主要有两方面的作用。首先，它是科学争论进行的基本条件，是科学解释产生的基础。语境相通性是语境中语形、语义和语用要求的结合，它包括相同或类似的逻辑结构，相通的概念与指称、符号系统，相近的语法和语义表达机制。科学争论的发端和开展、知识的产生和传播都需要相通的语境。其次，语境相通性是不同争论进行交流的必要条件，也是区分科学共同体的标志。语境论解释不单是要研究科学争论的内部过程，还要求对争论外部和不同争论之间进行研究，在广阔的语境系统中，相通性是维系不同争论同步研究的基石。对于科学共同体而言，相通的内部语境是科学争论中区别异己的标准，同时争论结束后这种相通性程度的变化体现了共同体的分化和整合。

相通的语境是构建语境交流平台的前提，需要注意逻辑性、有效性和主动性三点要求。逻辑性要求科学争论所处的语境要符合科学本性、逻辑性和语义语法规则；有效性要求能够为争论参与者提供有效交流观点、交换意见、解决问题的论述途径；而主动性则是要求参与者和整个争论过程都具有自由的驱动力。语境相通性的形成是一种自觉的语境构建过程，学科大背景下问题的讨论是在相通语境中完成的，同时争论的结果也处在语境之中，不可能产生超越语境的结果。科学争论参与者的科学素养、理论和知识背景，以及其他社会因素都是语境相通性的组成部分，同时，语境相通性为科学争论中各要素提供了一个可交流的基础，最终促使形成一种互反馈关系。

语境相通性超越了逻辑限制，改变了科学争论的判别标准，体现出科学语境与社会语境的适应。科学哲学在不同角度的研究表明，科学争论是一种依赖"有理由"大于"合理性"的分析活动，正如佩拉所指出的，争论中理论的选择在于论据背后的劝说强度而不是理论的逻辑强度。所以，依靠逻辑判决科学争论的传统方式已经不适用于科学和社会的发展。例如，神创论基本符合当时历史的逻辑标准和哲学需求，同时它对生物演变的解释并没有完全败于进化论，但这种观点已经不能与社会语境产生更好的交互作用，而进化论的观点明显更能顺应资本主义社会的发展态势和精神面貌，所以神创论不可能阻止和扼杀进化论的发展。也就是说，当逻辑不能判别时，"有理由"才是争论解决的有力条件。科学争论的语境论解释否认不可交流性、范式的不可通约性，主张在相通的语境角度对问题提供一种协调解决方式。

第二，语境转换性表现为平行转换、层次转换和上升转换，是语境修辞分析法的最突出特征。

语境转换性体现在四个方面：科学争论过程中不同层次语境的转换，参与者所处具体语境的转换，语境和各要素之间的转换，争论开始和结束时语境的重建型转换即再语境化。在科学争论语境中，要素之间和语境之间的转换会有平行和层次的区别，而再语境化则是一种上升转换。语境论解释过程就是语境不停转换的过程，科学争论的开启、发展及结果都受到语境转换的影响，同时，语境转换也是判定和评价科学争论的重要标准。

语境转换贯穿整个科学争论过程，起到多方面的作用。①语境转换标志着科学争论的开启。一种理论或观点能否达到引发科学争论的程度取决于其是否引起足够程度的语境转换，当科学共同体认为一种学说具有争议性和争论意义时，更多的科学工作者参与到讨论中，此时的讨论语境才上升到争论的层面。②在争论过程中，双方进行的交互作用也是一种语境转换。语境转换能够发现新的理论增长点并生成新的解释域面。③争论结果带来的新语境较之引发争论时的语境不同，语境产生的变化动摇旧理论的同时又会对参与者产生影响，这种语境转换标志着科学争论的完成。④语境转换也体现在科学发展和成果应用中。在不同的语境中，同一概念符号所表达的意义和用法会有差异，如在相对论语境条件下，经典力学的一些概念可以通过一定条件相互关联而再次焕发生机，这是通过语境转换达到的不同语境下同一概念的新解释。所以语境的边界是可变化的，这既适用于宏观语境，也适用于具体的、微观的语境[13]，语境转换的方法在整个科学争论过程之中产生作用，这体现在语境相通性的构建中、参与双方对问题的交流讨论中、争论结果与其他理论的相互反馈中，可以说，语境的转换性是科学争论活动进行的推动力。⑤语境转换是判定和评价科学争论的重要标准。争论结束时，语境的变化标志着新科学认识的诞生，科学争论的成功不仅仅取决于相关理论逻辑的完备，而更取决于相关语境的整体价值取向及其选择。

科学进步是对旧理论的扬弃和对新理论的创造过程，语境论解释认为这种过程是在科学争论中通过再语境化实现的。语境论科学哲学思想主张把语境作为阐述问题的基底，科学理论是一定语境条件下的产物，在一个语境中为真的科学认识，在更高层次的语境中有可能会被修正或扬弃，这是在再语境化的基础上进行的。没有无条件普适和久适的科学理论，当一种理论面对难题，无法解决新问题时，通过再语境化能够使旧理论推陈出新，同时再语境化有可能产生新的科学解释。再语境化过程类似拉卡托斯所言的科学研究纲领方法论，但区别在于，拉卡托斯指的是一种理论修正，而再语境化是一种理论重建，它能给特定的科学表征增加新的内容，使原有的解释语境在运动的过程中得到不断的改造与重建。

第三，语境的整体性是语境修辞分析法的最主要特征，深刻体现了语境结构的整体性和语境交流平台的整合性。

语境是多层级、多元素、立体的结构，语境论强调解释的整体性。语境是有层级化区别的，相同级别的语境会有细微变化，不同级别的语境也有差别，在当前语境下进行的解释在更高级的语境中不一定成立，反之亦然。语境由多元素构成，这些元素不但是最初争论语境所必备的条件，还是争论进行的推动力之一。语境是立体的结构，错综复杂的语境是一种发散而有序的立体型组织，整体性是语境本能的生动体现。同时，语境整体性是构建语境交流平台的基本要求，而在语境交流平台中做出的语境论解释也遵循这种整体性，语境论解释能够在科学争论中形成整体、全面的分析也都得益于此。

平台的整合性遵循了语境整体性的要求，体现在语境的纳入、排斥和借鉴作用中。高级或广阔的语境会将那些完全符合自身的语境、要素等纳入自身范围内，从而形成更广泛有效的解释；或者，它通过排斥异己从而划定自身的界限，曲线达到整合的目的；再者，语境会吸收和扬弃一定的成分，从而改进自身的理论解释及工具方法。在语境交流平台之中，科学争论能够较好地将内部矛盾和外在问题相渗透，使具体的案例研究统一于一种认识论和方法论要求中，并对形成统一的解释理论做出指导。同时，语境交流平台能够整合科学的逻辑性、修辞性与社会性，促进科学争论的内部问题与外在问题的融合，有利于在统一的平台中形成一致认识。例如，量子力学的建立并不意味着传统经典力学体系的土崩瓦解，而是在一定语境下，将经典力学解释为量子力学的一种特殊形式。

可见，语境论解释的认识论特征和方法论特征实质上就是语境本质的体现，这些特征将科学争论的语境论解释显明地区别于其他解释方法。语境性将科学争论的逻辑性、修辞性和社会性联结起来，统一于语境论解释之中，从而对科学争论问题做出全面完整的说明。

四、科学争论的语境论解释意义

语境论解释从新的视角重塑了科学争论的科学性和逻辑性，同时又体现出修辞和语境的特质。它丰富了科学争论问题的解释方法，更新了对科学活动的认识；既保全了语境下新思想的产生和发展，又加速了新旧理论的碰撞，催生出更具开创性的实验方法和测量工具；强化和规范了科学共同体的组织结构，对社会政策产生积极而有效的影响，推动了与科学相关社会建制和整体社会环境的不断调整和完善。具体表现在如下几个方面。

其一，拓新科学争论的考察视角。语境论为科学修辞学和科学认识提供了重新审视自身发展的基础，语境论解释是科学争论研究经过科学哲学的历史主义和科学修辞学的解释路径后所面临的最佳选择，它将社会语境和修辞语境融合于语境交流平台中，能够较好地对科学活动进行评价和解释。社会语境的目的要通过修辞语境的具体化来完成和展开，修辞语境在很大程度上是语用分析的情景化、具体化和现实化，它是以特定语形语境和社会语境的背景为基础的，所以，没有社会语境就没有科学的评价，而没有修辞语境就没有科学的发明[14]。同时，科学争论的语境论解释为参与者、争论运行机制、结果评价等方面的研究都提供了不同以往的认识。

其二，科学争论是科学理性迸发的现实表现，语境论解释为理性的进步铺平了道路。科学理性的进步总是伴随科学的发展和知识的不断增长，新学说更容易在科学争论的土壤中滋生，同时科学争论能激化新旧理论体系的矛盾，推动不同科学方法的产生和对抗。在不断追求科学真理性的道路上，语境论解释筛选出更适合科学发展的争论研究方式，最能检验理论和方法的有效性，有助于科学实验理论及测量工具的革新。科学争论的高级形态是激烈的科学论战，而科学论战又是更高级语境下科学革命的导火索，科学争论或更新了人们对旧理论的认识，或引起科学革命从而开辟科学研究的新领域，使争论后的科学语境焕然一新。此外，语境论解释强化了科学民主观，科学真理的判别标准逐渐挣脱权威的束缚，对科学价值的认同趋向于对科学争论结果的信服，相互批评的自觉性和争论的常态化促进了科学民主化进程。

其三，科学争论的语境论解释增进了科学与社会的关系，促进社会整体环境和科学的社会建制的不断调整和完善。随着近代自然科学的蓬勃发展，科学作为一种独立的社会建制逐渐得到确立，这既是科学进步的体现，又是社会语境的需求。科学争论强化了共同体内部的认同感，巩固了共同体的学说基础，协调内部矛盾以应对外部挑战，促进了科学共同体的组织化发展。科学争论的语境论解释有助于社会的发展，社会的进步又为争论的解释夯实基础，语境论解释方法及评判标准深刻影响到社会决策的制定，并对现实生活中的科学理解产生决定性影响。科学技术的发展及工业化带来的各种社会问题所引发的科学争论是科学内部对发展中遇到问题的审视，这种争论深刻影响到当今社会中环境保护思想、可持续发展理念的产生和推广，以及全球语境下相关决策的制定[15]。

总之，科学争论的语境论解释是在新平台、新高度对科学争论问题的整合，是科学修辞学和语境论思想的进一步完善和具体应用。语境论解释从"修辞学转向"中厚积薄发，汲取了新修辞学研究成果的同时避免了修辞学解释带来的零散性混乱，重新把握修辞学的发展方向。语境论解释符合科学修辞学的客观要求，又能很好地协调科学争论中具体的案例研究，从而为理论层面的统一做努力。在语境论中展开的科学争论注重科学的社会语境，它对范式之间的争论及科学革命的过程有独特的见解，化解了激烈科学革命所带来的认识论难题，内含着绝对性和必然性的语境论能够避开 SSK 和范式不可通约性的歧路，能够加速科学争论整体研究模式的形成，从而更好地认识科学理性和进步。在科学领域对相关语境的研究已经常态化，现实社会和历史的研究已经证明了语境对重大科学发现的相关贡献和作用[16]，总而言之，我们可以肯定，走向语境论解释是解决科学争论问题的最有前途的研究进路。

参考文献

［1］郭贵春.科学知识动力学.武汉：华中师范大学出版社，1992：183.

［2］Gaonkar D P. The idea of rhetoric in the rhetoric of science// Gross A G，Keith W M. Rhetoric Hermeneutics. Albany：State University of New York，1997：25-85.

［3］Rehg W. Cogent Science in Context. Cambridge：The MIT Press, 2009：33.

［4］Pera M，Shea W R. Persuading Science：The Art of Scientific Rhetoric. Canton：Science History Publications，1991：35.

［5］Taylor C A. Defining Science. Madison：University of Wisconsin Press，1996：106.

［6］Rehg W. Cogent Science in Context. Cambridge：The MIT Press，2009：130.

［7］Rehg W. Cogent Science in Context. Cambridge：The MIT Press，2009：104.

［8］Habermas J. Truth and Justification. Cambridge：The MIT Press，2003：106-107.

［9］Rehg W. Cogent Science in Context. Cambridge：The MIT Press，2009：138-139.

［10］曹天元.量子物理史话.沈阳：辽宁教育出版社，2008：173.

［11］郭贵春.语境论的魅力及其历史意义.科学技术哲学研究.2011，（1）：1-4.

［12］殷杰.语境主义世界观的特征.哲学研究，2006，（5）：94.

［13］郭贵春.语境论的魅力及其历史意义.科学技术哲学研究.2011，（1）：1-4.

［14］郭贵春.科学修辞学的本质特征.哲学研究，2000，（7）：24.

［15］Myanna L. Technocracy，lemocracy，and U. S. climate politics：the need for demarcations. Science，Technology，and Human Values，2005，（30）：137-169.

［16］Rehg W. Cogent Science in Context. Cambridge：The MIT Press，2009：149.

道德语境论探析 *

殷 杰　陈嘉鸿

作为一种实践方法论，道德语境论（moral contextualism）关注的是怎样的理念和方法才适合研究充满了人的目的、价值和自由选择的实践领域。传统的研究思路以语义分析方法从实践词语中提炼规范性，进而用规范性来论证行为正当性。这种理论思路无法准确把握实践认知过程的细节。正如蒙特米尼（Martin Montminy）所言，道德语境论是："'行为主体 A 的行为 C 在道德上是善的（可接受的，要求的）。'这句话在不同谈话语境中有着不同真值。"[1]578 本文意在揭示道德语境论的合理性，指出应该直接从原则、主体心理和具体情况的相关模式入手，研究实践领域的特性，揭示语境的优先性，而不是从规范中寻求权威性和正当性。

一、道德语境论的核心观点

道德语境论认为并不存在受到必然性保护的道德原则，现实的道德判断是结合具体语境的思考结果，语境在实践认知中发挥着基础性作用。具体来说，道德语境论的核心主张有如下几点。

1. 道德特殊论

道德特殊论（moral particularism）指出，不存在普遍原则，不只绝对普遍的道德原则不存在，"一定范围内的普遍性"也是不存在的。任何一个抽象的结论只必然适用于它被从中总结出来的那个特殊事例。从本质上讲，道德特殊论是一种关于道德原则实在性的道德语境论观点。

可以看出，道德特殊论所说的"普遍"指的是"必然普遍"，并不是一般意义上的"存在共性"。正如该理论提出者丹西（Jonathan Dancy）指出的："道德特殊论……在程度上很弱，只局限于模态，但在范围上很强，涵盖了所有理由。

---

* 原文发表于《西北师大学报（社会科学版）》2015 年第 1 期。
　　殷杰，山西大学科学技术哲学研究中心教授、博士生导师，研究方向为科学哲学；陈嘉鸿，山西大学科学技术哲学研究中心硕士研究生，研究方向为科学哲学。

我主张所有的理由都能够依语境变化而变化——不存在就其本性而言必然对语境变化免疫的理由。"[2]130道德特殊论不是认为一般意义上的普遍性不存在，而是认为这种普遍性没有意义，因为它在实践领域的预测力过分脆弱。自然科学中的现象规律，依其所辖范围宽窄，预测力也强弱有别。但在实践领域，所谓的"具有一定程度普遍性"的原则却随时可能失效。每加一个条件，情况就可能发生变化。这就是道德特征的效价（valence）多变性问题。这里的"效价"，源于化学中的"化合价"，在伦理学中一般指道德的特征像化学元素一样，在各种组合中贡献自己或正或负、或大或小的作用力。

诚然，一般意义上的普遍性是存在的，因为实践主体的行为方案由语境中的相关（relevant）因素决定，具有相同相关因素的语境为相似语境；那么，在一组相似语境中发挥作用的那个抽象理念，即是具有一定范围普遍性的普遍原则。但问题的关键是，这种原则的有效性会由于相关特征判定的滞后性而失去意义。在现实的道德判断中，主体并没有能力在总体判定一个行为对错之前判定哪一个特征相关，哪一个特征不相关。"原因只有在特定场合才真正成为原因。"[3]27在判定"相似语境"时，所有在列者一定是分析过的已知语境。面对新语境，任何"相似语境"都不可能直接发挥作用。只有整体把握该语境中的各个特征，才能判定哪些特征相关，以及以何种方式相关；这样之后才会知道哪些语境是具有相同相关特征和相关方式的"相似语境"。"相关性"的判定依赖整体主义思维方式，这是其滞后性的根源。相关性判定滞后于整体判断，原则的应用又在判定相关性之后，因此实践原则的应用必然滞后于整体判断。这样的原则可以说在已知的某种范围内是"有效的"，但在新情况面前却不是有"预测力"的。它的预测力没有得到必然性在逻辑上的保证。像这样没有必然性和预测力的判断，是不具备实践意义的。

由此，道德特殊论的核心逻辑概括起来就是："由于推理不必然，所以原则不普遍。"

2. 道德孪生地球

道德语境论对传统道德实在论持有的依附性（supervenience）概念进行了批判。作为道德实在论之核心的"依附性"，指的是"一组性质 A 依附于性质 B，仅当不存在两样东西能够在 A 性质上不同，但却没有在 B 性质上不同"。或者说，"没有 B 不同，就没有 A 不同"[4]。道德实在论用依附性来描述价值与事实之间的关系，认为价值层面的变化都能在事实层面找到根据，且必然能追溯到某种事实层面的差异；因此价值依附于事实。"依附性"概念为道德实在论者的"认知证明所依赖的形而上学图景提供了支持"[5]190。价值与事实之间的依附关系是必然的、稳定的，可以依此把价值还原为事实。道德原则就是对道德价值与事实之间稳定关系的陈述，如果这种稳定关系客观存在，道德原则也就客观存在。由此进而提出"因果语义自然主义观点"（thesis of Causal Semantic Natualism, CSN），认为："每一个道德词语 t 都严格指定了一个自然性质 N，N 因果性地控制了人对 t 的使用。"[6]58

道德语境论对此持否定态度，认为依附性概念不足以成为"价值－事实"还原的基础，"以描述性定义来代替评价性定义是得不到确定结论的"[7]99，更不能在此基础上论证原则的实在性。道德语境论特别针对 CSN，提出"道德孪生地球"思想实验进行反驳："设想有一个道德孪生地球，与地球有着一样的地理与自然环境。……那里的人也使用'好''坏''对''错'这样的词语评价人事物。如果有探险家去了那里，他们会强烈地倾向于把孪生地球上使用的'好''对'看作与地球上相应的词有一样的意义。……不过由于一些种族差异，孪生地球人类的道德情感与我们有一些不同，比如他们会更强烈地感受到愧疚，但感到乐意接受；而只能微弱地感受到同情，并不乐意经历这种感觉（这些不同势必会产生关于'什么是善'的不同看法）……那么当探险者与道德孪生地球当地人争论'什么才是善'时，他们的分歧是语义分歧，还是道德理念分歧呢？"[7]61

道德语境论者认为，二者的分歧显然是道德观点的分歧。但如果从 CSN 出发，道德孪生地球上的道德词语不可能与地球拥有一样的语义，道德实在论会得出二者分歧为语义分歧的错误结论。因此 CSN 是错误的，与 CSN 等价的依附性概念也不成立。

3. 语境中的道德判断

道德语境论认为，道德判断首先是语境敏感，其次才是原则遵循。而较激进的道德语境论，如道德特殊论，则完全"否定原则与道德思考和道德陈述的相关性"[8]2，认为道德判断的发生过程，是实践主体考察具体语境后直接下判断的过程，其中并不存在一个道德原则参与的、按图索骥的步骤。具体来讲，在道德判断问题上，道德语境论的观点如下。

（1）否定普遍主义道德认识论方案的可行性，即否定道德原则的存在。道德语境论必须回答这样一个问题："如果原则没有参与道德认知，那么当主体有所经历，有所感悟，觉得自己学到了东西时，他学到的是什么呢？难道不是普遍原则吗？"道德语境论承认主体在实践中做出决断时借助了经验，但在道德思考中，并"没有原则出现在这个过程中，出现的只是关于哪些因素重要，如何重要的思考。而这种'重要'的方式很可能在其他地方出现过。……我们所学到的东西，并不是情况在这里一定是怎样的，而是可能会怎样"[9]。学习这个由旧到新的过程是不受必然性保护的。不是投射（project），不是应用，只是参考。道德原则的作用即使有，也只是像一个胶囊那样，浓缩了关于某个初始学习事例的记忆。

（2）提出了对道德判断认知过程的描述。道德语境论认为，每一个语境中都有一些特征是相关的，另外一些则不相关。主体将首先对哪些是相关特征，以及如何相关做出判断，然后根据这个判断来权衡怎样的行为、选择与评价是更合适的。如丹西所言："即使是在相关特征中，也有一些特征比其他特征相关度更高。……由于会有几个不同的相互联系的突出特征同时存在，所以一览全局的视角，将不仅展现每个特征是什么，还能够展现它们是如何相互联系的。"[10]112 在此基础上，主体就可以从形状切换到判断，形成关于"怎样做"或"哪一个更好"的答案。道德判断的过程是一个立足于人的能力，面向语境具体内容的过程，没有原则参与进来，也可以正常运行。

综上所述，道德语境论认为，道德判断的过程是主体结合具体语境做出判断的过程。这个结论依赖于对道德原则的批判。道德语境论对抽象和普遍的进一步区分，很好地回应了道德普遍论关于"学习"的质疑。

4. 语境中的道德信念

伦理学意义上的"信念"问题指："对于能产生严重后果的错误信念，主体是否该负道德责任？"该问题的提出者克里夫特（William Clifford）认为，主体要对其负全部责任。由此引发了关于信念本身的疑问：信念的形成是人自愿的吗？是受人控制的吗，如果是，这是一种怎样的控制？

对于这一道德信念问题，道德语境论认为：信念证明（doxastic justification）是一个语境敏感的过程。

信念证明与命题证明相对应。命题证明追求严密与客观；信念证明则只要主体找到一个理由来支持自己的信念，并自以为充分，就可以算作信念证明。接受一个信念虽然常常伴随着某种盲目，但对于一个信念，主体却总是能给出相信它的理由。不管这些理由是主体自己思索考察而得来的，还是从教育中接受来的；不管是先通过命题证明确认才相信，还是先相信再找证据。在此，道德语境论所关注的问题是，被主体持有，用于证明信念的理由，应该在多大程度上对信念的形成负责，因而在道德理性中占有怎样的地位，还有什么因素发挥了作用，信念证明的模型是怎样的？

对此，道德语境论指出：在每一个认知场景中，都存在"语境基本道德信念"（contextually basic moral beliefs），这些信念是基础的，不可还原的；通过教育习得，而不是通过直觉显示为自明；是可废止的。语境基本道德信念，是证明其他信念的基础。换言之，一个信念的直接理由通常是经得起推敲的，但理由的理由，以及理由的理由的理由，则很可能是直接从语境中接受而来的。由此可知，信念一方面处于理由的框架中，另一方面框架又扎根于语境，这就是信念认知的模型。在信念形成的过程中，既有理由的证明支持作用，又有语境的信息支持作用。

从理由与语境的关系角度看，道德语境论主张：①语境是基础和核心；②结构语境论——语境对道德信念的干扰作用不是直接的，而要经过一个理由框架的过滤才传达过来，或"道德语境认识论中的结构性特征"。③理由与语境的关系，建立在承认主体能够接受尚未具备充分证据的结论作为信念的基础上。信念的形成需要一个理由框架，语境为理由框架提供基本信息，因此信念证明是一个语境敏感的过程。

总体而言，在道德实在论和道德认识论上，道德语境论否定原则和依附性，强调语境在道德判断和道德信念形成过程中的首要作用。

二、道德语境论的特征

道德语境论与其他实践理论有一些相同特点，比如建构性、反语义分析及反自然主义。与此同时，道德语境论也具备一些与众不同的理论特质。

1. 反理论性

道德语境论认为，语境极度灵活，不可能为统一理论所征服。其理由如下。

（1）道德特征具有外在性。"外在性"指一个道德特征会有某种效价，是由该特征所在语境中另外一个或一些相关特征的存在决定的。"窃钩者诛，窃国者侯。""窃"这个特征的效价是正是负，取决于"窃"的是什么，也就是当时语境中的另外一个特征。

对此，丹西用"红蓝论证"来予以论证。他指出："现在我面前有一样东西，对我来说看起来像是红色的。通常有人会说，对我而言这是一个相信有个红色东西在我面前的理由（某种理由，也就是说，并不一定是充分理由）。但在另一种情况中，我相信自己最近吃的一种药，使得所有蓝色东西看起来是红色的，红色东西看起来是蓝色的；那么'我看见红色'就是我面前有个蓝色东西而不是红色东西的理由，并不是出现了另一种对立理由压过'我看见红色'这个理由，才使结论发生转变；而是这个理由已经不再是'我面前有红色东西'这个结论的理由，转而支持相反结论。"[3]32 由此看来，理由会有怎样的效价，支持哪种行为选择，最终是由语境中其他特征决定的。决定权并不在该特征的内部，而是外在于它的。

（2）道德特征具有整体性。一个道德特征会采取某种效价，是由同一语境中另外一个或一些相关特征的存在决定的，那么这个语境中的任何一个特征尚未落定，其他特征的效价还是有被取消和干扰的可能。因此语境中的所有相关特征是一个整体。每个特征的效价，都是由所在语境整体中其余所有相关特征的存在共同决定的，这样才会"每加一个条件，情况就可能发生变化"。道德特征的效价具有极强的多变性，无法为由"原则"所构成的、法典化（codify）的理论所统一。道德语境论关于效价多变性的证明，实际上就是一个反理论观点的论证。

道德语境论的这种反理论性本质上是一种"以多解释多"的思维方式，或曰基础多元论的思维方式。"基础多元论认为在最基本的层面有多重价值，即不存在囊括所有其他价值的一个价值，不存在一个名为'善'的性质，也不存在能够完全统治行为的原则。"[11]"以多解释多"认为在更深的层面，价值和原则依旧存在不连续性、不可通约性，因而无法法典化。"以多解释多"具有反理论特征，是道德语境论的精神核心。

2. 充分凸显人的地位

任何语境都是人的语境。道德语境论对主体人的凸显体现在三个方面。

（1）把人融入了事实。由上文可知，从外在性推出来的变动性，指的是道德特征的效价、道德理由的变化。效价体现的是人的价值和人的目的。道德语境论所谈论的并不是"硬事实"，而是加入了人的目的、价值与选择自由的"软事实"。把人融入事实是道德语境论的典型特征。这种融合一方面是因为，在研究对象上，道德问题本来就是包含了人的文化、心理因素；另一方面，在研究方式上，道德语境论是语境论在道德实践领域的具体化。语境论认为事实陈述只能在语境中，而语境又以人为中心。

（2）明显的能力论倾向。对于"不借助道德原则，道德判断如何可能"这个问题，道德语境论认为，主体凭借天然的道德直觉或在后天培养中形成的道德能力，完全可以在日常道德实践中应付自如。"语境本身就是一个规范性概念"[12]28，"语境能够给事实一种规范性权威，从而（使其为主体）提供理由"[12]41，"这种规范性依赖于变动不居的语境参数"[12]44，主体面对具体问题，"将有一种定性的感受"（qualitative feeling）[12]45，这种感受就是使主体倾向于做出某种判断的"语境压力"。道德语境论把对能力的强调放在理论逻辑的中枢位置，把人放在了理论的中心。

（3）以"属人的"因素来说明语境对信念证明理由体系的作用。把属人的影响因素作为关键影响因素，体现了道德语境论对人的重视。道德语境论指出，信念证明中是一定会有目标的，且因语境不同，语境中主体的目标也就不同；目标不同，相关问题的重要性和相关度常常也就不同，因而应该考察的相关反例（counterexample）的范围也不同。人的"评价会通过关于证明的谈论，或明或暗地调动目标来推进确证信念的接受"[13]191。要确证一个信念，指定语境是基本的，一种理由如果不能切中这些重点，那么它所支持的观念就不会被接受，观念被接受才会成为信念。语境"挑选"理由，并借此作用于信念证明的过程。

3. 语境权威性

人们在辩护时经常诉诸某种原则，因为原则具有权威性。但道德语境论认为，语境本身就有权威性，这种权威性保证了道德判断的正常运行。身处语境的权威性当中，主体会有一种"确定性"的感受。主体会在实践判断中感受到语境的这种确定性。

语境的权威性问题，也就是可废止推理（defeasible reasoning）的有效性问题。在认识论和逻辑学领域，"可废止推理"指"大致正确，但允许反例"的逻辑概括。日常生活中的推理大多是可废止推理，即有理有据，但逻辑不必然的推理就是可废止推理。

典型的可废止推理中有三个因素值得我们注意：第一，生活依靠它运行，现实中的人没有时间给予更严格的确证，也不需要这样做；第二，对于可废止推理得出的结论，主体会留有余地，话不说绝，事不做绝；第三，主体在可废止推理中获得某种程度的确定性，并且关注确定的一面，主体会因为自己的判断做出怀疑、留心、验证或直接行动的反应。

第一个因素和第三个因素说明主体信任可废止推理的有效性，第二个因素说明，这种信任是有限度的。道德语境论认为，有限度的信任表明主体受到一高一低两种认知标准的干扰，即想问题的认知标准和办事情的认知标准。在低认知标准语境中被评价为"确定"结论的观点，在拥有更高认知标准的语境中只能算作"怀疑"。低认知标准不能为高认知标准所替代。过高的认知标准"鼓励了这样一种错误观点，即主体相对价值是对真正价值的一种扭曲———一种得到确证的扭曲———但终究还是扭曲"[10]154。丹西认为，在语境中所得出的结论，或者说可废止性推理，可以被看作拥有一种二级客观性（secondary objectivity）。"一事物具有二级客观性，当：①独立于具体的经验存在，或②存在，等待着被经验，或③不是只为称为经验的一个主观状态的虚构事物。"[10]156 由此可见，可废止推理具有特定的有效性和客观性，主体在具体判断和信念建立的过程中，寻求权威性的认知需要，在语境中就可以得到满足，并不一定要依赖原则来维持道德思考的运转。

概言之，上述道德语境论的三条特征，即反理论性、突出人的地位、语境权威性，相互紧密联系。"人"是道德语境论反理论的本质，道德事实加入了人的目的、价值和自由选择，才会成为有效价的特征和有优劣的选项，而变动不居无法用理论把握的正是理由的效价。语境权威性是对人的能力的充分肯定；同时，也只有借助人的能力，语境权威性才能真正实现自己。

三、道德语境论的意义

道德语境论是一个具有双重特征的理论。"语境"这个认知工具，在道德语境论中融化并糅合主观与客观。正因为如此，道德语境论才一方面在认识过程理论中显示出认知主义倾向——只不过认知的对象不是"道德事实"而是"语境"；另一方面在关于客观存在的理论中，又把"人"融合进去——"事实"都是加入了人的目的、价值和选择自由的具有效价的事实。具体来讲，道德语境论有以下五种意义。

第一，道德语境论揭示了实践事实与自然事实的不同特性——外在性。自然事实的本性内在于自身，实践事实的本性外在于自身，特征会有某种效价，是由该特征所在语境中另外一个或一些相关特征的存在决定的。一个特征遇到不同的特征就会呈现出不同的效价，而且这种组合有无数多个，因而无法把效价的变化归结为一个只涉及有限变量的函式，作为该特征的"内在性质"。正因为实践事实有外在性，才无法为统一理论所征服，而要结合语境进行具体分析；也正是从实践事实的外在性入手，才让我们清楚地看到加入了人的目的、价值和自由选择之后，"客观事实"将发生怎样的变化。实践事实的外在性特征，向上可以解释道德特征效价极强的多变性，并进一步推导出"不存在必然普遍的道德原则"的结论；向下可以深入为"人的因素是如何融入实践事实"的问题。从"不存在道德原则"到外在性的证明，再到对"人"的强调，是道德语境论步步深入的理论逻辑。

第二，道德语境论为道德认知过程提供了更真实的理论描述，强调了一些细微的事实。丹西认为，道德冲突中的愧疚（regret）心理，可以说明普遍论关于"权衡"的认知模型是错误的。后者认为，主体在道德冲突中，把冲突双方的理由效价各自加起来相较，多者为胜。电影《唐山大地震》中的母亲在面临"救儿子还是救女儿"的抉择时，为保全家族血脉，狠心抛弃了女儿。在之后三十几年的时间里，这位母亲陷入了深深的愧疚中无法自拔。做出了正确的选择就不会愧疚吗？现实的道德心理不是这样的。愧疚感意味着冲突双方中被打败的一方还在发挥作用。但"相加相较"的模式只表现了选择性，却没有表现出被打败的一方仍持续发挥作用，因为在这个模型中，被打败的相当于被取消了。丹西说："问题出在，原则是决定性的，即使有多个原则同时指导一个事例，这些原则也会得到一个统一的结果。这一特征使得道德冲突和愧疚无法理解。"[14]4 在语境论的解释模式中，语境有"高低起伏的形状"，虽然强势的一方以高压低，但弱势理由依然存在；身处语境中的主体依然会对这个相关特征做出反应。

不仅仅是关于"愧疚",关于非演绎推理的认知模式,关于既有所冒险,常常又有充分理由的道德信念,道德语境论都一一提出了自己精致、辩证的认知模型。

第三,道德语境论在超越绝对论与相对论的第三条道路上,做出了有意义的努力。道德语境论的反理论特征集中表现为对道德思考的变动性的强调;语境权威性特征集中表现为对确定性的强调。道德思考的变动性与确定性之间的张力,使得道德语境论有潜力成为在实践领域超越绝对论与相对论的第三条道路。要跳出这个争论,最棘手的问题是,批判绝对性,就要强调相对性的事实;批判相对性,又容易因为武断而犯下绝对主义的错误;最后批判相对论与绝对论的理论,却又变成了双方的混合体。与此不同的是,道德语境论对变动性和相对性的强调,建立在分析实践事实的外在性特征的基础上,并且通过肯定人的能力,从变动性过渡到了确定性。这样一来,逻辑上道德语境论就不存在重新落入争论的危险。

第四,道德语境论对人的能力的肯定,可以提高人们在日常实践中的自信。如果不把道德语境论理解为关于原则有无的理论观点,而是对于这样一个问题的回答:"当没有原则可以参考时,人究竟还可以做多少事情?"人们就可以自信地说,人可以做很多事情。面对新事物,面对新事物中完全新的方面,人并不是从随机尝试开始的。主体可以依据具体语境,判断哪些特征相关,如何相关,相关程度怎样,并据此采取行动。道德语境论在认知方面的研究,可以帮助人们增加面对新事物的信心。

第五,道德语境论关于理由多变性的主张,对社会科学研究具有启发意义。许多社会研究,比如犯罪率、婴儿出生率、受教育程度等,都要涉及个体选择的理由。而理由是加入了主体目的的事实,是有外在性的。在不同的语境中,会由于语境特征间的相干作用支持不同的选择。因此在研究成果的应用上,比如,一位剑桥的人类学家研究日本的低犯罪率,并试图从中找到降低英国犯罪率的有效手段,就不得不仔细考察两国国情的异同,再考虑如何进行理论推广。实践事实区别于自然事实的外在性特征,使得关于加入了人的目的、价值和选择自由的事实的推理都只能是可废止推理。可废止推理的预测性,只能依赖于主体具体分析的能力得以运行。因此社会科学的发展,能否增强社会科学研究成果的普遍性,至少在理论上还是个未知数。

当然,也应该看到,道德语境论有它自己的问题。道德语境论一直强调现实中的判断不借助原则,但实际上,那只是现实判断的一种。每个人心中都有一些深信不疑因而对其十分执着的道理。因此是否"认死理",不结合具体情况,实际上也取决于这个道理在主体心中的分量。可见,原则参与道德判断是肯定的,不确定的只是它如何参与道德判断。"理由与解释并不像丹西所说的那样是'顽固的特殊'的，一定与某种概括有关，即便这种概括并不是演绎性的。"[15]59 原则在实践中的作用方式不是在"判断"层面能完全解决的问题，因此还需要哲学家们站在更宽广的认知视角上，综合探讨原则信念与语境判断之间互动的模式，既保留语境论的方法多元化、主体化的理论特质，又充分考虑确定信念在实践思考中不可替代的作用，为实践领域提供一个更真实的描述和更可行的方法论理论方案。

参考文献

[1]Montminy M. Contextualist resolution of philosophical debates. Metaphilosophy，2008，（4-5）：571-590.

[2]Dancy J. The particularist's progress// Hooker B，Little M O. Moral Particularism. New York：Oxford University Press，2000.

[3]Dancy J. Defending particularism. Metaphilosophy，1999，30（1-2）：25-32.

[4]Dancy J. Stanford Encyclopedia of Philosophy，Supervenience. http：//plato. stanford. edu/entries/supervenience/#pagetopright［2011-11-12］.

[5]Dancy J. Supervenience，virtues and consequences：a commentary on knowledge in perspective by Eenest Sosa. Philosophical Studies，1995，78：189-205.

[6]Timmons M. Morality without Foundations：A Defense of Ethical Contexualism. New York：Oxford University Press，1999.

[7]Hooker B，Little M O. Moral Particularism. New York：Oxford University Press，2000.

[8]Smith B. Particularism and the Space of Moral Reasons. Basingstoke：Palgrave Macmillan，2011.

[9]Dancy J. Stanford Encyclopedia of Philosophy，Moral Particularism. http：//plato. stanford. edu/entries/moral-particularism［2013-08-15］.

[10]Dancy J. Moral Reasons. Oxford：Blackwell，1993.

[11]Dancy J. Stanford Encyclopedia of Philosophy，Value Pluralism. http：//plato. stanford. edu/entries/value-pluralism/#toc［2011-07-29］.

[12]Potrč M，Strahovnik V. Practical Contexts. Frankfurt：Ontos Verlag，2004.

[13]Timmons M. Outline of a contextualist moral epistemology//Sinnott-Armstrong W，Timmons M. Moral Knowledge? New Readings in Moral Epistemology. Oxford：Oxford University Press，1996.

[14]Dancy J. Ethics Without Principles. New York：Oxford University Press，2004.

[15]Potrč M，Strahovnik V，Mark Lance. Challenging Moral Particularism. New York：Routledge，2008.

语境分析方法与历史解释[*]

殷 杰 王 茜

一、历史语境论的提出背景

概括来讲，斯金纳的"历史语境论"就是用"历史的"方法对特定语境进行复原从而解读思想的一种跨文本的研究方法。它将文本置于其产生的思想语境及话语框架之中，视文本语言为一种行动，通过探讨作者说话时的行为来确定其言说意图，力求用思想家们自己的思维方式来解读他们。在此之前，传统思想史研究却将文本视作唯一考察对象，斯金纳的"历史语境论"正是对这种将文本与语境相分离的研究方法的挑战。

1. 对"文本中心主义"研究方法的批判

斯金纳之前，思想家往往将注意力集中于经典文本中关于"永久性智慧"[1]ⅹ的探讨，比如"观念史"学科奠基者洛夫乔伊（Arthur Lovejoy）和政治思想史巨擘施特劳斯（Leo Strauss）。斯金纳对这种传统"观念史"的研究方法提出了质疑，并分析了它容易造成的三种神话形式。

作为"观念史"学科的代表人物，洛夫乔伊认为各个学说都是由不同"观念单元"（unit-ideas）组合而成的，作为基础元素的"观念单元"，其本质及数量是固定不变的，但是通过不同的排列次序，它们可以组合成各种新的思想理论。他强调这些"观念单元"虽然是在不同的历史背景下成长壮大起来的，但是它自身的纯粹性决定了它们富有独立性，与特定的社会文化背景没有必然关系。由此，"观念史"学科脱离了具体的语言环境，它考察的并非思想家在具体环境中所面临的问题及其解答，它关注的是这些基本的"观念单元"的本质，即其永恒性是否在思想家那里得到理应有的发展与完善。与此类似的是施特劳斯，他视文本为唯一可靠的研究对象，坚信只要对其中那些"基本概念"[2]7得以掌握就能从经

* 原文发表于《晋阳学刊》2015 年第 3 期。

　　殷杰，山西大学科学技术哲学研究中心教授，博士生导师，研究方向为科学哲学；王茜，山西大学科学技术哲学研究中心博士研究生，研究方向为科学哲学。

典文本中获得永恒不变的真理。按照他的理解，史学家们考察的是经典文本中的
"基本概念"，并将不同思想家的理论进行对比筛选，找出其中具有相似性的观
点，进而对其规范化整合出最终的态度看法，这就是所谓的"永久性智慧"。显
然他们二者的研究方式都是非历史的，忽略了各个思想家所处时代、政治文化背
景的不同，导致他们探讨的或许不是同一层次的理论，单纯依靠对其相似性的归
纳只会形成一种单一且零散的思想史。

　　斯金纳对这种将文本视作主要考察对象的研究方法进行了激烈的抨击，在
《观念史中的意涵和理解》一书中，他总结了这种研究方式可能造成的三种神话：
首先是"学说性神话"（the mythology of doctrines），这种谬误导致史学家会为了
总结出某个观念，进而将思想家偶然间提到的只言片语转述为这一"观念"，看
似合理实则是对作者意图的妄加揣度，最终导致了时代的误置[3]43。其次是"一
致性神话"（the mythology of coherence），史学家认为经典文本中不会出现前后矛
盾的现象，即使出现他们也会尽力去化解矛盾。施特劳斯对此解释到，某些具有
影响力的思想家迫于外界压力，会将某些不大正统的思想隐匿于文本中，如此，
即使经典文本中出现了前后不一致性，史学家们也会自欺欺人地认为这是作者
故意为之，为的是让那些聪明的读者领会其中隐喻[4]58。最后是"预见性神话"
（the mythology of prolepsis），表现为史学家比起作者本意更在于文本是否与他们
自己的观点相符，因此在解读过程中不免将自己预设的观点强加于作者身上，最
终导致对文本的误读、对历史的曲解。

　　综上所述，斯金纳认为"观念史"学科将寻求经典文本中的"永久性智慧"
作为根本任务是极其不合理甚至是幼稚的。他坚信任何话语都是对特定背景下特
定问题的专属解答，同时也是作者某一行动意图的表现，因此任何脱离这一语言
环境的研究方法都必定会造成对作者原意的误读，仅靠关注文本自身意涵而忽略
作者意图的研究方法也就无法帮助我们正确地理解思想史。

2. "历史语境论"的思想渊源

　　斯金纳认为这种传统的研究方法是非历史性的，不能为我们提供真正的历
史[5]xi。正是在这样一种背景下，斯金纳提出了"历史语境论"研究方法。当代
著名历史学家和政治理论家帕罗内（Kari Palonen）称其为"政治思想史领域的
斯金纳式的革命"[6]175。"历史语境论"与每一个新理论一样，它的出现并非是
突然的，同样伴随着萌芽、变化和成熟的过程，斯金纳的这一理论正是基于前人
的发现和不断探索而孕育成的。

　　首先，斯金纳受柯林武德（R. Collingwood）"问答逻辑"的影响："任何一
个答案都是针对固定问题所做的解释，思想史研究的不是对一个问题的不同解
答，而是随着时间流逝而不断变化着的问题及其回答"[7]62。斯金纳同样认为思

想家不具有预知未来的能力，经典文本中的那些所谓的真理也不可能跨越时代局限来解决我们当下的问题，我们只能尽力去寻找他们思想中那些相似的点来指导当下，而不是盲目将他们的答案置于新问题上来[8]88。柯林伍德这种将历史与哲学相结合的方法促使斯金纳将研究视角转向文本产生的具体语境，为政治思想史的研究开辟了新的方向。

其次，使斯金纳改变了研究对象的是他在剑桥的老师拉斯莱特（Peter Laslett）。拉斯莱特对洛克的《政府论两篇》进行了新的解读，通过恢复作者写作时的历史语境来考察文本内涵，对《政府论》做了不同以往的定义，开创了洛克研究的一个新起点。拉斯莱特强调只有历史学家才能修正过往的错误，恢复历史本来面貌，而不仅仅是对已知的重建。他的这种方法使斯金纳将对文本的历史语境分析贯彻到其他研究对象上，并由此开始了对意图的关注。

同为剑桥学者的波考克（J. Pocock）认为，历史的理解政治思想史就要考察它的理论与当时实际情况是否相符，政治思想针对的是某一特定的社会行为，是人们对生活中某一规范性制度所做的反映，并以此来表达他们的想法和意图，波考克将它称为"智识化系统"[9]185。他认为政治思想中的话语就是政治行为活动在文本中的体现，它的出现是为解决特定社会背景下的某一问题，具有一定的目的性，也就是说在"以言行事"。这一理论使斯金纳在他的"历史语境论"中对语言行动进行了考察，并成为他用来分析概念变化的基本方法。

至此，斯金纳已经有了一个相对完整的理论基础，更重要的是他开启了政治思想史研究中的一个新范式——"历史语境论"。

二、历史语境论的特征

与传统思想史研究方法相比，历史语境论的特点主要体现为以下三个转向。

1. 研究视角的转变：历史语境的复原

作为一种研究方法，"历史语境论"强调了历史维度在文本解读中的必要性，否认了单纯诉诸经典文本的解读方式。它提倡把研究对象复原到其最初出现的历史事实中，分析它产生的特定语境：不仅包括当时的社会语境，如文化政治背景、作者社会交际圈，也包括语言语境，比如作者言说中所使用的语言修辞、当时固有的政治词语等，这些都是思想家发表言论所依赖的基础，也是我们解读历史的出发点。

我们可以将"历史语境"看作是一个以文本为中心由各种相互关联的点交织而成的立体性网络，这些点正代表了影响文本的各个因素。作为一个交融性的整体，其中的任何一点发生变化必定会引起其他点的改变，比如言说时所使用的概念会随着语境的不同而被赋予不同的含义，因为作者在特定语境下提出的言论必然是对他所处的政治环境的一种反映和看法，这就要求我们尽可能站在作者的思维角度上去解读他们。我们只有复原与文本直接相关的背景，找出当初产生文本的网络综合体，才能对藏匿于文字之下作者的真实意图有所了解。

斯金纳还指出这种研究方法的步骤应该是，首先找出作者的论题，其次是对文本产生语境进行还原，最后分析这一文本与其产生语境时的其他文本有何关联，借此我们可以判断作者是在认同或是否定别人观点，以及他是以何种方式去批判其他进而发展自己的见解。用斯金纳的话说就是："我坚信有这样一个途径可以用历史的方法去解读观念史，那就是我们要将研究对象置于特定思想语境及言语框架中，这样便于我们考察作者写作时的行为及意图。当然，想要完全复原思想家的思想是很难做到的，因此需要用历史的研究方法去分析他们的不同，并尽力复原他们的信仰，以求用他们自己的思维方式解读他们。"[10]8 斯金纳坚持认为，通过对文本产生的特定语境的复原来考察作者意图，是我们研究思想史必不可少的环节。

2. 研究对象的转变："观念"到"概念"

斯金纳在对传统研究方法进行反思的过程中提出了自己的理论，他将研究对象由抽象的"观念"（idea）转向对具体"概念"（concept）的考察。他视"概念"为独立个体，虽然"概念"自身在历史演进中被保存了下来，但它却随着时代变迁被赋予不同的含义。这与传统思想史中将"观念"视作普遍永恒的非历史的研究方法不同，它强调的是"概念"在整个思想史更替过程中的变化性和断裂性。

由此，斯金纳用"概念史"取代了传统"观念史"的研究方法。他强调，"思想史中并不存在思想家都共同认可的固定观念，存在的只是思想家对各自不同看法的不同表达，同样也不存在观念史，只有对观念的不同解释和运用"[11]85。"概念"具有历史性，我们需要做的就是探讨它在历史变革中的发展与灭亡，以及导致它成为主导或退出历史舞台的原因是什么。通过这一途径，可以避免我们在不考虑"概念"出现的前因后果前就盲目评价它的理论，也有助于我们对"概念"做出新的理解和阐释，这也正是思想史研究的意义之所在。斯金纳说："对概念'意义'的探讨并不是我关注的重点，其宗旨是通过对概念的变化来探讨它与政治生活及其他事物间的相互关系。"[12]4

既然"概念"提供给我们的是变化着的东西，那么我们就需要用历史的方法去研究它，像他自己说的那样："概念有它自己的历史，我更多关心的是概念的突然转换。"[13]180 史学家的工作就是通过分析概念的不同定义来确立历史事实，以便我们在以古鉴今的时候可以做到客观合理。在对"概念"变迁的研究中，斯金纳发现"概念"的真实内涵与表达它的语言风格有密切联系，我们表达感情方式的多样化使得同一个概念可能被不同的人用完全相反的两种感情色彩表达出来，有时即使是相同的语言也有可能表示不同的含义，而这种多样化正是取决于语言修辞的使用。由此，斯金纳从"概念史"转向了对"修辞学"的研究。

3. 研究方式的转变：语言修辞学的引入

修辞不仅影响着概念内涵的变迁，同时也是一种社会行为的表现方式，语言作为我们相互沟通的桥梁，它有助于我们表明立场，激发言说者的情绪，为我们融入或摆脱其他创造界限，是我们参与社会活动的一种有效方式。斯金纳认为我们不仅要注重修辞在文本中的作用，还要将它与作者的行动目的结合在一起考虑，探讨作者发表这一言说时所能涉及的最大行动维度，他的这种观点受到维特根斯坦"语言游戏论"（language-game）及奥斯汀"言语行为理论"（theory of speech-acts）的影响。

其中，维特根斯坦否认实在论者将事物与表达它的词语孤立起来考察的观点，他认为我们应视语言为现实活动的参与者，将它放入特定的语言游戏也就是它产生的具体社会环境中去理解其含义。正如他所说，"一个词的意义就是它在语言中的使用"[14]135，意思是说将语言视作行动的一部分，通过考察不同语境下概念的变迁来解读文本。为达到这一目的，斯金纳引入了奥斯汀的"言语行为理论"。奥斯汀主张对作者言说过程中的行为进行复原，从作者做了什么来考察他言说的意图，斯金纳在此基础上明确区分了以言行事效应（illocutionary forces）与以言行事行为（illocutionary acts），前者指的是作者言说在特定语境下产生的后果，也就是被大家所理解的东西，而后者指的是作者希望通过言说达到何种目的，它受制于作者言说的意图。斯金纳认为只有真正理解了以言行事效应与以言行事行为才能对作者意欲传达的真实目的有所了解，"言语行为理论"表明，我们要了解某个思想，就要把它看作一个动态的表达行为，而不仅仅是一句话，通过对它行为语境的复原探讨作者的写作意图。

"语言游戏论"告诉我们，词语需要放入特定的语言环境去理解其内涵，而"言语行为理论"则教会我们要对言说过程中作者的行为目的进行考察，无论是维特根斯坦还是奥斯汀，他们的方法都促使斯金纳用一种超越文本束缚的视角去解读文本及作者思想，并为他的修辞学转向提供了理论依据。

三、历史语境论的意义

斯金纳的"历史语境论"研究方法在政治思想史甚至哲学史研究中都占有重要地位，无论我们赞同还是批判，其价值及意义都不容忽视。

首先，斯金纳运用"历史语境论"的研究方法重新界定了"国家"和"自由"的概念史。

在斯金纳出版的《基础》一书中，他就已经将语言行动的观点与"国家"概念化的历史相结合，并用这种全新的视角对近代"国家"形成的概念史进行了分析。他"从历史学转向了历史语义学——从国家的观念转向了对'国家'这个词"[15]ˣ的研究，在历史进程中来解读"国家"概念。这是他对概念史做的第一次有效实践。

同样，斯金纳沿着这一路径对"自由"的概念史进行了研究，发表了《自由主义之前的自由》一书。此书抱着修正历史的初衷，着重考察了文艺复兴时期马基雅维利及17世纪英国内战期间霍布斯与新罗马理论家对"自由"概念的理解；在此期间，斯金纳从语言修辞学视角考察了霍布斯的公民哲学思想，并发表了《霍布斯哲学思想中的理性和修辞》，至此，斯金纳已将他的语言分析理论运用得淋漓尽致；接着，斯金纳又发表了《国家和公民自由》一书，用同样的方法对国家的历史及公民权利与自由等做了更为细致的讨论。这些著述是他对当代政治思想史所做贡献的重要体现。

其次，"历史语境论"作为一种文本解读方法，不仅对政治思想史的研究具有重大意义，对理解其他哲学思想或是文学作品的解读都有着促进作用。

将"历史语境论"用作对政治思想史的考察是有依据的：首先，每个政治家提出的政治观点和他们的判断都与当时的社会文化、语言环境有着密切联系，政治如果脱离了其赖以存在的历史环境就没任何真实性可言；其次，政治家的言论就是对当时某种政治问题的辩解，是带有现实目的性的行为，因此，斯金纳视语言行动为构成政治权力的方式之一，认为政治家所言即代表他的某种政治立场；最后，政治家在表达自己观点的时候，会不自觉地使用一些语言修辞手法来为他们的理论据理力争，以便获得大众的认可，斯金纳通过对不同修辞方法的探讨，帮我们找到了更好理解政治动机的途径，对我们研究政治思想史中理论、规则等的变迁有着推动作用。

斯金纳的"言语行动"视角不仅对思想史的考察有研究价值，在其他一些领域同样具有可行性，比如文学、哲学等的研究都要求我们对其内涵、作者意图有确切的了解，在这一点上它们的宗旨是相通的。斯金纳的这种将政治、历史、哲学结合起来考察的跨学科研究方法，是一种综合性的视角，通过找出不同学科间的相融点将其一点点地壮大，在合作中达到学科间的互补与方法借鉴，这不仅有利于开拓我们的研究思路，也有助于各学科的健康发展。

最后，"历史语境论"不仅为我们提供了研究过去文本的方法，它对我们如何正视当下的社会争论也极具指导价值。

斯金纳这种带有批判性的解读方法，不仅有助于我们在考察文本思想时树立一种公平公正的立场，还能防止我们在处理当下社会争论时被错误的历史观误导。研究历史并不是要让它给予我们解决问题的现成方案，而是要学习先人们的思考模式，"从而有助于我们对政治生活中的概念进行解读，帮助我们对当下的社会树立正确价值观"[16]82。掌握正确认识历史的方法，把它与当下用比较的方式来看待，而非当作历史的延续，有助于我们避免被假定的思维模式束缚，甚至获得重新定义思想的方式。这种研究方法的意义就在于，"通过探讨历史上那些互相对立的理论，从而找到解决当下争论的有效方法"[17]6。所以，斯金纳提倡通过语境复原的方法去解读历史，号召我们用过去的视角来看待当下的事情，这样可以避免现实语境的影响，对历史必然与主观意图做出客观的分辨，进而在历史与现实的比较中，从根本上认识自我，认识世界。

斯金纳这种跨文本的语境论研究方法所具有的优势毋庸置疑，但仍存在一些问题与不足。他忽略了经典文本具有超越历史束缚的同一性和连续性，仅仅靠对特定语境的复原是不足以将文本的所有内涵完全展现出来的，过于关注不同思想家在不同语境下概念的差异性，而无视其共性，很容易走上唯名论道路。

此外，美国康奈尔大学著名思想家拉卡普拉（Dominick LaCapra）拒绝将意图的重建看作文本分析的唯一方式，否认文本意涵直接受制于作者意图[18]92-93。他将这种方法看作是建立在对作者与文本之间存在着一种独有联系的假设上，但是意图并不具有完全贯穿整个文本的能力，代表不了作者写作当下的"原初"意愿。事实上，我们认为，语境包含了语形、语义和语用的方面，语形注重形式的关联，语义关注意义的指派，而语用则涉及使用者的参与。斯金纳虽然以"语境论"为立足点，但却只限于语境论的某方面，而未能真正将语境作为一种横断的分析方法，介入到历史解释的整体分析之中，所得结论不免有失偏颇。

不过，"历史语境论"对我们解读文本仍具有重大价值，只要我们在引入语境的标准、复原范围及力度上有正确的掌握，我们依然可以有针对性地将它的理论运用到合适的文本中。关于经典文本中是否存在永恒的问题及答案，语境对解读文本是否具有指导价值，我们认为，这取决于我们所研究对象及其观察视角。只有将它的历史性与传统哲学性相结合，这样才能防止走上唯名论和历史经验主义道路。斯金纳也曾说过："思想史研究之最高层莫过于哲学分析与历史证据的融合。"[19]87

参 考 文 献

[1] Warrender J H. A History of Political Philosophers by George Catlin. London: G. Allen and Vnwin, 1950.

[2] Charles N R McCoy. The Structure of Political Thought: A Study in the History of Political Ideas. New York: McGraw Hill, 1963.

［3］昆廷·斯金纳. 观念史中的意涵与理解. 任军锋译 // 丁耘，陈新. 思想史研究（第一卷）. 桂林：广西师范大学出版社，2005.

［4］昆廷·斯金纳. 观念史中的意涵与理解. 任军锋译 // 丁耘，陈新. 思想史研究（第一卷）. 桂林：广西师范大学出版社，2005.

［5］Skinner Q. The Foundations of Modern Political Thought（Volume 1：The Renaissance）. Cambridge：Cambridge University Press，1978.

［6］Palonen K，Quentin Skinner：History，Politics，Rhetoric. Cambridge：Polity Press，2003.

［7］柯林伍德. 柯林伍德自传. 陈静译. 北京：北京大学出版社，2005.

［8］Skinner Q. Visions of Politics（Volume 1：Regarding Method）. Cambridge：Cambridge University Press，2002.

［9］昆廷·斯金纳. 思想研究：历史·政治·修辞. 李宏图，胡传胜译. 上海：华东师范大学出版社，2005.

［10］Skinner Q. Visions of Politics（Volume 1：Regarding Method）. Cambridge：Cambridge University Press，2002.

［11］Skinner Q. Meaning and Understanding in the History of Ideas. Visions of Politics. vol. 1. Cambridge：Cambridge University Press，2002.

［12］Skinner Q. Visions of Politics（Volume 1：Regarding Method）. Cambridge：Cambridge University Press，2002.

［13］Skinner Q，Visions of Politics（Volume 1：Regarding Method）. Cambridge：Cambridge University Press，2002.

［14］昆廷·斯金纳. 思想研究：历史·政治·修辞. 李宏图，胡传胜译. 上海：华东师范大学出版社，2005.

［15］Skinner Q. The Foundations of Modern Political Thought（Volume 1：The Renaissance）. Cambridge：Cambridge University Press，1978.

［16］昆廷·斯金纳. 自由主义之前的自由. 李宏图译. 上海：上海三联书店，2003.

［17］Skinner Q. Visions of Politics（Volume 1：Regarding Method）. Cambridge：Cambridge University Press，2002.

［18］多米尼克·拉卡普拉. 对思想史的重新思考与文本阅读. 赵协真译 // 丁耘，陈新. 思想史研究（第一卷）. 桂林：广西师范大学出版社，2005.

［19］Skinner Q. Visions of Politics（Volume 1：Regarding Method）. Cambridge：Cambridge University Press，2002.

自然主义的复兴：巴斯卡的批判自然主义*

赵　雷　殷　杰

　　社会科学方法论中一直存在着自然主义与反自然主义的两极对立，20 世纪 60 年代，伴随着逻辑实证主义的"崩溃"，以及社会科学中自然主义倾向的不断"衰落"，反自然主义倾向在社会科学中逐渐占有主导地位。这一境况似乎预示着自然主义社会科学已经走到了尽头。然而，20 世纪 70 年代，在对实证主义社会科学哲学批判的背景下，当代英国科学哲学家罗伊·巴斯卡（Roy Bhaskar），将实在论与自然主义相结合，以先验实在论的本体论承诺为基础，坚持一种有限的（qualified）自然主义立场，提出一种新的自然主义——"批判自然主义"（critical naturalism），这一理论为社会科学中自然主义的复兴提供了一种可能。这一术语来源于巴斯卡将先验实在论原理延伸至社会科学哲学领域并为之建立方法论的发轫之作——《自然主义的可能性：对当代人文科学的哲学批判》（*The Possibility of Naturalism：A Philosophical Critique of the Contemporary Human Science*），在此著作中，巴斯卡开篇以"社会在何种程度上能够运用与自然相同的方式来研究"[1]1 这一询问开启了对自然主义的辩护，对此问题的论述构成了巴斯卡的批判自然主义。立足于此，本文首先探讨了巴斯卡的先验实在论哲学，将社会科学哲学研究重新引向本体论视域，而后进一步讨论了巴斯卡所构建的社会科学方法论批判自然主义，最后通过批判自然主义回答了社会科学何以可能的问题，并指出正是社会科学与自然科学之间存在的差异性才使得社会科学得以可能，也正是社会科学研究对象的本质决定了其可能的科学研究方式。

一、本体论的重申：先验实在论

　　自近代以来，西方哲学史上的两次重大转向即认识论转向及语言学转向，在不同的历史时期规定了哲学的研究主题及其发展趋势，由此本体论研究随之被认识论和语言学取代，依据维特根斯坦的观点，我们所能谈论的仅为"语言游戏"，

* 原文发表于《科学技术哲学研究》2015 年第 4 期。
　　赵雷，山西大学科学技术哲学研究中心博士研究生，研究方向为科学哲学；殷杰，山西大学科学技术哲学研究中心教授、博士生导师，研究方向为科学哲学。

并非使用语言进行描述的东西，也就是说，我们并不能直接谈论世界。在巴斯卡看来，自然主义与反自然主义的内在困境就在于，本体论的消解使得哲学家们以认识论命题来回答本体论问题，将本体论与认识论混淆在了一起，即巴斯卡所称的"认识论谬误"（epistemic fallacy），其否定了哲学本体论，把存在还原为知识，休谟和康德即为这一倾向的代表。

基于此，巴斯卡在梳理了从休谟、康德到波普尔、库恩的哲学理路之后，提出"基于什么样的本体论科学活动才是可能的"这一新的本体论问题，以期重新恢复科学哲学研究对象的本体论视域。因此，巴斯卡在其著作《科学的实在论理论》中，"寻找恢复科学中自然主义解释的有效性，尤其是在实验科学中"[2]，并且通过批判休谟的古典经验论和康德的先验唯心论来构建一种康德意义上的先验实在，把本体归结为实在，以科学实验活动何以可能的"先验论证"作为其论证的基本方式，也正是由此，先验实在通过"先验论证"而得以建构，从而来回答上述本体论拷问，先验实在的构建构成了巴斯卡的先验实在论，而先验实在论则形成了巴斯卡哲学的本体论基础。

1. 知识的两种维度

在其早期著作《科学的实在论理论》一书中，巴斯卡以反思科学实验与应用活动为逻辑起点，将知识区分为"不及物"（intransitive）和"及物"（transitive）两个层面。前者指科学研究的对象，即事物的内在结构、机制、因果关系等，作为一种本体论的实体，它们独立于我们的知识及人类的认识活动，如科学实验或其他社会实践活动；后者指人类所创造的知识，巴斯卡将其视为一种社会产品，包括科学知识、方法、理论、规律等，"知识的及物客体如同亚里士多德的质料因（material causes），即研究者所能获得的工具，诸如前人确立的事实或之前的方法和理论"[3]。两者对比而言，前一种知识对象为不变的存在，后一种知识对象则属于可变的存在[4]，而"自然主义和反自然主义的谬误正是在于混淆了及物和不及物的科学对象"[5]。

巴斯卡从知识的及物和不及物两个维度上考察了西方科学哲学中的知识论（theory of knowledge），旨在为科学活动提供有效的认识论前提，重新反思了以休谟为代表的"古典经验论"（classical empiricism）和以康德为代表的"先验唯心论"（transcendental idealism），从而引出先验实在论的本体论和认识论议题。通过这种知识的划分揭示出传统科学哲学的本体论缺失，将科学哲学重新引向本体论研究。巴斯卡对于知识两个维度划分的意义就在于，为科学活动提供了认识论的基础，但同时也为科学研究提出了新的本体论问题："基于什么样的本体论科学活动才是可能的？"由此，巴斯卡批判了将经验视为真实（the real）的实证主义观点，并指出自然与社会在本体论上的差异性，进而通过深度或层化的本体论（depth / stratified ontology）将自然与社会建基于共同的本体论基础之上，认为自然科学与社会科学都可从层化本体论的视角加以研究，以期实现自然与社会的统一。

2. 实在的先验论证

毋庸置疑，自然科学与社会科学的知识体系都是基于对"实在"的考察而建构的。巴斯卡以先验论证的逻辑形式构建了一种康德意义上的先验实在，而对于实在的先验论证则首先是基于科学实验、科学知识的应用等这些无争议的科学实践的描述，而后进一步论证其成立的可能性条件，这里"先验"的意义即为"可能性的条件"（condition of possibilities）。巴斯卡认为先验论证是一种反证的论证（retroductive argument），即从一个现象的描述，追溯到产生此现象的某一事物的描述，或是从一个现象的描述追溯到促成此现象的某一条件描述的一种论证[6]。批判实在论者柯利尔（Andrew Collier）也指出先验论证即为"从一个已经发生的现象，推出一个持久性的结构的论证，也可理解为是从一个实际事物，推导出一个更基本的、更深层的、使该事物的存在成为可能的某种事物的论证形式"[7]。

巴斯卡对于实在先验论证的出发点即为"在什么条件下科学实验能够成为可能"，或者"科学实验若成为可能，什么样的实在本质是必要的"。就这一论证形式来说，巴斯卡借鉴了康德对休谟经验论立场的批判。康德同意休谟经验论所主张的一切科学知识都必须始于经验，但康德在此基础之上，接着提出了一种先验论证：感觉经验的融贯性解释若要成为可能，必须存在什么样的先验范畴？巴斯卡颠倒了康德的推论：科学若要成为可能，实在必须是什么样子？巴斯卡对于实在的先验论证其内在地体现了其"本体论转向"来反驳（counters）康德的"认识论转向"[2]。由此可见，先验实在论是巴斯卡对康德哲学的部分继承。总之，巴斯卡的先验实在论一方面避免了休谟经验论所主张的实在只能是直接观察到的实体，而最终滑向不可知论的深渊；另一方面又避免了康德先验唯心论主张的人类只能接近作为个人或社会建构物的实在，而导致的绝对唯心论的弊端。

3. 先验实在的分层特征及其三个领域

巴斯卡欲求获致科学活动之本体论基础，把本体归结为"实在"，并以科学实验何以可能的先验论证作为基本的论证逻辑，同时还借鉴了"科学层次模型"，将实在（自然界和人类社会的存在）划分为三个具有包含关系的领域，即经验域（domain of empirical）、实际域（domain of actual）和真实域（domain of real）。如表1所示，它们所对应的是世界运行的机制（mechanism）、事件（event）和经验（experience）。从集合论的视角来看，经验域是实际域的子集，实际域又是真实域的子集。[8]

表 1　实在的三个领域[9]2

	真实域	实际域	经验域
机制	√		
事件	√	√	
经验	√	√	√

　　具体来看，实在的最高层次位于包括经验、事件及机制的真实域，巴斯卡称之为"深层实在"，其具有"超事实的"（the tansfactual）特征。为此，巴斯卡提出"世界是由机制构成，而非事件"[9]37，也就是说，任何事物都具有特定的机制，机制是经验世界突现的原因，科学哲学应赋予机制以本体论的地位，科学的目标就在于发现事物本身所具有的潜在机制。那么，如何才能使机制发挥作用，并使其独立于其他机制？进一步来说，科学活动如何才能获得对机制的描述？对于此类问题的回答，就涉及巴斯卡对开放系统及封闭系统的预设。

　　实在的三个领域划分，体现了巴斯卡批判经验主义与实证主义的根本意图，同时也暗示了"科学的边界是开放的，科学家必须具有开放的系统观"[10]80。开放系统中的现象、事件并不是由单一机制所支配，而是多种机制共同作用的结果。因而，对于事件的发生而言，究竟哪些机制发挥作用，并无规律可寻，也就是说，开放系统中事件间并不存在规律性，我们无法通过对现象的描述，来显示出任何单一机制的运行原理。因此，在一个开放系统中，我们不能够将因果关系解释为事件之间的恒常联系，或者事件间规律性的伴随关系，而应是产生或制造某一事件的变动关系[1]63-69。

　　巴斯卡在《科学的实在论理论》一书中，着重强调了一个封闭系统得以形成的三个条件，并以此来说明科学活动的认识论基础。其一，封闭系统具有独立性，并且其外在条件恒久不变；其二，封闭系统可还原为原子论的组成要素（atomistic components），这种要素的内在条件不发生变化；其三，封闭系统中整体的行为总是可以依据其组成部分的行为来描述[9]66-67。巴斯卡进一步指出，各事件之间的规律性联系仅存在于封闭系统中，在封闭系统中可获得事件间的恒常联系或者事件的规律性，科学实验的目标即为人工地构造一个封闭系统，排除其他机制的影响，并使得该系统的因果关系趋于稳定化，从而获得某一机制在事件中的特定作用。故而，两类事件之间的恒常联系和规律性伴随是封闭系统的两个重要特征。

　　由此可见，正是开放系统与封闭系统的预设，才使得科学活动对机制的描述成为可能。作为一种科学活动的不及物客体，在巴斯卡那里机制被赋予了实在

的意义，具有了本体论的地位，它们并非一种柏拉图式的人工构造物，而是一种
独立于人类意识的"实在"。包括社会科学在内，科学的首要任务是解释，进一
步来说，就是解释某一现象如何发生。与实证主义依据普遍规律来解释经验现
象的观念不同，作为一名实在论者，巴斯卡对现象的解释包含一种从经验（the
empirical）经由实际（the actual）再到真实（the real）的转换，其中机制被作为
一种对于自然、社会现象的解释手段，为此，巴斯卡强调世界由机制而构成，
科学的任务就是获得关于机制的知识。总之，巴斯卡的先验实在论通过对实在
分层特征的揭示，为自然实在与社会实在在本体论意义上提供了一种一致性的
解释，从而使自然科学和社会科学纳入到同一个本体论框架内，在科学理论和
科学实践上呈现出共同的科学本质。

二、社会科学方法论：批判自然主义

社会科学方法论中一直存在一种争论：社会科学在多大程度上能够使用与自
然科学相同的方式进行研究？或者说，社会与人类现象是否可以进行"科学"研
究？对这一问题的回答，直接导致了社会科学方法论的极端分化：自然主义与反
自然主义的两极对立，其中实证主义与诠释学的对立最为典型。如果说实证主义
在迪尔凯姆的社会学传统、行为主义、结构主义和功能主义中展现自身，那么诠
释学则体现于韦伯传统、现象学、民族学的相关研究中[11]。在反自然主义阵营
中，韦伯、哈贝马斯等人曾试图综合实证主义与诠释学，伽达默尔、温奇从人类
视域来否定实证主义，但这些做法都未从根本上化解两个传统的两极张力。批判
自然主义为此种张力的消解及社会科学研究范式的整合提供了一种可能性，成为
当代社会科学哲学中新的话语形式。

基于科学的先验实在论观点，采用一种自然主义进路，巴斯卡将自然科学
的先验实在论哲学应用于社会科学中，主张社会科学的核心在于找出社会现象
的生成机制及因果关系，同时立足于社会领域的特殊性（specificity）和突现性
（emergent properties），考察了社会科学的独特本质，建构了批判自然主义，并使
之成为一种新的社会科学研究方法。批判自然主义是一种有限的（qualified）、批
判的（critical）、非还原论的（non-reductionist）自然主义，它认为自然与社会具
有本体论上的统一性，与自然结构不同的是，社会结构所具有的分层特性、突现
特征和动态结构转换过程使得社会结构表现为行动的、观念的、时空的多重依赖
性。批判自然主义通过对自然主义的辩护和重建，并以此为方法论来解决长期困
扰社会科学研究的诸如自然主义与反自然主义、个人主义与集体主义、结构与行
为等一系列二元论问题，其目的就是要解决自然科学方法是否可以运用于人类

与社会现象的研究，试图为当代西方社会科学方法论的两极化确立一种新的研究视角。

1. 社会行动转换模型

社会科学哲学中的一些基本问题是围绕着社会科学理论本身而提出的，其中结构与行为的关系问题历来是隐含于西方社会理论中的重要议题，这一问题也是社会与个人关系问题在社会科学领域的表现形式。针对这一问题的解释模式在社会科学研究领域中形成了两种方法论之争：方法论个人主义（methodological individualism）与方法论整体主义（methodological holism/collectivist）。在考察韦伯、迪尔凯姆和伯格（Peter Berger）处理社会与个人关系问题的基本策略上，巴斯卡构建了解释社会与个人两者关系的社会行为转换模型（transformational model of social activity，TMSA）。

以韦伯为代表的方法论个人主义将个人及其行为视为社会学研究的起点，"社会学只能实践于单个的或更多的个体行动，因此它必须严格地使用'个体主义'的方法"[12]。作为一名新康德主义者，韦伯将方法论个人主义与新康德主义方法论融合在一起，认为社会客体是有目的、有意义的人类行为的结果，因而，秉承韦伯传统的个人主义本质上带有唯意志主义（voluntarism）的倾向。如图 1 所示，个人作为社会世界的基本要素具有真实存在的意义，而社会并不具有实在性，因此，韦伯社会学研究的一般路径可以概括为通过对个人主观意义的解释性理解来达到对社会现象的因果性说明，也就是通过个体行为的研究来实现对整体社会现象的理解。

社会

个人

图 1　韦伯的"唯意志主义"模型[1] 34

与方法论个人主义相反，迪尔凯姆认为应当以社会事实作为社会学的研究对象，如图 2 所示，社会是独立于个人的客观实体，社会客体外在于个人，拥有自主生命，并且能够控制、支配个体，也就是物化（reification）。作为一名实证主义者，迪尔凯姆的方法论整体主义强调社会本身的独立性，要求对社会进行整体性研究，特别指出个人主义的研究路径并不能给社会的发展历程指明方向。方法论整体主义造成的直接后果就是缺乏对个人行为的研究，进一步来讲就是对人的能动性的研究。

图 2　迪尔凯姆的"物化"模型[1]36

出于综合韦伯个人主义与迪尔凯姆整体主义的目的，伯格（Peter Berger）基于社会与个人之间的辩证关系，提出了一种新型社会学研究模型——辩证模型。如图 3 所示，伯格认为"社会塑造了我们，反过来社会又被我们塑造"[13]，从而形成一种持续的、相互创造的辩证过程，进一步来说，社会被视为是人类存在的客观化，与此同时，人类存在又被看作是社会的一部分，是社会意识内化的结果。这一辩证模式表明，社会结构离开了人类活动，同时也就失去了独立存在的特性，但是，"社会一旦被创造，它就会形成一种与个人相并存的实体。"[14]。伯格的社会与个人的辩证观念试图融合个人主义与整体主义，调和韦伯唯意志主义传统和迪尔凯姆的物化传统，但巴斯卡认为伯格在社会结构的理解上包含唯意志主义的因素，并未将社会结构的持续性作为人类行动的条件和结果，在对人的认识上又具有机械决定论的观念，也未把人类作为社会结构可能性的产物和条件。

图 3　伯格的"辩证"模型[1]36

基于以上论述，巴斯卡构建了社会行为转换模型，通过此模型来解决结构与行为、社会与个人的关系问题。如图 4 所示，巴斯卡认为："人并未创造社会，因为社会总是先于人而存在，它是人类活动的必要条件。相反，社会应该被看作是个人再生产和转换的一种结构、实践和约定的集合体，但离开了个人，社会也将不存在。社会并不独立于人类的活动而存在，但社会也不是人类活动的产物。"[1]39 基于此，巴斯卡批判了个人主义与整体主义将社会与个人视为一种对立关系的思想观念，同时也批判了伯格所理解的社会与个人是在同一过程中相互创造的两个环节。

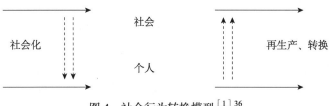

图 4　社会行为转换模型[1]36

　　巴斯卡基于两种动态过程论述了社会与个人彼此独立且相互作用的内在关系。其一，社会到个人的社会化过程。社会不仅是个人有目的的活动的前提，而且个人能力、习惯、信仰的累积过程即为一种个人社会化的过程，由此社会是通过社会化过程影响个人，因而社会既不能还原为个人，也不能被个人创造，而是有目的的人类活动的必要条件。其二，个人到社会的再生产、转换过程。个人通过其社会实践、行动转变再造新的社会。社会结构具有相对持久性，它的持续存在依靠人类的能动性行为，因而人类有目的的活动构成社会再生产、转换的必要条件，"需要强调的是，社会的再生产、转换虽然大部分是在无意识的情况下实现的，但是它仍然是能动主体的技能实现，而不是先决条件的机械结果"[1]39。由此可见，在巴斯卡那里，社会与个人所形成的互动关系构成了真实的社会实在，由此就填补了两者之间不可逾越的鸿沟，成为社会与个人的契合点，将社会与个人合为一个真实的整体。

　　巴斯卡的 TMSA 把社会与个人联系到了一起，突破了以功利主义为特征的个人主义和以迪尔凯姆思想传统为特征的整体主义，通过对社会本体论的解释廓清了社会结构与行为主体之间的内在关系，避免了一方还原、解释和重构另一方的方法论缺陷。需要指出的是，巴斯卡在 TMSA 中区分了社会和人类实践两个重要社会学范畴，并阐述了两者所具有的二重性特征。一是结构的二重性：社会既是人类行为的存在条件，也是人类行为不断再生的产物；二是实践的二重性：实践既为有意识的生产活动，亦为对生产条件的再生产、转换（通常是无意识的）。"在个人与社会关系问题上，如果说个人主义方法论是在研究无条件的行动，整体主义是在研究无能动的条件，'辩证法'解读是在把个人行动和社会条件糅合在一起，那么与前三个方法相比，社会行为转换模型的方法论意义在于把人的能动性、社会结构和历史过程等概念纳入一个统一的理论框架之中。"[10]94

2. 社会结构的突现性

　　TMSA 表明，社会与个人相互影响，互为彼此的前提和结果，两者内在地包含一种相互构成的（mutually constitutive）关系。由此就凸显出社会结构所具有的不同于自然结构的一种独特性——社会结构的突现性（emergent properties）。社会结构的突现性可以从上述 TMSA 中推导出来，巴斯卡把"突现性"视为自然主义之于社会科学中本体论的限制。与传统的社会结构研究策略相比，批判自然主义通过提出独到的"突现"（emergence）理论来揭示社会结构或社会实在的本质，巴斯卡通过这一概念来阐述社会实在的分层本体论，社会作为科学的研究对象，具有不可还原为个体属性的特征。巴斯卡将突现定义为"实体在特定层面上来自于更低层面的特性，而该特性并不能由更低层面的特性所预测，且不能还原为那些更低层次的特性"[1] 97。举例说明，氢气与氧气在点燃的条件下化合生成水，但氢气和氧气的性质却不能由水的性质来推测，也不能将水的性质还原为氢气和氧气的性质。

巴斯卡指出，社会结构的突现性表现为行为依赖性（activity-dependence）、观念依赖性（concept-dependence）和时空依赖性（space-time-dependence）。正是这三种突现特性，使得社会结构有别于自然结构，同时也映射出自然主义的社会科学解释所蕴含的三个基本界限。

其一，行为依赖性。社会结构并非独立于其所影响的行为而存在，巴斯卡所指的社会结构是在履行确定的社会实践中，行为者之间存在的相对持久的社会关系[15]。而这种持久性的社会关系是一种具有必然性的内在关系，这种内在关系指出，某一对象究竟是什么取决于它与其他对象之间的关系，其中之一的存在，必然预设另外之一的存在[16]。这一预设使得社会科学理论构造内在地包含了辩证法的合理因素，具有了"反思"的性质。

其二，观念依赖性。社会结构非但不会独立于行为者的行为观念而存在，而且蕴含着行为者本身的观念。奥斯威特（William Outhwaite）指出，"在人类行动与社会结构中，行动者的观念是所描述事实中的一部分，而不外在于这些事实"[17]。巴斯卡提出，意义不能被测量，只能被理解，除非行为者具有其本身正在做什么的观念，否则不会发生人类活动……这便是解释传统的真知灼见[1] 33。

其三，时空依赖性。社会结构只有相对的持久性，其显现出来的趋势不具有时空不变的普遍性。社会结构依赖于人的行为、观念，人的意识活动会随时间、空间的变化而变化，因而社会结构不具有时空上的持久性和稳定性。简言之，由于社会结构所具有的行为依赖性和观念依赖性，所以社会结构仅具有相对的持久性，不会超越时空之外而持续存在。也就是说，即便社会结构是相对稳定的，社会结构中的行为者不会永无休止地复制社会结构，同时还会转换或改变社会结构。

总而言之，巴斯卡的批判自然主义就是要试图回答关于社会的科学研究是否可能的问题。巴斯卡解决这一问题的进路采用的是先验的论证策略，以社会行为或社会行动作为论证的前提，进而提出如果人类行为成为可能，那么人类所处的社会结构必须要成为什么样子。与经验领域不同，人类无法直接经验到社会实在的真实领域，因此，对社会事实和社会现象的解释就需要通过类比或者隐喻来构建一种模型，以此来获得对于"深层实在"的解释，特别是，在寻求社会实在的知识上，巴斯卡强调对社会实在深层结构的探求。因而，对于社会结构的解释方面，巴斯卡构建"社会行为转化模型"，这一模型标示出社会结构只有通过行动者的行为才能持续存在，同时行动者在行为实施过程中也改变或者重建社会结构。

三、社会科学何以可能：批判自然主义的回答

一般而言，自然主义者通常采用实证主义的形式，基于休谟主义者的规律概念，将科学之目标界定为对自然、社会现象给予科学的解释与预测，并且断言自然主义在社会科学哲学和社会科学实践中占有支配性地位，特别是，将自然与社会现象的解释定位于寻求解释项与被解释项两者之间的逻辑关系。而在巴斯卡那里，"自然主义"通常意味着社会生活能够像自然科学那样进行科学的研究[18]，这种自然主义认为，我们有可能对科学给出一种解释，在这种解释下，能够产生适用于自然科学和社会科学的适当的、特定的方法[1]3。与波普尔（Karl Popper）相似，巴斯卡肯定自然科学和社会科学两者间存在着本质差异，但巴斯卡通过批判自然主义试图来寻求两者方法论上的共同点，以此获得方法论上的统一。社会科学研究对象通常具有意向性、复杂性与多样性等特征，对此，巴斯卡强调："尽管社会科学与自然科学之间存在诸多差异，而恰恰是这些差异性才使得社会科学得以可能，也正是研究对象的本质决定了它可能的科学研究方式。因此，考察自然主义的限制（the limits of naturalism）事实上就是考察社会科学可能的条件，无论它是否被实施于实践当中。"[1]3

巴斯卡将自身置于科学传统之中，以统一科学的观念（认为科学方法也能应用于社会科学）来更新（renew）自然主义[19]。但这种自然主义完全反对实证主义与经验主义。因而巴斯卡所主张的是一种有限的、反实证主义的自然主义（a qualified anti-positivist naturalism）。具体来看，巴斯卡通过对比自然领域与人文领域的差异性来展现自然主义在社会科学中的限制，如表2所示。

表 2　自然 – 人文领域的对比[20]

	自然领域	人文领域
1	人——独立机制	人——依赖机制
2	预言性的科学可能	预言性的科学不可能
3	实验实践的持续	不存在实验实践
4	科学知识的不及物客体	单纯的自然科学及物条件

通过自然与人文领域的对比，自然主义"统一科学"的观念在处理自然界和人类社会时存在诸多限制，因而，社会科学不能使用与自然科学相同的研究方法。基于此，巴斯卡指出社会科学中自然主义的三种限制：本体论限制

（ontological limit）、认识论限制（epistemological limit）、相关性限制（relational limit）。

下面，我们具体来看巴斯卡的批判自然主义是如何在本体论、认识论、相关性等方面来对自然主义加以限制的，如表3所示。

表3　自然主义的限制[21]

类型	来源	限制
本体论	社会行为转换模型（TMSA）	社会结构具有观念依赖性、行动依赖性和时空依赖性
认识论	TMSA（社会系统的开放性、封闭系统的不可能性）	社会科学缺乏决定性的测试环境
相关性	TMSA（社会生活的关系特征决定了社会科学与其主题之间的相关性）	社会关系的依赖性：社会结构在因果性上受社会科学影响

首先，本体论限制源于社会结构的行为依赖性、观念依赖性和时空依赖性。这三种依赖性在巴斯卡那里被归结为社会世界的突现性。基于此，巴斯卡推出了自然主义的本体论限制，从而得出社会结构与自然结构的差异性："其一，与自然结构不同，社会结构并非独立于其所支配的活动而存在；其二，与自然结构不同，社会结构并非独立于行为主体在其活动中所持有的行为观念而存在；其三，与自然结构不同，社会结构仅仅是相对持久的，因此，其所呈现出的趋势在时空不变性上并不具有普遍性。"[1]42 由此可见，社会科学中的自然主义是行为依赖、观念依赖和时空依赖的，这三者相互运作就为自然主义解释（naturalistic explanations）在社会科学中的合法展开确立了范围[2]，以及自然主义在社会科学中的合理运用留出了"地盘"，同时也凸显出自然科学与社会科学在知识客体方面所形成的实在性区别。

其次，认识论限制是指社会科学缺乏决定性的测试环境，也就是说社会科学难以像自然科学那样人工地建造一种实验环境。这意味着，社会科学理论的发展及其替代标准必须是解释性的而非预测性的[1]50。社会系统具有开放性、复杂性、异质性等特征，这些特征使得社会科学研究对象只能在开放系统中显现自身，因而，我们无法在开放系统中获得不变的经验规则，无法在实验上设定出类似于自然科学意义上的封闭系统，由此，产生了自然主义在社会科学研究中认识论的限制。为此，巴斯卡指出，传统科学哲学方法论都预设了一种封闭系统，这些方法论都无法有效介入到社会科学研究中，"休谟的因果性与规律理论、演绎-规律模型、统计说明模型、科学进步的归纳理论、确证标准，波普尔的科学合理性理论和证伪标准，以及解释学，所有这些必须全部抛弃，社会科学仅仅需要把自己视为实质解释（substantive explanation）的对象"[1]49。

最后，相关性限制是由于社会科学本身即为一种社会实践，社会科学是其自身研究主题的一部分。各门社会科学比如经济学、社会学、政治学、人类学等学科，也是其自身的研究领域，各学科容易受到本学科所使用的解释理论的概念、规律的影响，因此，各学科与其研究主题内在地彼此关联。而这种情形在各门自然科学中并不存在。在自然科学中，知识的对象独立于关于对象的知识的生产过程，而在社会科学中，关于对象的知识的生产过程与所研究的对象的生产过程具有因果的、内在的相关性。[1] 51

综上所述，巴斯卡对社会科学中传统自然主义的考察，以及对社会结构和社会行动的解释，深刻表明了自然与社会之间所存在的本体论上的差异，同时也暗含了人类关于自然与社会的知识的一种可能性。正是两者之间的差异性，才能凸显出社会科学得以存在的可能性，同时也正是社会科学研究对象的性质决定了其可能的科学研究形式。也就是说，巴斯卡通过批判自然主义对自然主义限制的考察实质上是用来展示社会科学得以形成的可能性条件。

结　语

对自然主义的辩护及重构是巴斯卡欲求获得社会科学方法论理性基础的理论目标之一，从科学哲学理论视域下的先验实在论再到社会科学哲学理论框架下的批判自然主义，巴斯卡阐述了一种既独立于科学研究活动而存在的实在论哲学，又构建了一种承认自然科学与社会科学两者差异性从而使得社会科学成为可能的研究范式。巴斯卡通过“批判自然主义”来阐释社会科学哲学中的“科学实在论”，或者说，通过此术语来揭示社会科学哲学所具有的“科学实在”特征。一言以蔽之，尽管巴斯卡处于一个多元主义盛行的历史时期，但他却立足于一种一元论的立场即实在论的立场，将所有现存的社会科学模式归结为一种可接受的理论范式——实在论的社会科学；尽管自然科学与社会科学之间存在着本质区别，但社会科学仍然可以像自然科学那样具有科学性，两者之间也无须具备相同的理论形式及一致的研究方法。

参考文献

［1］Bhaskar R. The Possibility of Naturalism. London，New York：Routledge，1998.

［2］Harvey D L. Agency and community：A critical realist paradigm. Journal for the Theory of Social Behavior，2002，32（2）：163-194.

［3］Baert P. Philosophy of the Social Sciences：Towards Pragmatism. Malden：Polity Press，2005：91.

［4］Bhaskar R. A Realist Theory of Science. London，New York：Verso，1997：21-23.

［5］王海英. 社会科学中的自然主义. 自然辩证法研究, 2005,（10）: 17-20.

［6］Bhaskar R. Scientific Realism and Human Emancipation. London: Verso, 1986: 11.

［7］Collier A. Critical Realism: An Introduction to Roy Bhaskar's Philosophy. London: Verso, 1994: 20.

［8］Bhaskar R. Reclaiming Reality: A Critical Introduction to Contemporary Hilosophy. London, New York: Verso, 1989: 190.

［9］Bhaskar R. A Realist Theory of Science. London, New York: Routledge, 2008.

［10］马国旺. 马克思主义经济学方法论与批判实在论经济学方法论比较研究. 北京: 经济科学出版社, 2013.

［11］Archer M, Bhaskar R. Critical Realism: Essential Readings. London, New York: Routledge, 1998: xiv.

［12］Roth G. History and sociology in the work of Max Weber. British Journal of Socioloy, 1976（3）: 306.

［13］彼得·柏格. 社会学导引——人文取向的透视. 黄树仁等译. 台北: 巨流图书公司, 1982: 129.

［14］Berger P, Pullberg S. Reification and the sociological critique of consciousness. New Left Review, 1966, 35（1）: 62-63.

［15］Issac J. Power and Marxist Theory. Ithaca: Cornell University Press, 1987: 57.

［16］Sayer A. Method in Social Science. London, New York: Routledge, 1992: 89, 92.

［17］Outhwaite W. New Philosophy of social Science. London: Macmillan. 1987: 46.

［18］Benton T, Craib I. Philosophy of Social Science. London: Palgrave, 2001: 133.

［19］Strydom P. Philosophies of the social sciences. Historical Developments and Theoretical Approaches in Sociology, 2011, 1: 95-125.

［20］Archer M, Roy Bhaskar et. Critical Realism: Essential Reading. London, New York: Routledge, 1998: 301.

［21］Hartwig M. The Dictionary of Critical Realism. London: Routeldge, 2007: 93

"现象概念策略"能应对反物理主义论证吗 *

魏屹东 武 锐

目前，物理主义已然成为英美心灵哲学界的主流观点。尽管如此，它依然面临着两个重要挑战：一是关于物理主义自身问题的"亨佩尔两难"[1]，是说物理主义者在回答"物理事物是什么"时面对的一种"两难困境"（物理事物要么在未来被否定，要么无法确定它是什么）；二是由"感受性"①（qualia）引起的意识的"难问题"。反物理主义者利用这个"难问题"提出知识论证、僵尸论证和解释鸿沟论证这些二元论证[2]，认为意识的现象特征本质上不同于物理事实，二者在认知或知识层面上存在一种解释断裂，且这种断裂并不只停留在认识论上，本体论上也是不可弥合的，因而二元论是一种比物理主义更合理的本体论图式。面对这种挑战，物理主义者提出了一种"现象概念策略"（phenomenal concept strategy，PCS）的应对方法。我们将从物理主义和二元论争论的焦点"现象概念"出发，剖析PCS是如何应对反物理主义论证的。本质上，这一策略支持的物理主义是一种区别于先天物理主义的后天物理主义，它是物理主义针对反物理主义论证的一种防御性策略。

一、物理主义的PCS

物理主义作为一个哲学概念，最早由纽拉特和卡尔纳普提出[3]。他们立足逻辑实证主义，试图模仿物理语言建立一种统一的科学大厦，但此时的物理主义并不是一个本体论的概念。之后，随着心灵哲学在英美哲学界的兴起，物理主义才逐渐变成了一种与二元论对抗的本体论主张。本体一元论的物理主义主张现实世界的一切事物都是物理的，没有什么事物是"超出"物理的，这意味着心理属性也是物理属性。

一般而言，物理主义（还原的和非还原的）坚持两个原则。

---

* 原文发表于《世界哲学》2015年第2期。

魏屹东，山西大学科学技术哲学研究中心/哲学社会学学院教授、博士生导师，研究方向为科学哲学与认知哲学；武锐，山西大学哲学社会学学院硕士研究生，研究方向为现代西方哲学。

① 也称"现象特征"或"现象经验"，特指人类意识中"感觉起来像什么样的"那种主观特征。

（1）世界上一切事实都是物理事实（本体论原则）。

（2）物理知识是关于一切事实的知识（认识论原则）。

物理主义兴起后就一直面临意识"难问题"的挑战。所谓"难问题"是相对于"易问题"而言的，最早由查尔莫斯做出区分[4]。假设科学弄清楚了与疼痛经验相关的神经生理机制是 C- 神经纤维激活，一个尚未解答的问题是：为什么 C- 神经纤维激活这种神经功能会伴随着疼痛经验产生呢？当我们的大脑发生了 C- 神经纤维激活时，我们为什么会感到痛呢？物理主义者声称一切现象都可以得到物理 - 功能的解释，但在意识的"难问题"面前，似乎任何科学解释都无法触及或"遗漏了"现象特征，甚至有哲学家认为，科学解释不可能解决意识问题[5]。于是，在意识的现象特征与关于它的物理解释之间就横隔着一个无法解决的"解释空缺"。这就是查尔莫斯所说的"难问题"。

面对这种"难问题"，物理主义者提出了一种应对方法 PCS。"现象概念"最早由劳尔[6]提出，被称为一种"策略"则首先由斯图嘉提出[7]。为便于与物理概念相区别，我们用【】表示所提到的是一个现象概念，如【红色】表示的是我们看见熟透的西红柿时的那种主观感受，非外在于西红柿的"红色"性质。一般来说，所谓现象概念就是表达或直接指称人的主观上的"感受性"。在物理主义者看来，【痛】是现象概念，C- 神经纤维激活是物理概念，它们共同表达了大脑某部分的神经状态。正如劳尔所言："大脑的物理功能性观念所指称的事物与物理学理论术语所指称的事物是相同的；现象概念不同于物理学的理论概念，这种概念的作用是直接指称，不需要高阶的指称确定；虽然这两种概念扮演了各自独立的角色，它们所指称的属性却是相同的。"[8]

在劳尔看来，现象概念就是一种认出/想象概念。在认知能力正常的情况下，有了特定的认出倾向就有了某个认出概念。对于一种现象状态"痛"，一旦我们感受到【痛】后，我们就获得了一个关于"痛"的现象概念，从而在下次再出现"如此的那种感觉"时就可以将其认出。在语言交流中，现象概念与物理概念都要用词语来承载，区别在于它们的直接指称不同。例如，【痛】作为一个现象概念，直接指称了我们在受到外界刺激时产生的一种特殊的现象经验，这是一种从第一人称视角才能亲知到的主观感受；若把"痛"用物理概念表达，则用"C-神经纤维激活"来描述，指称的是与疼痛经验相关的神经生理状态，这是一种第三人称视角下的功能概念。可见，现象概念与现象经验有直接而密切的多种联系[9]。PCS虽然有多种版本[10, 11]，但无论何种版本在本体论层面都坚持物理主义一元论，在认知层面则允许存在两套不同的知识系统（物理和现象知识）。

显然，PCS不仅坚持了本体一元论，还给物理主义加入一条新原则：概念二元论。在 PCS 的支持者看来，我们拥有两套并行的概念系统，从而可以有两套知识体系。虽然这两套知识体系是并行的、不可还原的，却无法否认在本体论层面二者属于相同的物理事实。因此 PCS 承认认知层面确实存在二元知识，从而导致我们认知上的"二元直觉"，但否认这种二元直觉可从认知层面推进到本体论层面，从而坚持了物理主义一元论。

由于 PCS 支持的是一种"后天物理主义"，它承认从物理知识 / 概念 P 到现象知识 / 概念 Q 之间（P → Q）不存在先天的必然联系，而是利用克里普克发展的后天必然性[12]来解释 P 与 Q 之间的关系。这种后天物理主义可归结为三条基本原则[13]。

（1）本体论原则：一切事物都是物理的。

（2）认识论原则：物理知识是完备的。

（3）双面原则：同一物理事实的知识有且仅有两种——物理知识和现象知识，它们独立且平行。

由（1）可知世界上只有物理事实，就连心理现象本质上也是物理事实。由（2）可知关于一切事实的知识都可用物理知识表述。前两个原则是物理主义必须坚持的，而（3）则是 PCS 独有的一种概念二元论。

那么现象知识的存在是否违背了原则（2）呢？或者说原则（3）与原则（2）是否矛盾呢？这涉及我们对原则（2）的理解。对于 PCS，存在现象知识并没有否定物理知识的完备性。虽然有不可还原为物理知识的现象知识，但物理知识作为一个系统依然是完备的，可解释一切物理事实。例如，【痛】是一个现象概念，我们依然可用"C- 神经纤维激活"这种物理知识来解释【痛】这种主观意识经验。世界上不存在逃逸出物理知识之外的事实，物理知识依然是完备的。接下来我们分析物理主义如何用 PCS 来回应各种反物理主义论证。

二、PCS 如何应对"知识论证"

"知识论证"① 即杰克逊的"黑白屋论证"[14]。有一个天才的科学家玛丽，从出生就被限制在只有黑白两种颜色的屋子中。玛丽通过黑白电视和黑白书籍学习，她特别精通并掌握一切视觉方面的神经科学知识。我们在看到熟透的西红柿和天空时，会使用"红色""蓝色"这样的词汇。假设玛丽可以获取一切关于前面所提事情的物理信息，如她发现了天空中发出的波长刺激了视网膜，并精确地知道这是怎样通过中枢神经系统而产生了声带的收缩和肺中空气的压缩，使得我们可以发出"天空是蓝色的"这句话的声音。那么当玛丽从黑白屋子出来时，或者给她一台彩色电视时，会发生什么事情呢？她将学到一些新东西，还是什么都学不到呢？显然，她将会学到某些关于世界和关于我们对世界的视觉经验的东

---

① 它包括两方面，一是攻击物理主义的本体论原则，二是攻击物理主义的认识论原则。

西。这样一来，她以前的知识就是不完整的，但她曾拥有一切物理信息。由此推出，存在超出一切物理信息的知识，物理主义是错误的[15]。

"知识论证"自诞生之日起便争论不断，有多人给出了各自的观点和回应[16]，还有学者编写了一本论文集专门讨论这个问题[17]。在该论证提出两年后，霍根便指出，"物理信息"这个词的意义模糊不清[18]，物理信息既可指"物理知识"，也可表示"物理事实"，两种不同的含义会导致我们对"知识论证"的不同理解。

从对"知识论证"分析可知，玛丽拥有一切物理知识，而物理主义者又宣称，心理事实也是一种物理事实，或者说，物理事实蕴含了心理事实，现在通过玛丽的例子我们发现，就颜色的视觉经验而言，关于它的一些事实是无法经由这位天才神经科学家的物理知识推得的，因此物理主义便是错的。

我们对"知识论证"的形式化分析如下。

Pk1：在黑白屋中，玛丽拥有一切关于人类视觉色彩的物理知识。

Ck1：由 Pk1 可知，玛丽已经知道所有关于人类视觉色彩的物理事实。

Pk2：在玛丽被释放前存在某种玛丽不知道的关于人类视觉色彩事实的知识（她不知道熟透的西红柿看起来的感受是什么样的）。

Ck2：由 Pk2，玛丽被释放前有某些关于人类视觉色彩的事实玛丽不知道。

Ck3：从 Ck1 和 Ck2 可知，存在关于人类视觉色彩的非物理事实。

Ck4：因此物理主义是错的！

显然，"知识论证"构造了一个依赖于人类直觉的思想实验。只要我们承认自己的直觉判断，就很容易得出上面的结论。不过，知识论证的提出者杰克逊已经开始倾向于物理主义是正确的[19]。那么 PCS 是如何应对"知识论证"的呢？

根据 PCS，一旦接受 Ck1 和 Ck2，显然就会得出 Ck3。为了避免反物理主义者得出 Ck3，我们必须否定 Ck1 或 Ck2 或同时否定 Ck1 和 Ck2。PCS 对"知识论证"的反驳关键在于：若否定 Ck1 则从 Pk2 得出 Ck2，从而否定 Ck3。PCS 利用双面原则区分并承认存在并行的物理知识和现象知识，从而指出 Pk1 中玛丽仅知道关于人类视觉色彩的物理知识，却不知道关于人类视觉色彩的现象知识。换言之，玛丽从"黑白屋"出来之后，看见熟透的西红柿时，就获得一种在她掌握了一切物理知识后仍无法获取的一种非物理知识，这种非物理知识是一种现象知识。但是，玛丽得到的那种【红】仅是一种新的概念或知识，即现象概念或知识并不是一种新的事实。按照 PCS，双面原则明确说明了现象知识也仅是一种关于物理事实的知识，而非本体上存在的另一种独立于物理事实的现象事实。这样就把本体论层面和认知层面隔离开来，否定了从 Pk2 可得出 Ck2，从而捍卫了物理主义的本体一元论，所以"知识论证"是错的。

然而我们会进一步追问，为什么会存在两种并行的知识体系？二者的关系是什么？物理知识可先天推出现象知识吗？这些问题仍存在争论，因此 PCS 仅是一种防守策略，只能说明反物理主义论证不能从本体论上否认物理主义，但对于自身的正面回答也没有强有力的论证和科学证据。

三、PCS 对"僵尸论证"的反驳

"僵尸"（zombie）的观念最早可追溯到笛卡儿，他认为非人类的动物就是一种"自动机"，只有物理性的躯体而没有心灵[20]。这种无心的"自动机"就类似于当代心灵哲学中的"僵尸"，但并不完全相同。为了反驳物理主义，哲学家提出了类似的设想，如坎贝尔（K. Campbell）的"仿真人"，科克（R. Kirk）的"格利佛"（Gulliver）[21]。而真正激起巨大争议的"僵尸论证"是查尔莫斯的"可设想性论证"（conceivability argument）[22]。之后，钱德勒和霍桑专门编了一本论文集反映对这一问题的争论[23]。

"僵尸论证"说：设想在一个可能世界中存在这样一种存在物（"僵尸"），它们在物理及外在行为功能上与人类完全一样，却没有我们拥有的内在"感受性"。查尔莫斯认为，直觉上我们都认可"僵尸"是可设想的，然后根据一条传统的形而上学假设，即"可设想性蕴含了可能性"（CP 论题），我们就可得出"僵尸"是形而上可能的。这意味着，在一个可能世界中僵尸是存在的。这个可能世界在物理上与我们的现实世界完全等同，但又没有意识经验的存在。这就推导出意识经验是非物理的。

查尔莫斯的"僵尸论证"之所以能激起更广泛的关注，原因在于：他用自己发展起来的二维语义学[24]对传统的可设想论证进行了完善和修正[25]，相对于那种仅依赖直觉上的"可想象性"而言，更有说服力也更加严密。而二维语义学也可说是对克里普克反物理主义"模态论证"①的进一步加固和修正。

"僵尸论证"的版本也有多种，其中比较著名的一个如下。

Pz1：僵尸是一种在物理方面与人类完全相同却没有人类意识经验的生物。

Pz2：僵尸是直觉上可设想的（多数哲学家承认）。

Pz3：可设想的就具有可能性（CP 论题）。

Cz1：由 Pz2 和 Pz3 得出僵尸是"可能的"。

Cz2：由 Pz1 和 Cz1 得出僵尸是形而上可能的，因此意识经验是非物理的。

Pz4：如果物理主义是对的，那么它就能从物理上解释一切（认识论原则）。

Cz3：由 Cz2 得出意识经验不能被物理主义解释。

---

① 物理主义用"后天必然性"确证"C- 神经纤维激活和【痛】"这样的关系，克里普克则认为【痛】不同于一般的自然物，【痛】就是我们感到【痛】时的那种主观感觉，【痛】与 C- 神经纤维激活之间不存在"后天必然关系"。

Cz4：由 Cz3 和 Pz4 得出物理主义是错的。[①]

如果只从本体论考虑，僵尸论证可简化如下。

（1）僵尸是可想象的。

（2）如果僵尸是可想象的，则僵尸形而上学可能。

（3）如果僵尸形而上学可能，则物理主义错误。

具体来说，由 Pz1 和 Cz1 得出僵尸是形而上可能的，因此意识经验是非物理的，物理主义是错的。或者说，意识经验不必然随附于物理属性，Cz4 表明意识经验不能还原为物理解释，由此进一步推出意识经验不能被物理主义的认识论原则解释，所以物理主义也是错的。

由于僵尸是形而上可能的，而僵尸又缺乏我们拥有的"感受性"，这说明僵尸存在的这个可能世界是一个只有物理事实和物理属性而没有"现象经验"的世界。现象经验完全可以脱离物理事实而存在于另一个世界。这样，物理主义的本体论原则就受到了攻击。但由于对"可设想的就是可能的"中的"可能性"是否必然是"形而上的可能性"存有巨大争议，所以这个论证并不稳固。

PCS 如何应对僵尸论证两个层次的攻击呢？ Pz1、Pz2、Pz3、Pz4 是应该共同承认的前提，其中 Pz1 是对僵尸的定义，Pz2 指僵尸的可设想性，Pz3 是基本假设 CP 论题，Pz4 是物理主义的认识论原则。不管从哪种层面出发攻击物理主义，我们都必须依赖于 Cz1。可见对 Cz1 的正确理解就是僵尸论证的关键。而 PCS 正是从 Cz1 出发来反驳僵尸论证的。PCS 支持的"后天物理主义"认为，如果 Cz1 中的"可能性"仅是认识论层面的可能性，则是完全可接受的，因为双面原则明确说明了人类拥有两套平行且独立的知识体系，所以我们可从认知上设想僵尸是存在的。但在 PCS 原则下，物理概念 P 和现象概念 Q 在本体论层面上所指称的是共同的物理事实，因此僵尸在本体论层面上是不可能存在的。

可见，从 PCS 出发防卫物理主义，使它得到了一种全新的辩护策略。这种辩护策略表现为两个方面：一方面，PCS 通过承认概念 / 知识二元论而解释了我们在认知层面的二元直觉；另一方面，PCS 自身完全获得了物理主义的解释，坚持了本体的物理主义一元论。这样就使认知层面的二元直觉与本体层面的一元论可以共存而不相互矛盾。

四、PCS 如何应对"解释鸿沟论证"

"解释鸿沟"最早由列文提出[26]，其要点是：当我们用水分子 H_2O 的运动

---

① 单独由 Cz2 也能推出物理主义是错的，这是从本体论攻击了物理主义。为了说明僵尸论证可从认识论层面攻击物理主义，我们加入 Pz4 和 Cz3，这是从认知层面反驳物理主义论证。

理论解释水的沸腾时，完全可以先天地得出二者的关系，这其中没有解释上的断裂。然而，当我们用大脑的神经物理状态解释某种主观的"感受性"时，却无法先天地解释为什么 C-神经纤维激活必然伴随着【痛】，在这中间存在着一种解释上的"鸿沟"。我们可以设想，水分子 H_2O 在 100℃时快速移动，之后逃脱相互之间的引力而变成蒸汽，于是宏观上就表现为水的沸腾了。在这种微观设想与宏观表现之间并不存在不可逾越的"鸿沟"。但无论如何，我们可以设想大脑的神经状态都可以连贯地运行，而不必伴随着我们的主观特性。所以在大脑的物理状态和心理状态之间就存在着一条不可逾越的"解释鸿沟"[27]。

"解释鸿沟论证"强调，即便物理主义在本体论层面上是对的，它在认识论层面上仍然是令人困惑的。当我们用关于水分子运动的物理理论解释水沸腾的现象时，我们可以先天地完全解释相关的现象。与这类成功的科学理论解释不同，当我们试图用关于大脑的物理状态的理论解释感受性时，我们却无法先天地解释相应的感受性为什么会是那种特定样子的，从而总是在认知上留下一个解释鸿沟。列文一直都把这种解释鸿沟局限在认知层面，并不承认在本体论上必然有同样的鸿沟存在。可以说，列文的"解释鸿沟论证"对物理主义和反物理主义是一种中立态度，但大部分反物理主义者会利用这种认识上的解释鸿沟而推进到本体论层面。

"解释鸿沟论证"的主要形式如下[28]。

Pe1：物理解释至多只能解释意识经验的物理构成与功能。

Pe2：解释了意识经验的物理构成与功能并未完全解释意识经验的现象特性。

Ce1：根据 Pe1 和 Pe2，在意识经验的物理知识和现象知识之间存在解释鸿沟。

Ce2：由 Ce1 得出，若在两种知识之间存在解释鸿沟，则本体论鸿沟存在。

Ce3：因此，物理主义是错的。

PCS 如何应对这个论证呢？根据 PCS，物理主义在本体论层面只允许物理事实存在，但在认知层面物理主义却允许我们有两套相互独立的知识体系。在认知层面存在一个解释鸿沟，但这充其量只表明了物理知识和现象知识之间不存在任何桥接规律（bridge law）而已，并未表明物理知识是不完备的，更不可能由认知层面的"解释鸿沟"而推进到本体论层面。因此，尽管解释鸿沟存在，但并不能由 Ce1 得出 Ce2。在处理解释鸿沟难题上，PCS 采取的是一种兼容主义（compatiblism）：既接受解释鸿沟在认知层面存在的合理性，又通过区分现象知识和物理知识来化解解释鸿沟对物理知识完备性可能构成的威胁。

五、PCS 的进展及意义

上述反物理主义的三个论证明显有一个共同点：借由我们人类在认知层面的

"断裂"而试图论证在本体论层面上也存在"二元鸿沟",以此说明物理主义是错的。若设 P 为物理概念 / 知识,Q 为现象概念 / 知识,而"黑白屋中的玛丽"、"僵尸"和"解释鸿沟"都表示一种"有 P 且非 Q"(记为 P& ～ Q)的状态,那么以上三个论证均可表达如下。

P1:在认知层面,P& ～ Q 成立。

C1:在本体论层面 P&~Q 是对的。

C2:本体论上 P ≠ Q。

C3:物理事实不等于心理事实,即物理主义是错的。

可见,这三个论证都是从认知层面试图过渡到本体论层面对物理主义进行攻击,而 PCS 的出现正好使它们的企图落空。一方面,PCS 下的物理主义双面原则承认在知识论证层面存在着不可还原的二元知识或概念,却并不意味着这种认知层面的二元论可以合理推进到本体论层面。根据 PCS,试图进行这种推进的反物理主义论证都是错的。另一方面,虽然双面原则的存在使物理主义避开了各种反物理主义论证的攻击,但也给自己带来了新的问题,如查尔莫斯[29]和列文[30]都提出了类似这样的质疑:现象概念 / 知识与物理概念 / 知识的关系是什么?我们为什么会拥有两套并行的认知能力,从而有两套知识系统?在这些问题还没有得到完全解答之前,PCS 主要还是一种防御策略。不过,关于视觉认知系统方面的研究最新进展可能会给上述问题一些启示[31]。

面对 PCS 对反物理主义论证的反驳,反物理主义者也提出了各种针对性的回应。查尔莫斯的"万能论证"(master argument)[32]试图一举击破 PCS 的所有版本。根据"万能论证",所有版本的 PCS 都必须承认这样一个关于现象概念的论题 C:C 不仅可以解释我们认知上的现象特征,而且 C 自身可以得到物理性解释。否则 C 要么能解释我们的现象特征却不能获得物理说明,要么获得了物理说明却无法解释我们的二元直觉,无法实现 PCS 自身的目标。我们是否可以构想一个缺乏论题 C 的"僵尸"呢?答案只有两种:可构想与不可构想。若可构想则在一个僵尸世界中 C 显然不能获得物理性解释;若不可构想则一个纯物理性的僵尸也拥有 C,C 就不能解释我们认知上的现象特征。因为一切版本的 PCS 都面临这种两难,所以 PCS 是失败的。随后,PCS 的支持者帕品纽(D. Papineau)、巴洛克(K. Balog)等也进行了反驳和回应[33]。同时,物理主义内部对 PCS 也有不同意见,认为不存在独立于物理概念的现象概念[34]。现象概念自身如何刻画才能真正地支持物理主义也还在激烈争议当中。

最后,我们强调,PCS 的本质就是利用概念二元论来化解各种二元论的攻击。利用 PCS 来说明各种反物理主义二元论不过是一种认识论层面的二元论,由此把认知层面与本体论层面相分离,借此来保护物理主义的本体一元论。在持有 PCS 的物理主义者看来,"实体二元论"和"属性二元论"都是人类把认知层面的二元幻象经由直觉扩展到本体论层面的一种认知错误。

参考文献

［1］Hempel C. Reduction：Ontological and linguistic facets//Morgenbesser S，et al. Essays in Honor of Ernest Nagel. New York：St Martin's Press，1969：179-199.

［2］黄益民 . 心灵哲学中反物理主义主要论证编译评注 . 世界哲学，2006，（4）：16-22.

［3］Neurath O. Physicalism：The philosophy of the Vienna Circle//Cohen R S，Neurath M. Philosophical Papers 1913-1946. Dordrecht：D. Reidel，1983：48-51.

［4］Chalmers D. Facing up to the problem of consciousness. Journal of Consciousness Studies，1995，2（3）：200-219.

［5］McGinn C. Can we solve the mind-body problem? Mind，New Series，1989，98（391）：349-366.

［6］Loar B. Phenomenal states，Philosophical Perspectives，1990，4：81-108.

［7］Stoljar D. Physicalism and phenomenal concepts. Mind and Language，2005，20：469.

［8］Loar B. Phenomenal states. Philosophical Perspectives，1990，4：84.

［9］Balog K. Phenomenal concepts//McLaughlin B R，Beckermann A，Walter S. The Handbook of Philosophy of Mind. Oxford University Press，2009：294-295.

［10］黄益民 . 现象概念与物理主义 . 学术月刊，2009（4）：40-47。

［11］Stoljar D. Physicalism and phenomenal concepts. Mind and Language，2005，20：470-472.

［12］王晓阳 . 如何应对'知识论证'：一种温和物理主义观点 . 哲学动态，2011，（5）：85-91.

［13］Kripke S. Naming and Necessity. Lecture 1. Blackwell，1980.

［14］Jackson F. What Mary didn't know. The Journal of Philosophy，1986，（5）：291-295.

［15］Jackson F. Epiphenomenal qualia. The Philosophical Quarterly，1982，32（127）：130.

［16］程炼 . 杰克逊的"知识论证"错在何处 . 哲学研究，2005，（5）：86-92.

［17］Ludlow P，Nagasawa Y，Stoljar D. There's Something About Mary：Essays on Phenomenal Consciousness and Frank Jackson's Knowledge Argument. Cambridge：The MIT Press，2004.

［18］Horgan T. Jackson on physical information and qualia. Philosophical Quarterly，1984，（135）：147-152.

［19］Jackson F. Looking back on the knowledge argument//Ludlow P，Stoljar D. There's Something About Mary：Essays on Phenomenal Consciousness and Frank Jackson's knowledge Argument. Cambridge: The MIT Press，2004.

［20］笛卡尔 . 第一哲学沉思集 . 庞景仁译 . 北京：商务印书馆，1986：24.

［21］Kirk R，Zombies V. Materialists. Proceedings of the Aristotelian Society，1974，48：135-163.

［22］Chalmers D. The Conscious Mind：In Search of A Fundamental Theory. New York：Oxford

University Press，1996：94-99.

[23] Gendler T S，Hawthorne J. Conceivability and possibility. Oxford：Oxford University Press，
2002.

[24] Chalmers D. The foundations of two-dimensional semantics//Garcia-Carpintero M，Macia J.
Two-Dimensional Semantics：Foundations and Applications. New York：Oxford University
Press，2006.

[25] 魏屹东，陈敬坤.可想象性论证及其问题—评查尔莫斯的认知二维语义学.科学技术哲
学研究，2010：33-39.

[26] Levine J. Materialism and qualia：The explanatory gap. Pacific philosophical Quarterly，1983，
（64）：354-361.

[27] Levine J. On leaving out what it is like// Davis M，Humphreys G. Consciousness. Oxford：
Blackwell，1993：129.

[28] 王球.现象概念与物理主义：打破二元论的谜咒.浙江大学博士学位论文，2011：18.

[29] Chalmers D. Phenomenal concepts and the explanatory Gap//Alter T，Walter S. Phenomenal
Concept and Phenomenal Knowledge：New Essays on Consciousness and Physicalism. New
York：Oxford University Press，2007：167-194.

[30] Levine J. Phenomenal concepts and the materialist constraint//Alter T，Walter S. Phenomenal
Concept and Phenomenal Knowledge：New Essays on Consciousness and Physicalism. New
York：Oxford University Press，2007：145-166.

[31] 王晓阳：如何解释"解释鸿沟"：一种最小物理主义方案.自然辨证法研究，2012，（6）：
9-14.

[32] Chalmers D. Phenomenal concepts and the explanatory Gap//Alter T，Walter S. Phenomenal Concepts
and Phenomenal Knowledge：New Essays on Consciousness and Physicalism. New York：
Oxford University Press，2007：167-194.

[33] 王球、"万能论证"不万能.哲学研究，2012，（10）：71-77.

[34] Ball D. There are no phenomenal concepts. Mind，2009，118（472）：936-962.

祛魅到复魅

——论麦克道尔的先验哲学 *

何 华

麦克道尔（J. McDowell）的经验论不愿意接受康德先验哲学中感性与物自体之间的非经验性相互作用，也不愿意像新康德主义中的唯心主义那样拒斥物自体与表象的对立，因此他需要说明感性对象的认识论合法性。他的经验论保留了康德先验哲学中知识先验条件的作用，并努力为这些条件找到自然主义依据。但是，对这些条件（概念或概念能力）的地位和作用范围的辩护依然脱离不了先验哲学的问题域。他曾把塞拉斯（W. Sellars）的哲学概括为先验经验论[1]，事实上他是借此把自己的哲学推到先验层面。这一内容曾有专文论述[2]。本文旨在分析其哲学中先验内容的根源、辩护和得失。

一、复魅的目的：调和理性与自然

麦克道尔自己承认，他的哲学部分地为自然复魅[3]97。之所以这样做是因为现代科学和哲学为世界祛魅时产生了一些不可调和的矛盾。在康德的哲学中，知性所建构的经验世界是严格服从因果律的世界，是科学理论针对的世界，但是康德看到科学的抱负并不是只描述经验世界，它要描述全部实体，要把人的本性也概括进其机械模式中，这样道德与自由存在的合理性就受到威胁。康德区分知性与理性，限制科学为信仰留有地盘，正是要应对这种威胁。自然科学有这种倾向，一是得益于当时科学理论的巨大成就；二是因为文艺复兴时期，亚里士多德主义的自然哲学复兴。这种自然哲学用亚里士多德的目的因理论解释自然万象，形成一种不切实际的玄学，事实上对自然科学的发展起到阻碍作用，因此受到批判。目的因这类没有必要的假设应该从自然中去除，即为世界祛魅，但是如果把这一点当成原则贯穿到认识论中，就会产生理性的优先性被质疑的倾向。这种批判的结果是把自然等同于自然科学规律的领域，理由空间的领域被排除出自然，或者被还原为自然。传统认识论中理性概念活动与感觉材料之间的联系就变得不

* 原文发表于《科学技术哲学研究》2015 年第 5 期。

何华，山西大学科学技术哲学研究中心讲师，研究方向为科学哲学。

可能。也就是说，在这里，心灵的活动在自然科学所描述的自然中如何安置是问题的一方面，与这一心身问题相联系的是一个认识论问题，概念内容如何能指及感性的自然。麦克道尔的理路是，把心灵与自然的关系问题具体化为融贯论与所予神话之间的关系问题。

人的经验知识一定有来自理由空间之外的基础，这是经验论的主张。理由空间是由理由与推论性的联系构成的。理由空间有一定的自主性，人的选择、判断、修正等一系列活动都有一定程度的自由。这种自由在麦克道尔的哲学中是要受到限制的，因为如果理由空间的活动不受限制，就可以产生出独立于世界的观念，并堕落为自足的游戏活动或虚空中无阻的旋转[3]11。对于经验论来说，这种限制应该来自理由空间之外，即经验性的内容。因此理由空间既是积极的又是被动的。在麦克道尔看来，正是融贯论自身的问题要求去求助于所予神话。所予神话要做的事情是，理由空间之外的纯粹的感觉刺激对理由空间中的内容起限制作用。正如戴维森（D. Davidson）所指出的，这里的问题是，感觉经验与理由空间中的信念之间的联系不能被认为是一种理性联系或一种确证的关系。他自己的主张是，除了信念没有其他东西可以算作是持有信念的理由。这是戴维森融贯论的主张。该主张认为感觉经验或世界对我们感官的冲击在产生信念的过程中只起因果性作用。麦克道尔认为，戴维森的融贯论可能使思想与世界失去联系，面对这一威胁人们又去求助于所予神话。这样哲学就陷入一种摇摆之中。麦克道尔的解决办法是，承认感觉经验本身，即世界对我们感官的影响，已经有概念性的内容。在感觉经验中，世界冲击我们，独立于我们的控制，在某种程度上，我们被动地呈现世界为如此这般，而不是积极地判断世界如此这般。

承认经验本身有概念性活动参与，就是承认自发性与接收性不可分离，总是在共同起作用[3]24。这事实上是受到康德的"思想无内容是空的，直观无概念是盲的"[4]这一观点的启发。感觉经验有被动性，它是来自世界的内容，如果它有自发的概念活动的参与，则含有理性的内容，能够与理由空间的项目发生认识关系，最重要的是确证关系。在传统哲学中，理由空间的内外，基本上是指心灵的内外。因为概念活动被严格地限制在理由空间之内，感觉活动中没有概念参与。如果感觉活动有概念活动的参与，理由空间的范围在扩大，心灵则没有了边界。即使说理由空间之外，也仅仅指的是一种确证序列的划分。这种观点的合理性备受批判。我们在这里则只关注它被提出的目的。感觉经验有概念性，避免了所予神话；它来自客观世界，则回避了融贯论的问题。

为了说明自发性的概念能力，麦克道尔提出第二自然的概念，即理性概念能力是在自然的条件下自然而然形成的，只要条件一具备就会发生。也就是说，自然并不只是自然科学所描述的对象，还应该包括独属于人的一些东西。

麦克道尔在这里拒绝了绝对自然主义，这种自然主义试图通过还原的方法把理由空间合并在规律的领域，甚至把理性重构为现代自然科学的对象。同时他也批判笛卡儿传统中的二元对立，就是把理由空间看成是自成一类（sui generis）的空间，完全独立于可感的世界，与这种哲学对应的自然主义，他称之为膨胀的柏拉图主义。第二自然的自然主义显然走了第三条路，它调和了理性与自然的关系。

可见麦克道尔从一个具体问题的解决，即融贯论与所予神话对立的问题的解决，把问题涉及的内容扩展到整个心灵与世界的关系问题，最后为心灵在自然中的地位做出了说明，方式是部分地为自然复魅。虽然麦克道尔认为他的哲学不是要建构一个体系，不是解决原本的问题，而是要驱逐焦虑，但事实上他的自然化的柏拉图主义依然是一种建构哲学。他的经验论依然是一种形而上学。

二、复魅的前提：先验哲学

麦克道尔的哲学为了解决所发现的哲学问题，即在融贯论与所予神话之间的摇摆，走向一种实在论。与融贯论不同，它承认经验可以直接成为信念的理由，与所予神话不同，它承认经验与信念在自发性方面有区别。这样就可以避免"摇摆"所形成的两难。事实上这等于说我们直接与世界本身发生联系。因此麦克道尔所坚持的实在论是一种直接实在论。

麦克道尔一方面承认概念能力的非自然性，另一方面又认为，为了去除不必要的哲学焦虑，需要承认自发性不可分割地包含在接收性当中，即感官是自然的一部分，所以在另一种意义上概念能力是自然的[3]87。这里的自发性是知性的自发性，是指概念能力不可或缺地包含在我们的自然中。在这里，我们可以看出麦克道尔与康德的区别。虽然麦克道尔一直觉得自己真正解释了康德的一个观点，没有内容的思想是空洞的，没有概念的直观是盲目的，但是在康德那里，知性与理性有一个重要的区分，知性与感性的杂多发生联系而形成经验，而理性与感性不发生联系，因此理性与自由相关。麦克道尔承认概念的非自然性与概念的自发性，是把康德的理性与知性综合在一起，因此他的这些观点多少带有新康德主义的色彩。

这一点还可以从他对先验哲学的独特理解得到旁证。康德的先验哲学中，经验世界的经验对象是运用概念能力构造而成的。这些概念独立于经验，但是它们是构成经验的必要条件。对应麦克道尔的哲学，这些先验的概念是理由空间的内容，它们参与构成的经验及其对象也属于理由空间，也就是说经验总是有概念性的。麦克道尔赞同康德关于经验与概念联系的观点，认为康德的观点已表明，

"从经验本身的观点看"，"实在没有被置于圈住概念范围的边界之外"[3]41。当然康德的这一先验哲学模式中，有一方面是麦克道尔反对的，就是康德认为在经验世界之外有一个物自体的世界。麦克道尔认为，这种模式与他所说的哲学家的焦虑所对应的模式本质上相同，因此他提出的哲学家们对两难的担忧也可以称为"先验的焦虑"[5]366。如果承认有一个物自体世界，事实上就构造了一个图景，把世界置于我们可理解的系统之外，在此图景中，真正可理解的东西就不是经验素材与概念的集合，概念与来自世界的冲击的关系是因果的而不是理性的，经验活动被限制在一个范围之内，而它要把握的东西却在范围之外。麦克道尔称该图景为"侧及图景"（sideways-on picture）[3]35。他称自己的理想图景为直接实在论，认为心灵与世界能直接发生理性联系。

麦克道尔对"先验的"的理解并不是一以贯之的。在1997的伍德布里奇讲座（Woodbridge lectures）中，他认为先验性指与思想的客观意指性（objective purport）的合法性相关的内容，即思想能得到经验的理性限制[6]。在另一篇文章中，他更明确地说，先验描述的是"那些哲学思考，其目标是在客观意指这个观念上没有神秘"[5]365。从这些主张中我们看到，思想的客观意指依然预设了两个范围——主观的与客观的，或者是理由逻辑空间内外。这里与《心灵与世界》中批判的康德的经验世界与物自体世界的划分不同，麦克道尔的图景中没有康德哲学意义上的物自体，或者说他的客观世界或逻辑空间之外的世界就是康德哲学意义上的经验世界。也就是说，主体与客体不具有本体论意义上的区别，只在确证信念的序列前后上有区别。经验对象无疑在确证信念过程中居于第一位。因此思考某物只能在理由逻辑空间中进行。事实上，以这种方式来理解康德的先验哲学并不新鲜，新康德主义马堡学派的创始人柯亨（H. Cohen）就反对康德的物自体概念，他与麦克道尔的区别是，不承认经验有外部世界的内容[7]，二者的另一个共同点是，承认主体对经验的构造作用。

麦克道尔这样来理解先验哲学的另一个理论目的是他的寂静主义（Quietism）。一些别的理论也在努力去除前面所说的先验的焦虑，方法是否认两种逻辑空间的对比是真实的。这类理论被他称为"绝对自然主义"（Bald Naturalism），即否认理由空间是自成一类的，进而用自然规律空间的语言重新描述它，也就是说是通过弥合两个空间之间的鸿沟来消除这种焦虑。麦克道尔的主张与此相对，一方面他认为两个空间没有本体论意义上的区分，二者的区别只是在经验知识产生过程所起的作用方面的区别；另一方面是那种先验的焦虑本没有根据，即心灵与世界不可能没有规范性联系。后来的著述中，麦克道尔认为他的自由自然主义旨在把认识和思维活动看成是自然现象[8]，以此来支持概念的无边界性，这一观点更根本地支持了寂静主义。这一观点也使麦克道尔的哲学与新康德主义的一些观点更为相似。

三、祛魅的目的：否认知识的先验条件

早期分析哲学普遍接受康德的知性理论，认为那些逻辑范畴确实保证了我思想的明晰性，可以去除心理对思想的干扰。这样康德时空的直观形式就是不能接受的，因为如果承认直观形式则会使思想的客观性受到威胁。但是逻辑性的思考与日常世界间的对立看起来形成一种新的形而上学对立，逻辑有了非自然的属性。为了解决这个问题，真之理论使逻辑的真保证了思维的客观性，同时使理由空间摆脱了形而上学的本体论地位，也就是说理由空间同样没有非自然的属性。真之理论的直接结果是对理想语言的追求。

我们可以把奎因（W. V. Quine）的对两个教条之一的批判看成是对以上这一努力的回应。经验论相信有分析的真与综合的真区分。分析命题是先天的、纯粹的，与经验事实没有关系，我们可以把它看成是一种理想的语言。但是奎因认为分析这个概念不能自圆其说，进而认为分析与综合之间没有明确的界限。因此如果分析的真对应的语言是一种理想语言，那么追求这种语言是一种形而上学的诉求，没有意义。或者我们还可以换一种说法，奎因事实上是否定了一些没有与任何事实相关的命题，即先验的命题。与麦克道尔讨论的问题相联系，奎因所说的分析命题对应的是具有先天地位的逻辑，属于理由空间的内容，因此奎因对分析－综合二分的批判是对理由空间的批判。在两个教条的批判之后，奎因把语言看成是经验性的，进而走向自然化的认识论，也足以说明这一点。我们也可以把奎因的这一努力看成是祛魅的一步。

奎因拒斥分析的真的目标是，否认知识或认识方面的先验条件。那么，知识的基础只能是经验，但是没有像传统哲学中的先验条件那样做终极条件，知识或科学理论的条件，只能是经验与已有的理论，这使得奎因的哲学呈现为一种整体主义的面目。没有了先验的条件，感觉刺激上升为理论就不是一个哲学问题，而是一个自然科学问题，因此他的哲学走向自然化的认识论。在这种认识论中，关于世界的理论的形成是从感觉刺激基础上开始的，这个过程可以用发生学的方法来解释，传统哲学中所说的理性的与非属理性的联系成了心理学的研究对象，甚至理性的规范性问题也成了心理学问题，认识论成了自然科学的一章。这等于说，在奎因的哲学中，主体意义上的理由空间的优先性被取消了。由此传统哲学中所说的理性与自然的关系就异常起来。麦克道尔所说的焦虑正是在奎因的这种哲学语境中提出来的。

具体地说，奎因的自然化的认识论完全用自然物理事实来说明理由空间的活动，初衷是否定心理实体的意义，结果是否认概念知识的自律性[9]。翻译不确定理论的两个方面——意义的不确定性和指称的不可测知性，事实上可以理解为没有与意义对应的物质事实，但是这并不会走向怀疑论，奎因用整体主义来解决这个问题，指称相对于一个整体才可以成立。整体主义依然在拒斥知识的先验性，比如理论的可反驳性。于是，传统哲学中知识的一系列条件都要重新来解释。科学知识在奎因那里依然占有十分重要的地位。因此科学知识的合理性一定要重新说明。传统认识论中，理由空间的活动是知识的合理性的重要条件之一。奎因要用感性刺激来重新解释它，而且它与经验的理性联系也成为自然科学可描述的对象。传统认识论中知识的理性条件被完全否定。

四、先验条件的挽回

与麦克道尔的哲学相关的另一个重要哲学家是戴维森。戴维森的哲学是麦克道尔哲学的一个重要平台[3] VIII。我在此试图简洁地从戴维森的宽容原则、异常一元论（anomalous monism）和融贯论三方面来分析这个平台的作用。宽容原则是彻底解释的一个条件。前面提到奎因的翻译不确定理论，事实上可以理解为它确认了没有与意义对应的物质事实这一观点。戴维森大体上同意奎因讨论这些问题的基础。人们可以通过解释理解别人的语言，就像翻译不同于自己的语言，只有通过翻译才能学会它，与之相类似，通过彻底的解释才可以学习使用语言。我们之所以可以理解别人的语言，是因为语言的建构性。这与奎因的整体主义类似。但是在解释的过程中，确定性的保证成了问题。因为我要断定别人说什么、相信什么需要先假定他说的内容之间最大化一致，而且是真的。否则进一步的解释无法进行。这就是戴维森加的一条原则，即宽容原则。宽容原则往往被认为是承认了一种先验条件。戴维森自己也承认，设想说话人一定程度的合理性或一致性是一种先天假设（a priori assumption）[10]。不过戴维森这里说的先天性不是康德意义上的，即客观必然性的基础。如果知觉产生关于世界的信念，它们只在有概念之网的心灵中被认为是客观的，而这些概念最初是在人际交流中形成的，那么命题的思想依赖于交流。"交流依赖于人们共有的习性，即以可观察的相似的方式对其环境做出反应。"[11]也就是说，一些解释的先天条件，虽然是必要的，但是非绝对的，会随现实状况改变。但是我们至少可以从这一原则中看出，其中暗含了一个前提，就是人的理性的优先性。这一点是他从奎因批判的内容中挽回的一点。

戴维森的这一理论不可避免地要面对一个问题，信念的领域与物理世界之间的关系。他用异常一元论来应对这个问题。他认为心理事件与物理事件有因果关系，但是二者分属两个完全不同的领域。心理事件所遵循的规律与物理学不同，前者也不能还原为后者。但是我们依然可以相信心理事件都有对应的物理事件。异常一元论明显是回应了宽容原则。两种事件相互关联，又不能实现同一，但是我们依然可以相信一个心理事件发生时，要对应一个物理事件。奎因不放弃观察句，至少有一个目的，就是确保句子的意义。戴维森至此又给信念的领域或理由空间的合理性增加了一种说明方式。因此，在戴维森描述的图景中，理性与自然的关系并不如奎因那里紧张，甚至可以说与理性相联系的自由和与自然相联系的必然性可以在其哲学图景中实现很好的统一[12]。戴维森通过异常一元论要努力恢复一些奎因拒斥的东西。至少奎因要用自然科学说明心理事件的企图在他这里被放弃。他的异常一元论承认了理由空间的独特性。

　　宽容原则与异常一元论是戴维森融贯论的基础。宽容原则要求我们认为理由空间的信念大多数是真的，也就是说，它们都对应一个个理由空间之外的对象。这些对象与感官发生因果性作用，是信念形成的起因，但并不与信念发生确证关系。与奎因相比，戴维森从另一个方面解决了怀疑论问题。信念与信念之间的最大化一致，事实上是信念的确证的理由只能是另一个信念这一观点的另一种表述。可以看出，戴维森去掉奎因的自然化主张之后，留下了其整体主义的部分内容，经验内容是我们用已有的理论来获得的。但是并不是我们用概念来整合感觉材料，这是概念图式二元论的主张，它使语言形式与经验内容完全分开。两种完全不同的东西，相互间有认识关系是不可理解的。这类似于塞拉斯对所予神话的批判。事实上对概念图式二元论的批判，是对符合论的批判。戴维森的独特之处是承认了经验在知识产生中的作用，但不承认其确证作用。

五、复魅的结果：另类融贯论

　　戴维森的哲学对麦克道尔的哲学的影响是巨大的，可以说是其逻辑起点。从麦克道尔提出的问题来说，即传统哲学中理性与自然之间的不可调和性，虽然他更愿意把它放在现代科学兴起的历史背景中来反思，但是该问题更直接地反映的是戴维森与奎因哲学中的问题。奎因的自然化的认识论要把理由空间并入自然，把理性问题并入自然问题，而戴维森的融贯论事实上使理由空间与自然对立起来，虽然他的哲学一度从奎因的哲学中为理性争取地位，但是依然未能真正解决这种对立。不过戴维森的哲学给麦克道尔的哲学建构提供了便利。戴维森认为概念图式不能与经验内容分开，我们的解释总是在理性的原则下进行的，因此关于世界的信念一定是在理性的前提下互相确证的，这些观点与麦克道尔所认为的知性活动有概念活动的参与十分接近。

　　奎因所说的纯粹的物理自然事实领域被戴维森分成彻底解释中的心理领域与自然规律领域。戴维森用异常一元论来说明这二者之间的关系。物理对象对感官刺激时发生的是因果作用，这可用自然科学理论来解释；刺激与表述之间的关系并不是奎因的发生学可描述的，因为二者不是同一个领域，但是依然可以看成是一种因果关系。理由空间与规律的领域之间的不可调和性依然存在。麦克道尔用第二自然的自然主义来应对这一问题。他认为彻底解释中的心理领域与自然规律领域之间的关系不是因果关系，否则会有把理由空间并入自然规律领域的嫌疑。它们之间的关系应该是一种理性关系。但是这种理性关系如何保证？他提出唯有把理由空间之外的事物对感官的刺激看成是理由空间的要素才有可能，即以经验的活动已有概念活动的参与为条件。前提是这种概念活动是自发地进行的。人的这种理性概念能力的自发性源自人的第二自然。人自然而然地在传统中学会语言，形成理性概念能力，建立起理由空间；它是无边的，不仅信念的确证发生在其中，感觉活动也在其中。看起来，第二自然的自然主义弥合了理由空间与规律领域之间的鸿沟。这些观点与戴维森的融贯论相对照更接近于唯心主义和麦克道尔自己批判的融贯论。

　　纵观以上的分析，我们看到麦克道尔与新康德主义哲学的一些联系，而且这些联系是沿哲学问题发展的逻辑而形成的。分析哲学中在说明知识条件、科学的合理性等方面的时候，重新引入形而上学、先验方法。按照柯亨的观点，形而上学是先验方法的必要前提，"没有形而上学，先验证明是无法进行的，也是无从着手的"[13]。这里康德的主张，形而上学是经验科学的基础，又得到回应。

参考文献

[1] Nida J. Rationality, Realism, Revision. New York: Walter de Gruyter, 1999: 42-51.

[2] 殷杰，何华. 重审心灵与世界. 哲学研究，2011，(1): 83-89.

[3] McDowell J. Mind and World. London: Harvard University Press, 1998.

[4] 康德. 纯粹理性批判. 邓晓芒译. 北京: 人民出版社，2004: 52.

[5] McDowell J. Précis of mind and world. Philosophy and Phenomenological Research, 1998 58 (2): 365-368.

[6] McDowell J. Having the World in View: Essays on Kant, Hegel, and Sellars. London: Harvard University Press, 2009: 17.

[7] 谢地坤. 西方哲学史. 第七卷. 南京: 江苏人民出版社，2005: 227.

[8] McDowell J. The Engaged Intellect. Cambridge: Harvard University Press, 2009: 262.

[9] 陈波. 分析哲学. 成都: 四川教育出版社，2001: 521.

[10] Żegleń U M. Truth, Meaning and Knowledge. London: Routledge, 1999. 43.

[11] Hahn L E. The Philosophy of Donald Davidson. Chicago：Open Court Publishing Company，
　　　1999：165.

[12] 江怡.西方哲学史.第八卷.南京：江苏人民出版社，2005：847.

[13] 吴晓明.二十世纪哲学经典文本.序卷.上海：复旦大学出版社，1999：594.

宋代易学自然观视域下之"道"概念新解 *

辛翀

一、引言

何为易学自然观？从易学的角度对自然界给以理解和象喻，会提揭出人与宇宙自然界的作用模式和关系框架，进而把握宇宙大自然的规律并形成对其总的观点和看法，那就是易学自然观。而易学的本质又是阴阳，正如庄子所概括的那样"易以道阴阳"，所以易学自然观又可称为阴阳自然观。易学就是围绕阴阳二体的关系而形成的系统化、理论化的体系和系统。先秦乃至魏晋时期的哲学理念中已明确地肯定了人的自然本性和感性要求的合理性，并发生了由先秦的"自然即合理"的自然观，转化成魏晋时的"合理即自然"的自然观思想，到了宋代就将这种合理性自然观理性化、系统化和逻辑化，将易学自然观思想的高度推向了极致。宋代易学自然观之高深和博大，成为中国文化史上的一个峰脊，并以此为轴线，形成了将儒、释、道三大支柱文化在"道"这个核心思想牵引和整合下融为一体的理学体系，在理性原则和经验原则的基础上，沟通了自然之境理与人性之情理。宋代易学家们将阴阳成道的易学理念与老庄的道家思想相融合，对"道"的内在特征给以全面的阐述和论证，并确立了阴阳二体及其作用关系在易学自然观中的主线地位，进而铸成了阴阳成道的完整理论体系及阴阳成物的整体生成模式，彰示了整体宇宙关怀、终极人文关切的易学自然观思想的无限前景。

二、阴阳成道

易之阴阳概念是立足于太阳、月亮而发的。《系辞》云："易者，象也；像也者，象也……悬象箸明莫大乎日月……"将天地之道与日月相贯通，客观而又自然地反映出日月在天地四时间的作用和地位。日月之别存乎明暗，直指光显程

* 原文发表于《科学技术哲学研究》2015年第5期。
　辛翀，山西大学科学技术哲学研究中心副教授、硕士生导师，山西大学易学研究中心主任，研究方向为科学思想史、易学及中国古代哲学。

度的差异，光亮则为阳，涩暗则为阴，就这样以阴阳来作为阳光向背的标识，从而使阴阳的本质属性得以定位。"易"字，按许慎的《说文》则解为"日月"，也只有日月，才能成就天地生生之大德。《系辞》云"天地之大德曰生"，"生生之谓易"。新出土的马王堆《帛书易传》说得更为直接："生之谓易。"所以说，从日月阴阳入手，则可以很好地介入易的本质层面去品味其广博的义理内涵，并以此为参照，引申出一系列分属于阴阳概念的性别来，比如雌雄、男女、虚实、远近、大小、高低、天地、君子与小人、刚柔、动静、有无、内外、前后、父母、兄弟、姐妹、等。就拿"远近"这个相对的概念来讲，它也有性别属性，这就是阴阳。我们通常所说的"远亲不如近邻"，就是从阴阳这个范畴来说的，意思是说，虽亲不能远，若远离于外，就不如近处的邻里作用大。远为阴不易见、不光显；近为阳容易见、常相伴，其价值和意义就在这里。其他子概念的阴阳属性也有同样的情状。但这些情形的性别定位，都属于阴阳范畴下的子概念，不能以此反过来概称阴阳这个总范畴，比如说不能将阴阳锁定为男女，即不能说因为易是研究阴阳的，男女是阴阳，所以易是研究男女的。其实男性虽有刚阳之性，但也有柔弱的一面；女性虽阴柔，但也有光显的一面。有的男人具有女人味，有的女人具有男子气，这种现象是常有的，这就是说对于具体物质来讲，阴中有阳，阳中有阴，阴阳互动，方显变易之道。所以说阴阳是一种基质性成分，它们的不同组合会有不同的效果，要看具体的情况，不能泛泛而论。既然阴阳作为成分性因素可以组合和重构，那么阴阳的单元性组合会成什么呢？这就是道。《系辞》云："一阴一阳之谓道。"阴阳相合而成道，阳实而可见，阴虚而待合，虚实合体即可成道。

一提起"道"这个概念，有许多学者就把它说得玄而又玄，让人不可捉摸。孔子就在《系辞》中对"道"做了阴阳定位基础上的诠解："形而上者谓之道。"但这个形上的东西喻以"道"来名之，从本质上又给我们以通俗化的理解和表述。通常我们都在说"道路"，将"道"和"路"联用，似乎将道和路等同了，其实是在相通的基础上又有所差别的。"路"就是宽泛的、具有兼容性的空间，你也可以走，我也可以走，他当然也可以走，具有相对客观上的规定性。而"道"则不同，它是特指的，是相对于具体的物体来讲的，你有你的道，我有我的道，甚至我的道也是变动不居的，是周流六虚的。而这个归属性的"道"的概念之本质性东西，就是"一阴一阳之谓道"。我的道就是我之所行，也就是说我行进之处所和所住就是我的道，用图式来表示如下：

●●●●●●●●●●●●●●●●●●……

（道的图示）

从"道"的图示可以看出，道之为道，是由许多个甚至无数个不连续的点而构成的一条线，而每个点都是主体之我与虚无空间的合体，从整体上解构了虚实合道这个理性命题。同时从中也可以肯定地指出，尽管每个人都有自己的道，但是道是变动的，不可完全重复的，就如同我们每天可能都要在一条很熟悉的路上走，但若把我们的足迹摄录下来之后看，其行进轨迹是不一样的，总会有所变化。所以孔子在《系辞》中云："道有变动，故曰爻。"爻就是变的意思，"爻也者，效此者也"。所以六十四卦实际上是在象意互相涵摄基础上言道之理、明道之意，并在《说卦》中明确指出："立天之道，曰阴与阳；立地之道，曰柔与刚；立人之道，曰仁与义。"将易之六十四卦达道及理的本质内涵，彰示得清楚明白。

　　在对"道"的观察上，不同学术流派有不同的视域度和介入方向，儒家思想是在主体和客体结合统一的平台上认为阴阳合体而构成道，正所谓"一阴一阳之谓道"的立论思想。而道家思想就有所区别，认为既然道是就不同主体而言，而所针对的指涉对象又都是阴无之体，所以对"道"给以抽象提炼为"无"，即任何存在的东西——"有"，其道都是指向"无"的。这个"无"可不是"没有"的意思，准确地理解可以说是"虚无"。老子《道德经》就对此说得比较清晰："视之而弗见，名之曰微；听之而弗闻，名之曰希；适之而弗得，名之曰夷。此三者不可至计，故混而为一，其上不谬，其下不惑，寻寻呵！不可名也，复归于无物。是谓无状之状，无物之象，是谓忽望，随之而不见其后，迎之而不见其首。执今之道，以御今之有，以知古始，是谓道纪。"我们眼睛虽可视事物，耳朵可听声音，但对于太细微而又极弱的东西和声音仍是看不见、听不见的，而这些不可视、不可闻的东西，又确实存在于天地之间。宇宙中的事物，尽管有现代科学技术作为支撑，但总有你看不到的东西存在，我们不能穷究世界上的一切。对于这一点，中国古代文化皆认同，尤其是到了隋唐佛学和明代心学的框架之下，更是将宇宙之大予以超强想象力的描述，甚至认为诸如"须夜摩天""兜率陀天""无见天""无现天"……"非想非非想处天"，这些都属于"无"的范畴，但同时又可发现"无"是有界线的，尽管都是"无"，而此"无"与彼"无"是不同的，这个不同点的根本区别就在于其相对应的"有"是不同的，我们这个空间是我们的"无"，而微生物所处的空间是微生物的"无"，动物界所处的空间是动物界的"无"……这些，各自分属不同的"无"，就是各自的"道"，所以在道家看来，"无"即是"道"。释家进一步对此抽象提升，把"虚空"作为"道"，认为宇宙之万物都是以"虚空"为自己发展的必由之"道"。而不管是"无"还是"虚空"都属于阴柔范畴，并且任何事物都是要依道而行的，所以阴阳合体而构成道。

　　由此可知，阴阳是道的组成成分和充要条件，没有阴阳就不可能成道，而阴阳之间的关系和作用方式又是什么呢？唐孔颖达在《周易略例·序》中云："原夫两仪未位，神蕴藏于视听，一气化之，至赜隐乎名言。"阴阳本来是一个范畴性概念，各自所指涉的范围都很大，并不是任何一个阴见到随意的一个阳就可以相互作用而合体成道的，是有个根本性的东西在起作用，那就是"一气化之""同气相求"。比如说，男子为阳，女人为阴，而雄性动物也为阳，雌性动物也为阴，但相求的方向是有秩序的，只能是男女搭配、雌雄相交，不能混乱。《系辞》云："天地姻媪，万物化醇；男女媾精，万物化生。"这些不同的阴阳实体只能按"同气相求"的原则去交合，也只有"一气化之"的阴阳二体才能成道，才能发生作用，否则就不成其为道。在这个基础上，魏晋时的易学家王弼在《周易注》中指出："阴阳者，相求之物也。"从动态的视角，规定了阴阳的属性，提揭了阴阳之间的基本作用模式。不难发现，相互吸引现象成为阴阳之间的本质行为。只有相互吸引和牵动，才能被锁定到阴阳范畴，否则就不能成道。所以对"道"的理解，应从整体生成的角度去综合把握，而对构成"道"的阴阳成分和属性，应该从动态中去厘清。既然道即为阴阳，而相求之阴阳又是一气，所以通常就说"道"为"一"或"道生一"，《韩非子·扬权》曰，"道无双，故曰一"，"得一即得道，一者，道之别名也"[1] 85。阴阳两仪本是"一气化之"，化成之后又相求而成道，所以阴阳本于道而生，最后又复归于道而动，这就是孔子在《系辞》中所说的"天下之动贞夫一者也"的自然观思想之本质内涵。

三、道生万物

庄子提出"万物负阴而抱阳"的物质结构理论，道明了物质的构成不外乎阴阳二因素。阳本乎天，阴本乎地，阴阳合体而化生万物。这其中包含阴阳两种因素的力的作用关系在内，《系辞》云："本乎天者亲上，本乎地者亲下，则各存其类也。""亲"就是亲和力，它是这样一种力，它的作用可使被作用体发生运动倾向，阳之所亲和者，因被亲和而向上；阴之所亲和者，因被亲和而向下，综合作用的结果是阴阳二因素相向而动，直至其亲近而静处，方已成物。如下式所示：

$$阴（-）\rightarrow \leftarrow 阳（+）=>阴（-）※阳（+）$$

这里圆括号内的符号表示阴阳属性，"=>"表示生成或化生，"※"表示交合而成物。阴阳二因素亲近到一定程度，就会因双方彼此的存在而达到静处而不可分离的状态，这就是物质形成的本然情状。最终还是阴阳双方彼此依靠天地设位的原始作用而生成万物，所以阴阳二因素相向而行，亲近到一定程度后，将发生逆向牵制力的作用，这样才能使阴阳原来的运动方向发生变化，正如《系辞》中所说的那样："功业见乎变。"其变化图式如下：

$$地（坤）……阴（-）※阳（+）……天（乾）$$

阴本于坤地而成，而坤阴对阳物会产生吸引作用；阳本于天乾而生，而乾阳对阴物同样会产生求而得之的情状。在天地乾坤的作用下，阴阳二物既能相向而行又能因亲近而止，故能成物。但在这里还存在一个成物之阴阳二体组成之间是否存在空间和如何使这个空间得以保持的问题。也就是说，这个"※"所表示的内容是个实的，还是个空的呢？

对于这个问题的回答是不能含糊的，因为这个问题直接关系到物质结构和组成情状的客观反映与否。宋代易学家们正是基于这种情状和这个问题的本质内涵而深度解剖易之奥义的。朱熹云："伏羲仰观俯察，见阴阳有奇偶之数，故画一奇以象阳，画一偶以象阴。见一阴一阳，有各生一阴一阳之象。"[2]2 将阴阳之象义，内蕴于八卦和六十四卦之中，并在此基础上提出了"见一阴一阳，有各生一阴一阳"的哲学命题，为我们勾画出了"万物负阴而抱阳"的宇宙图式，即对于每一个阳或阴来讲，他（她）并不是绝对的阳或阴，而是就对象和语境而言的，就如同男人相对于女人来说是阳性的，但男人动静时也同样呈现出阴阳之别，动是阳气彰明，静时柔弱疏理，这些都是相对而言的。也就是说，阴和阳各自作为气之体时，其自身本来就有阴阳之内在组成，并不是阳气之体就是纯阳成分，阴味之体就是纯阴无它，而是阴中自有阴阳在，阳中本含阴阳元，至于什么时候呈现阴，什么时候呈现阳，看具体情况而定。这样阴阳二体所成之物其结构程式就可以用下图来明示：

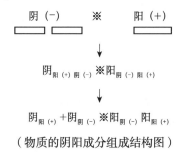

（物质的阴阳成分组成结构图）

这个物质阴阳结构图，反映了物质虽是阴阳相求而成，但阴阳二体接近到一定程度后，刚阳体中的阳中之阴即阴柔成分就会和前来相求的阴柔体根据"性同行乖，情貌相违"及"二女同居，其志不相得"的原则，表现出相斥拒的情形，正是这个排斥力的作用，使得阴阳二体在相求而动到一定程度后会出现逆转之势，即相排斥之势，也使得阴阳相求过程中出现了不可无限接近的情形，所以这个"※"是空的，不是实的。从而使我们明白，阴阳是相求而动的，但阴阳成物的内在结构应是三元体的，即物质结构单元是由刚阳体中的刚阳成分、刚阳体中的阴柔成分及阴柔体三者相互作用而成的。当然，阴柔体中也有阴阳成分，但其作用趋于相同，都是指向刚阳体的，其内在的结构组成也只能是因为她为刚阳体的外在环境因素而呈现阴柔之质。《中庸》云："今夫天，斯昭昭之多，及其广大，日月星辰系焉，万物覆也。"日大，天更大，大者为阳，所以天日皆为阳，而"大哉天元，万物资始"，为大阳，日则是天之光明之用，卫外之动，故日虽大，相对于天而言则就变成阳中之阴，因它能光明天下、驱散阴雾而为之，故又曰太阳。乾为天，后天八卦将乾位由先天之南而改置于西北亥位是有道理的。根据卦气说，亥为坤（☷），坤为乾之道，乾（☰）应该处于其道，故在西北。南为大火，为日，应属中女，阴柔之性，所以太阳之阳与指代中女之离卦之阴相合位。至于外界之物，都可以属于阴柔之势，不必再进行细化，都属阴柔一性，所以孔子说："天地之道，其为物不二。"既然道为虚无，所以属阴柔之类，待物而行即可。八卦的本义就显露无遗了。后天之所以为后，并非是因为时间先后问题，而是由于其事物本身自然发展过程的规律而得到展示罢了，体现了因时之序的天道法则。

结　语

"形而上者谓之道，形而下者谓之器"的哲学命题，是一个道器合一的宇宙法则，"道之法则源于自然，而溯及世界上的万事万物"[3]7，道与万物体用一源，显微无间，我们不能单纯地将这个完整的题目给以割裂和分开，其是统一的。没有器的存在，就没有道的载体和意义，当然没有给以道这种高度的提升，也就没有对器运行规律的把握。只有将道器结合，我们才能对物质的运动形态和本质规律予以明白，并就此而真正了解"道"这个概念内在涵具的自然之理。

参考文献

[1] 黄朴民. 道德经讲解. 长沙：岳麓书社，2006：85.

[2] 朱熹. 周易本义. 北京：九州出版社，2004：2.

[3] 韩彩英. 老子自然伦理思想的基本逻辑结构和理论特征. 山西大学学报，2010，33（3）：7.

自然科学哲学与数学哲学

热物理学中对称现象的语境分析及其意义 *

郭贵春　李　龙

对称现象在自然界中普遍存在，威尔（H. Weyl）关于这一概念曾经做出较为完备的定义：若存在某一客体，对其做某种事情，做完之后，该客体看起来仍和先前一样，那它就是对称的[1]。本文从热学中的对称现象出发，通过全面分析描述对称关系的科学语言和形式化的数学语言，从而把握其中的句法特征及其意义。在语境的视野下认识、理解和把握对称关系的深刻内涵，可以丰富对称理论的内容，扩展对称理论的应用范围。

一、热学中的对称现象及其应用

宏观系统是由微观粒子组成的，热学研究分别从宏观和微观两个视角展开。系统的宏观特性易于观察，实验完成后归纳总结得到规律；微观系统中的规律是在建立理想化模型后，借助经典理论模型合理外推得到，经典理论在解决多体问题时会显示出自身的局限性，利用规律之间的对称性，可以从已知的宏观规律中推导出相应的微观规律。对称关系在热学中的成功应用，并不单纯是宏观世界微观化的结果，说明它们之间存在本质关联，也可以认为是宏观理论制约了微观理论的选择范围[2]。宏观层面使用热力学描述方法，针对热现象做出大量观测之后总结出经验性的普适定律，进而从逻辑上推导出物质宏观性质之间的相互关系、物理进程的方向及其限度等内容。微观层面使用统计物理学描述方法，当粒子数足够多时，系统的宏观性质可以由微观热运动的统计平均值决定，从而得到宏观物理量与微观物理量之间的关联[3]。

对称性是在观察自然和认识自然的过程中总结出的一条规律，在早期的物理学研究中仅将其作为限制物理现象可能性的一个条件。科学理论是一个从感性归纳到理性演绎的动态发展过程，对称关系的把握在这一过程中逐渐强化，并最终形成理论。与对称相对的是对称破缺，二者之间相互联系、相互转换，在某种条

* 原文发表于《哲学研究》2015 年第 2 期。

　郭贵春，山西大学科学技术哲学研究中心教授、博士生导师，研究方向为科学哲学；李龙，山西大学科学技术哲学研究中心博士研究生，研究方向为科学哲学。

件下表现出的对称性会在新的条件下发生破缺。

1. 热学中的对称现象

热学系统的内能由态函数表征。孤立的处于平衡态的热学系统所具有的时间平移对称性与经典物理学中的完全相同，相应地可以推导出热力学第一定律。从微观层面看，在温度没有到达绝对零度时，分子会永不停息地做无规则的热运动，速度的大小和方向包含多种不同情况，分子之间发生的频繁碰撞使得速度不断发生变化，难以研究单个分子的时间平移对称性。系统是由大数分子组成，满足统计的相关性。处于平衡态的系统在时间平移作用下会表现出对称性，即虽然单个分子碰撞后动量和能量都发生改变，但对于所有分子组成的系统来说，具有相同能量的分子个数不随时间改变，满足能量守恒。空间的均匀性和各向同性是系统实现平移对称和转动对称的前提。从宏观上看，作为一个静止系统在平移和转动后自身的动量和角动量保持不变；从微观上看，经历平移和转动操作后的粒子仍满足统计相关性，所有微粒总的动量和角动量守恒。研究天体的热运动时，系统的动量、角动量同能量一样非常重要，使用数学方法表述一个广义正则系统的概率密度后可知，广义热力学第一定律应当是时空平移和转动的一个结果[4]。

经典物理学中的线性定律都会表现出时间反演对称性，单独考察热学系统中的某个微粒，时间反演对称对于单个粒子及其相伴场的亚微观动力学无疑是正确的[5]。热学运动过程在时间反演作用下表现为不可逆，具有非对称性，体现在热力学第二定律的开尔文表述（Kelvin expression）中：不会仅从单一热源吸热使之完全变成有用功而不产生其他影响；劳修斯表述（Clausius expression）是：热量不能自发地从低温物体向高温物体传导而不引起其他变化。这两种表述方式分别从功与热之间的关系和自然变化的角度表征热学演化过程在方向上的非对称性。非对称性本质上体现了系统能量的分布变化，这一过程体现系统能量趋于扩散。在宏观层面，热学系统借助熵增加原理限制演化的方向，在经历绝热过程后熵永不减少；在微观层面，孤立系统内发生的过程总是由出现概率小的宏观态向出现概率大的宏观态进行，通过统计解释揭示微粒有序运动与无序运动的非对称性，有序运动可以自发地完全转化为无序运动，而无序运动却不能自发地转化为有序运动[6]。

系统科学与传统科学都坚信自然界中存在秩序。完全的对称、均匀和各向同性并不会表现出秩序，只有在对称性发生破缺、各部分之间出现差异时才可以实现排列或有序。自然界的有序演化是对称破缺的结果[7]，只有完全对称与对称破缺相互补充之后才能形成和谐完美的物理学理论。

2. 对称性在热学中的应用

宏观规律与微观规律之间存在对称性，将其作为热学研究的指导原则后，可以实现宏观规律与微观规律之间的推导和预测，从而丰富对称理论的内容，简化分析过程。例如，使用对称关系推导系统的麦克斯韦速率分布、状态分布和熵的统计表达式。

统计物理学以物质的微观结构作为立足点和出发点，并在把握微粒运动及其相互作用后研究物体宏观的热性质。对于一定质量的理想气体来说，每个微粒的速度都不确定，在一个连续范围内任意改变。当理想气体处于平衡态时，每一个微粒的运动情况都用一个三维矢量表征，分子的麦克斯韦速率分布是在忽略气体分子间相互作用前提下得到的，并对所有速度的可能情况和相应概率进行积分后值为1，满足数学要求。从统计物理学视角来看，所有宏观上可观测的物理量都是相应微观量的统计平均值[8]，利用概率分布函数可以求得理想气体分子平均速率等物理量。物质同一性将作为宏观规律与微观规律之间对称关系实现的前提。例如，热学教材中的定义——温度是分子平均动能的标志。

作为描述热学系统的状态函数之一，熵的变化体现出系统特定发展方向。对于某个系统，当自发地从某一态向另一态变化时，熵增加。利用热力学方法推导出单原子理想气体的熵变化，满足粒子系统的可加关系，熵的表达式也是合理的[9]。根据规律之间的对称性，熵可以在微观层面做出统计解释。理想气体分子可以处在多个分立的能级中，各个能级存在自身的简并度，预设各能级上分布的粒子数分布，利用等概率原理，得到古典统计下的状态数分布。对于确定的热学系统，无论使用热力学方法还是统计物理学方法得到的结果都相同。古典统计理论中系统的可能状态并不能准确描述热学系统中的微粒，借此可以最终找到玻色－爱因斯坦状态数（Bose-Einstein statement）。

系统自身具有的同一性决定宏观规律与微观规律之间存在着对称性，将其作为理论思维的立足点和出发点，能够实现宏观规律与微观规律之间的相互导出与验证，可以强化物理学规律的客观性和合理性，丰富物理学理论的基础内容。

二、热学中对称现象的物理意义及其结构特征

对称现象在自然界中普遍存在，物理学家透过现象归纳出对称关系的本质特征，并将其作为一种完备的性质演绎使用。对称关系有多种表现形式，每种形式都包含两个客体（一个客体的两个态）和一种关系，表现为两个客体完全相同（一个客体在变换前后态保持不变）。

1. 热学中对称变换的物理意义

自然科学的进步使得研究的对象远离经验，内容变得抽象，方法更加理性。

热力学和统计物理学分别从两个不同的角度研究系统的热运动，它们之间相互关联、互为补充，热学中对称关系的成功应用成为联系宏观世界和微观世界的一座桥梁。

首先，热学系统中的对称关系的应用是古典对称理论的继承和发展。对于确定的研究对象，若从不同的物理学视角对其分析和解构，即使路径不同，结论也应相同，可知规律中存在某种对称关系。物理学中的交换不变性总是与守恒量关联，具有不变性的热学系统此时处于平衡态，系统内的微观粒子排序规则表现出对称性。热学系统在时间平移操作下，系统的总能量守恒，在此基础上总结出的热力学第一定律，并被视为诺特（Nother）定理在热学领域的成功应用。此外，热学系统可以在空间平移后实现动量守恒，在空间转动后实现角动量守恒。将热学研究方法运用于天体物理学中，得出的广义热力学第一定律，不仅可以扩展热力学第一定律的应用范围，而且还可以丰富物理意义。

其次，引入一种新形式的对称变换——对称破缺，作为一种特殊形式的对称变换，丰富对称理论的内容。自然界始终处于运动、变化、发展之中，在这个过程中，完全对称被逐步取代，对称破缺逐步显现，客观世界自身有序程度逐渐变高。现实世界具有对称破缺的性质，对称破缺创造了现实世界[10]。热学系统中存在两组矛盾关系：对称与对称破缺、平衡与非平衡。它们之间相互对立、辩证统一。没有完全对称，对称破缺也就不能界定；没有对称破缺，对称自身的物理意义也不会这么深刻。矛盾双方又是相互依存、相辅相成的。平衡与对称性对于自然界来说是一种自组织机制，某一方面或层次的不平衡、不对称可能为另一方面或层次的平衡、对称性的存在提供条件或者基础[11]。对称与对称破缺之间同样可以实现自由转化，在某一条件下表现出来的对称，在新的条件下则可能表现为对称破缺。而自然界就是在从对称到对称破缺，然后又形成新的对称，再转变为新的对称破缺这样的过程中螺旋式深化发展的。

最后，对称理论在热学中运用，可以进一步区分微观粒子玻色 - 爱因斯坦状态数与古典分布状态数之间的关系，建立关于微观粒子新的认识视角。两个孤立的温度不相等的系统相互靠近后，系统之间发生热传递可以导致系统总熵逐渐增加。在科学史中，热学研究的统计物理学方法曾经使用经典意义下系统呈现出的状态数对熵做出统计解释，其结果并不满足宏观上推导出的熵的可加性结果。将对称性作为热学中的指导原则使用时，统计物理学中研究的对象——微粒继续看作古典粒子的话已经不能满足本体的客观需求，应当将其视为玻色系统。古典分布状态数与玻色 - 爱因斯坦状态数之间存在差异，在古典系统中，每个粒子是可以区分的；在玻色系统中，每个粒子不可以区分。在凝聚态物理学中，超流现象的成功处理证明了玻色分布符合实际情况，是对称理论在物理研究中的又一成功运用[12]。

2. 热学中对称变换的结构特征

客观世界是一个多层次结构系统，科学理论就是关于该系统全面的、系统化的认识。它不仅可以帮助我们有效指导改造世界的实践活动，而且在其自身具有客观性、独立性和逻辑性的前提下，对未知领域和未知实践做出合理的预判。当前科学研究领域已经逐渐脱离经验层面向宇观和微观层面发展，直接观测归纳总结的规律逐渐变少，而通过演绎得到的规律逐渐变多。在利用这些规律描述、解释甚至预测客观世界时，无不需要借助科学语言的符号系统阐述和呈现世界的本质。

在罗尼·凯恩（Ronnie Cann）的著作《规范语义学：导论》的开篇就有这样的陈述：在广义中，语义学是关于意义的研究；语言的语义学是关于人类语言中的词组、短语和句子所表达的意义的研究。科学理论是系统化的科学知识体系，它用概念、判断、推理的形式完整地反映客观对象的本质及其规律[13]。而这个过程自身也同时包含着语义分析的框架，为理论中的语言做出"意义"的解释，从而揭示科学语言与客观实在之间的本质关联，科学的最终目标是在本质层面找出关于客观世界最为合理、有效的陈述。热学研究中，热力学使用观察现象、归纳特征、把握规律、演绎使用等研究方法；统计物理学使用预设前提、演绎归纳等研究方法。虽然两种研究方法有着不同的认识论立场，但都使用科学语言进行描述和表征。

首先，科学理论在语义分析过程中分别从表层结构和深层意义中把握对称变换的本质关联。语义分析过程也就是进一步解释理论语言中的"意义"，并在本质层面把握理论语言和客观世界之间的内在联系的过程，意义的完全展开就意味着理论语言语义分析的完成。科学理论动态发展的特征要求实现对称变换的对象范畴逐渐扩大，由原始的、直观的图形和物质客体向深刻的、抽象的函数和态转变；实现对称变换形式的扩展，由对象之间简单的重合扩展为保持不变性的所有操作；实现对称变换应用方式的多样性转变，由简单判定对象之间是否满足对称变换转向将对称性作为定律应用于对象物理性质的预测。描述和表征科学理论的符号语言系统可以分为操作语言和域语言两个部分，操作语言是一种定量的描述，作用在科学理论语义分析的表层，限制和规定科学研究的具体操作规则；域语言则是一种定性的描述，作用在科学理论语义分析的深层，界定和规范科学理论知识体系的边界。语义分析方法的具体展开，就是在明确对象客体与符号语言指称关系本质的基础之上，深层次实现理论语言的"表层结构"与"深层结构"之间的辩证统一[14]。

其次，热学中的对称变换在语义分析时使用与经典物理学相同的符号语言，并利用相同形式的数学公式描述。关于描述科学理论符号语言的认识论立场，伽达默尔（H. G. Gadamer）在《真理与方法——哲学诠释学的基本特征》一书中提到，人类并非通过语言认识这个世界，而是以语言为基础拥有并描述这个世界。书中明确指出："语言就是世界观。"而科学理论都是带有确定认识论立场的符号语言系统，客体之间的逻辑关系需要通过符号语言经过演绎之后用公式 $S_t = \Sigma$（OdA）表征。等式左侧的时间角标说明由符号语言建构的知识图景处于特定时期；Σ 代表在特定时段内系统中非连续操作算符的累加；O 则代表具体累加过程中可能的操作语言的集合；d 代表系统中可能存在的操作关系，A 代表进行运算的域语言。可见，科学理论的知识系统被定义为一个集合，集合中的元素分别是表征科学理论演绎过程中操作关系的符号语言，而针对科学理论作出语义分析就是要通过形式化的符号语言建构出系统描述和说明特定的语言现象[15]。

最后，语义分析方法通过界定"所指"与"能指"的形式和内容来实现客观实在与符号语言的相互转化。在语义分析的过程中，客观实在及其自组织方式构成科学理论语义分析"所指"的内容和形式；所有用来描述客观实在的符号语言及其非功能性内容构成科学理论语义分析"能指"的内容和形式。语义分析完成后，可以在"所指"与"能指"的内容和形式之间进行本质关联，从而不仅实现实在客体与符号语言的相互转化，也能完成客体之间逻辑关系与符号语言的句法形式之间的相互转化。本文以自然界中与热学相关的对称现象作为研究的内容，将对称现象的载体——物质客体作为研究对象，分别从宏观和微观两个视角对热学中的对称现象做出研究。对称现象的认识是一个由表及里的过程。具体研究时以可观测的宏观现象作为开端，在使用理论思维特别是对称性思维的过程中逐步深入，发展并形成的对称理论，它的应用实现在宏观规律与微观规律的关联中做出判断和预测。

三、热学中对称变换的句法特征及其意义

在热学理论建构中，无论是热力学系统还是统计物理学系统，都是一个由大数粒子组成的宏观物质系统。从微观视角出发的热学理论并不能在不做出理想化的前提下对大数粒子中的每一个粒子的运动状况做出完全真实的描述。通常情况下，是在研究物质客体宏观表象的基础上，利用宏观物理学参量对大数粒子集合做出"符合常理"的描述。物质客体的热学宏观表象本质上是对大数粒子集合的一种统计学平均值的合理描述，它们之间的本质关联本身就是对称关系的一种表现形式。在讨论热力学系统关注任何一个具体命题之前，首先需要使用规范的形式语言作为前提性陈述提出一个意义明确的界定[16]。语义分析作为一个系统化的方法在科学理论研究中发挥着重要作用。任何科学理论在建构过程中都会首

先明确其作用的范围，界定出科学理论的研究对象——客体，以及在科学理论中的表述形式——符号、概念及非功能性术语，分别作为"所指"和"能指"的内容共同组成科学理论的域语言；然后，总结客体之间的所有自组织形态，并通过符号语言之间自身的句法规则进行表征，分别作为"所指"和"能指"的形式共同组成科学理论分析的操作语言。将"所指"与"能指"的内容和形式本质上关联，再做出关于意义的解释，意味着科学理论语义分析的完成。

任何一种理论语言都是形式和内容的统一，而语义分析方法的功能就是通过对意义的揭示，内在地将语言的形式和内容，以及多层次的语义结构有机地联结起来[14]。本文研究热学中的对称现象，物质系统和微粒分别从宏观和微观两个层面构成语义分析中"所指"的内容，由描述热学系统的物理学参量所表征的态函数与描述单个粒子运动的速度、动能等物理量构成语义分析"能指"的内容。系统在宏观上和微观上经历某种操作后而保持不变的操作，以及可以实现通约的宏观系统与微观系统之间的关系构成语义分析中"所指"的形式；状态参量在经历变换后保持不变的数学操作构成语义分析中"能指"的形式。科学方法的定义在于有序地将事实分类，紧接着辨认它们的关系和重现的顺序，科学的判断是基于这种辨认和摆脱个人偏见的判断[17]。使用语义分析方法研究热学中的对称现象，不仅指出对称关系作为宏观与微观世界的本质关联，而且可以扩展为一个普适理论，强化宏观现象和规律与微观现象和规律之间的契合和通约，成为宏观世界与微观世界之间的桥梁与纽带。作为一种横断的科学研究方法，语义分析在功能上始终具有强烈的哲学背景，是哲学与科学的辩证统一[18]。

首先，通过分析热学中现有的对称现象，在把握对称变换本质特征的基础上，深层次地探究对称变换的内涵，丰富对称变换的适用范围。任何一个科学理论都是将基本概念和基本理论作为核心和基础，与其他的概念和理论之间形成特定层次关系的开放系统。只有当这个系统不断与实践及其他理论相互作用时，才能不断得到丰富和发展[19]。使用语义分析方法研究自然界中的对称现象，做出相关意义的解释，可以在把握对称变换的本质——不变性这一特征基础上，推广对称理论，实现对称操作域从牛顿力学扩展至原子物理学、量子力学、热学等物理学的诸多分支学科，实现由宏观向微观，由具体向抽象的转变。热学系统中对称变换与守恒量之间的关联与经典物理学中的情形相比，相似但略有不同。相似之处在于，热学系统从时间平移对称性出发可以得到能量守恒，也就是热力学第一定律；热学系统在经历空间平移和转动对称操作之后相应地得到动量守恒和角动量守恒；不同的是可以将对称变换纳入天文学这个范围更大的操作域中推导出广义热力学第一定律，从而丰富对称变换与守恒量之间的关联。

其次，通过分析描述热学中对称现象语言的句法结构，试图实现科学中符号语言与科学实在的统一。所有科学理论在描述科学实在的过程中都需要通过使用符号语言界定客体自身及客体之间的逻辑关系。逻辑实证主义者对这个过程中分别来源于观察和理论的语言做出严格的区分，即观察术语并不等同于理论术语，以此必定会产生由热现象观察产生的术语与作为理论热力学中包含的术语之间的不协调，科学理论的语义分析在将自身的客观性、相对性和绝对性的统一作为基础的前提下表现出特有的优势。科学认知的主体建构出的科学理论语言是包含信息的"意义载体"。在对科学理论分析、阐述和解释的过程中产生的语义观念既来源于外部世界的真实结构和性质，也来源于与此相关的形式对象的客观存在。在语义分析过程中，正是认识主体的理性思维活动，使得语言功能与世界的本质发生最佳的"谐振"，从而实现语词的意义，实现客观世界与符号语言之间的关联与契合[18]。在本文中，针对热学系统中存在多种形式的对称现象，从本质上把握客体在发生对称变换过程中句法的语义形式结构，明确对称变换过程中的域语言和操作语言，分别将能指与所指的内容和形式进行语义学关联，在热学系统中多角度建构关于对称理论的知识体系，实现对称理论中形式语言与热学系统中客观实在的语义学关联，从而将语义分析方法贯穿于热学理论中的对称问题研究之中。

再次，作为科学方法论中的一个重要组成部分，语义分析可以从本质上把握不同形式的对称变换，扩展对称理论的内容。科学理论在建构过程中自身具有的复杂性和层次性决定了科学研究方法的多样性，每一种科学方法论都会从不同的视角出发，沿着不同的路径，使用不同的手段构造、阐述和解释科学理论。科学理论的语义分析通过使用句法分析和语义分析的合取，一方面以严格的、精确的逻辑规则约束并保证了理论解释的简单性、和谐性和准确性；另一方面又以丰富的、生动的本质意义和深层内涵要求和决定了理论解释的相关性、一致性和普遍性[20]。对于某一系统来说，处于平衡态的系统在经历对称变换后可以保持不变，处于非平衡态的系统则相应地表现出对称破缺。在语义分析中，平衡态与非平衡态分别构成能指的内容，而对称与对称破缺则构成能指的形式。从能指的内容与形式的相互关联中可知，对称与对称破缺有着相同的本质基础。在物理学研究中，从看似毫不相关的现象中分离出共性和个性，挖掘隐藏在其中的对称成分和对称破缺，然后建立特定条件下的完全对称理论，构建由对称和对称破缺互补而成的科学理论，体现出理论自身所具有的科学美学特征[21]。

最后，对称理论在经过语义分析之后，加强自身的可接受性，并作为一个普适理论，可以在其他物理学分支学科中得到广泛使用。物理学理论的逻辑性和合理性在数学工具中得到体现，对称现象中客体的客观性、数学表述中的逻辑性、物理规律的合理性都会在语义分析中得到展示。语义分析的根本目的是揭示科学理论关于物理实在的语言重构，全面地、系统地深层次展现科学语言的指称本质，揭示科学语言的意义，强化科学理论的真理性和可接受性。科学理论具有的普适性与科学方法的绝对有效性都依赖于一个人的心智与他人的心智之知觉官能和反映官能之间的类似性[22]。本文使用科学语言界定、表征和分析热学系统中的多种对称现象，就是在规范客体客观性与逻辑推理客观性的前提下，利用公理和客体之间的逻辑关系就对称变换的规则进行推演，使句法标准满足理论语言陈述的公理化标准。而语义分析的具体模型又与对称理论的形式选择无关，这就可以保证对称理论的真理性条件及其意义在语义分析过程中得以实现，并逐步成为人们理解、接受、把握、反驳、修正和发展对称理论的思维方式和路径。将对称理论作为一个普适规律用于热学研究，不仅可以简化研究的步骤，还可以发现由常识出发所得到的微观规律中的谬误，并且成为研究和分析热学理论的重要手段和工具，为物理学研究拓展出新的形式。

结　语

　　客体总是作为各种关系的载体，本文使用语境分析方法研究热学中的对称现象，归纳对称变换的本质属性和特征，将不变性作为对称关系的本质属性建构并扩展对称理论。在把握对称变换本质特征基础之上将对称破缺视为一种新形式的对称变换归纳到对称理论之中，扩展对称关系的种类和认识域，语境分析的成功运用有以下几方面的意义。首先，客体的同一性在逻辑上要求结论具有一致性，不同研究方法之间必然存在内在对称，规律之间保持更为直接的对称关系。对称关系不仅可以用于经典系统的理论分析，而且将对称理论推广到自然科学理论研究中会有更重要的意义。其次，科学理论的语义分析可以实现研究对象与符号语言的契合，将逻辑关系通过句法形式准确描述，体现出逻辑关系的自洽性和同一性，强化对称理论的客观性、合理性、可接受性和普适性。最后，在此过程中，语义分析提供了一种新的认识论视角，认识、理解、把握和使用语义分析方法已经在经典物理学、场理论等多个物理学分支学科对称现象的研究中发挥重要作用，在化学、生物学等自然科学理论研究中也体现出自身的价值，极大地扩展对称研究的适用范围和深刻内涵，丰富对称理论的内容。

参考文献

[1] Feynman R P. The Feynman Lectures on Physics. vol i. Oxford: Oxford Public Library, 1964: 499.

[2] 孙宗扬. 物理学中的对称性. 合肥: 中国科学技术大学出版社, 2009: 53.

[3] 秦允豪. 热学. 北京: 高等教育出版社, 1999: 1-3.

[4] 包科达. 对称性和热学. 大学物理, 1999, 2: 10.

[5] Penrose R. The Road to Reality. New York: Knopf Publishing Group, 2007: 494.

［6］张兰知.非对称性和热学.哈尔滨师范大学自然科学学报，2000，3：68.

［7］武杰，李润珍.对称破缺的系统学诠释.科学技术哲学研究，2009，6：32.

［8］胡承正.统计物理学.武汉：武汉大学出版社，2004：1.

［9］秦允豪.热学.北京：高等教育出版社，1999：74.

［10］武杰，李润珍.对称破缺的系统学诠释.科学技术哲学研究，2009，6：31.

［11］梁玉娟.对称性与对称破缺.广西物理，2003，4：25.

［12］孙宗扬.物理学中的对称性.合肥：中国科学技术大学出版社，2009：80.

［13］刘元亮.科学认识论与方法论.北京：清华大学出版社，1987：337.

［14］郭贵春.走向语境论的世界观——当代科学哲学研究范式的反思与重构.北京：北京师范
大学出版社，2012：185.

［15］郭贵春.当代语义学的走向及其本质特征.自然辩证法通讯，2001，6：11.

［16］杨本洛.非平衡态热力学和流体力学形式逻辑分析.上海：上海交通大学出版社，2013：7.

［17］卡尔·皮尔逊，李醒民（译）.科学的规范.北京：商务印书馆，2012：19.

［18］郭贵春.走向语境论的世界观——当代科学哲学研究范式的反思与重构.北京：北京师范
大学出版社，2012：187.

［19］刘元亮.科学认识论与方法论.北京：清华大学出版社，1987，347.

［20］郭贵春.走向语境论的世界观——当代科学哲学研究范式的反思与重构.北京：北京师范
大学出版社，2012：188.

［21］秦允豪.热学.北京：高等教育出版社，1999：176.

［22］卡尔·皮尔逊.科学的规范.李醒民译.北京：商务印书馆，2012：103.

固体物理学中对称现象的语境分析及其意义 *

李 龙 郭贵春

晶体中存在多种形式的对称现象，不仅在宏观晶体之间存在，在微观晶格之间也存在。作为晶格周期性排列的宏观表象，晶体表现出的对称现象本质上由晶格对称性决定。晶体中的对称现象分为几何对称和物理对称，晶体的宏观物理性质是由原子组成种类及其排列方式决定的。晶格的对称性决定了晶体的对称性，晶体的对称性又影响晶格的几何对称和物理对称。确定晶体几何对称和物理对称之间的关系，可以了解、认识和把握晶体宏观和微观性质之间的关系。晶体中电子的对称性表现为单电子平移对称性，以此形成并发展的能带理论，在固体物理学中发挥重要作用。

一、对称现象及其数学表征

18 世纪，法国矿物学家阿羽依（A. Haüy）在理论中导出：晶体宏观表现出的几何外形是原子周期性排列的结果，晶体的物理性质与原子的排列方式密切相关，固体物理学正是联结宏观世界和微观世界的桥梁和纽带。晶体会表现出明显的对称现象，不同晶体内部的对称形态并不相同，结晶学按照对称要素，划分出不同的对称型，扩展和延伸出不同的晶族和晶系。

对称关系是客观世界中的一种规律，也可以认为是由信念产生出的一种方法，对称现象有着丰富的表现形式，不变性是对称现象的本质特征。李政道在《粒子物理与场论简介》一书中明确指出："一切对称性的根源都在于某些物理量的不可观测性。"而这个不可观测性也是经过某种操作后保持的不变性。周期性排列的晶格在经历平移、旋转等操作后保持的不变性构成晶体对称操作的具体形式和内容[1]。

原文发表于《自然辩证法研究》2015 年第 6 期。
  李龙，山西大学科学技术哲学研究中心博士研究生，研究方向为科学哲学；郭贵春，山西大学科学技术哲学研究中心教授、博士生导师，研究方向为科学哲学。

1. 对称现象

固体物理学沿着先宏观后微观，先整体后个体的路径演化，随着研究的深入，不同方法的使用必然以不同的认识视角为前提，晶体对称性的研究将分别从宏观和微观两个层面展开。

1）宏观对称现象

宏观层面，晶体表现出的对称现象包含几何图形之间的对称现象和物理关系之间的对称现象。晶格的周期排列决定了晶体几何图形的宏观对称性，只有符合晶格构造规律的对称形态才会在实际晶体建构中出现[2]。晶体生长过程满足对称规律，在研究晶体宏观构型的过程中，任何一种对称操作都必须以相应的几何要素为标准，形成关于面、轴、中心及转动对称。

除几何对称外，晶体中包含关于物理性质的张量本征对称，即若晶体在对称操作下保持表观不变，则在相应的坐标变换下晶体物理性质的张量形式也应保持不变[3]。描述晶体物理性质的量都属于张量，存在着固有对称性，在实际操作中，不同物理量在张量分析中所处的阶数不同，如质量等标量可以用零阶张量表示，电场强度等矢量可以用一阶张量表示，介电系数等物理量可以用二阶张量表示，压电模量等物理量可以用三阶张量表示，弹性系数等物理量可以用四阶张量表示[4]。

2）微观对称现象

晶体微观结构中的对称性表现为晶格之间的对称性和晶体中电子平移的对称性，后者奠定了固体物理学能带理论的基础。

任何晶体都是由周期性排列的晶格组成的，晶格等同于结晶学中单胞，其中包含 7 个晶系和 14 种布拉伐格子，即原子周期排列的形式，晶格中不仅包含平移对称，还包含转动对称，或转动后加反演对称等，表 1 列举晶系与布拉伐格子之间的关系。

表 1　晶系与其对应的布拉伐格子

晶系	三斜晶系	单斜晶系	正交晶系	三角晶系	四方晶系	六角晶系	立方晶系
布拉伐格子	简单三斜	简单单斜 底心单斜	简单正交 底心正交 体心正交 面心正交	三角	简单四方 体心四方	六角	简单立方 体心立方 面心立方

在理想晶体中，原子周期性排列形成晶格，其中少量核外电子可以自由移动。假设原子核处于平衡位置时，电子不再束缚于某一个原子核，而是在整个固体内运动，描述电子微观运动状态的态函数保持不变，即单电子运动平移的对称性。

2. 对称关系的数学表征

研究固体物理学中的对称现象，在确定客体之后，其中蕴含的对称关系作为意识的反映可以使用多种形式的数学工具表征。

1）正交矩阵

晶体的几何对称类型包括平移、旋转和中心反演三种，在对称变换操作中晶体间两点的间距不变，都属于正交变换类型，可以使用表 2 中的矩阵表示。

表 2　晶体宏观对称的矩阵表示

平移	旋转（绕 z 轴转 θ 度）	中心反演
$\begin{pmatrix} x \\ y \\ z \end{pmatrix} \rightarrow \begin{pmatrix} x' \\ y' \\ z' \end{pmatrix} = \begin{pmatrix} a_{11} & a_{12} & a_{13} \\ a_{21} & a_{22} & a_{23} \\ a_{31} & a_{23} & a_{33} \end{pmatrix} \begin{pmatrix} x \\ y \\ z \end{pmatrix}$	$\begin{pmatrix} x \\ y \\ z \end{pmatrix} \rightarrow \begin{pmatrix} x' \\ y' \\ z' \end{pmatrix} = \begin{pmatrix} \cos\theta & -\sin\theta & 0 \\ \sin\theta & \cos\theta & 0 \\ 0 & 0 & 1 \end{pmatrix} \begin{pmatrix} x \\ y \\ z \end{pmatrix}$	$\begin{pmatrix} x \\ y \\ z \end{pmatrix} \rightarrow \begin{pmatrix} x' \\ y' \\ z' \end{pmatrix} = \begin{pmatrix} -1 & 0 & 0 \\ 0 & -1 & 0 \\ 0 & 0 & -1 \end{pmatrix} \begin{pmatrix} x \\ y \\ z \end{pmatrix}$

2）张量分析

在物理量描述的过程中，当坐标轴转换时，张量的所有分量都会随之发生改变，而对物理量进行描述的张量自身却不发生改变，表现出张量平移的对称性。

零阶张量不具有方向性，用函数 $\Phi(x_1, x_2, x_3)$ 确定。平移操作时，函数值保持不变，$\Phi'=\Phi$（1）它们是真标量，如温度等；另一种是赝标量，平移操作后，函数值变为相反数 $\Phi'=-\Phi$（2），如旋光率。

一阶张量分量的坐标变换就是点坐标的变换。坐标系 O 中的空间某点 P 和一个矢量 $\vec{r}$，$\vec{r}$ 表征坐标系中各分量的值有 $\vec{r}=x_1'\vec{e}_1'+x_2'\vec{e}_2'+x_3'\vec{e}_3'=x_i'\vec{e}_i'$，（$i=1, 2, 3$）（3），$\vec{r}$ 矢量在新坐标系 O' 中的各分量值有 $\vec{r}=x_1'\vec{e}_1'+x_2'\vec{e}_2'+x_3'\vec{e}_3'=x_i'\vec{e}_i'$，（$i=1, 2, 3$）（4），矢量 $\vec{r}$ 在坐标系中的数学变换与坐标 P 在坐标系中的变换完全相同，可知 $\vec{r}=\vec{r}'$（5）。在坐标系 O 中，$x_i'=a_{ij}x_j$，（$i, j=1, 2, 3$）；在坐标系 O' 中 $x_i'=a_{ij}x_j$（$i, j=1, 2, 3$）（7），矢量分量的变换和坐标系基矢的变换完全一样 [5]，具有平移对称性。

任意一个二阶张量都联系着两个矢量，$\vec{p}$、$\vec{q}$ 矢量与张量 N 间满足以下关系：

$\vec{p}_k=n_{k1}\vec{q}_1$（8）其矩阵式为 $\begin{pmatrix} p_1 \\ p_2 \\ p_3 \end{pmatrix} = \begin{pmatrix} n_{11} & n_{12} & n_{13} \\ n_{21} & n_{13} & n_{23} \\ n_{31} & n_{14} & n_{33} \end{pmatrix} \begin{pmatrix} q_1 \\ q_2 \\ q_3 \end{pmatrix}$（9）

二阶对称张量 N 满足 $N^T=N$（10）关系，在表 3 中具体呈现。

3）矢量

在描述晶格周期性时引入原胞和基矢两个概念，用 $\vec{a}_1$，$\vec{a}_2$，$\vec{a}_3$ 表示：

表3　二阶张量分量的对称关系及其矩阵表示 [6]

$N_{11}=N_{33}$		$N_{-1}^1=N_{-3}^1$

$$\begin{bmatrix} N_{11} & N_{12} & N_{13} \\ N_{21} & N_{22} & N_{23} \\ N_{31} & N_{32} & N_{33} \end{bmatrix} = \begin{bmatrix} N_{11} & N_{21} & N_{31} \\ N_{12} & N_{22} & N_{32} \\ N_{13} & N_{23} & N_{33} \end{bmatrix} \qquad \begin{bmatrix} N_1^{-1} & N_1^{-2} & N_1^{-3} \\ N_2^{-1} & N_2^{-2} & N_2^{-3} \\ N_3^{-1} & N_3^{-2} & N_3^{-3} \end{bmatrix} = \begin{bmatrix} N_{-1}^1 & N_{-1}^2 & N_{-1}^3 \\ N_{-2}^1 & N_{-2}^2 & N_{-2}^3 \\ N_{-3}^1 & N_{-3}^2 & N_{-3}^3 \end{bmatrix}$$

$N_{-1}^1=N_{-3}^1$		$N^{11}=N^{33}$

$$\begin{bmatrix} N_{-1}^1 & N_{-2}^1 & N_{-3}^1 \\ N_{-1}^2 & N_{-2}^2 & N_{-3}^2 \\ N_{-1}^3 & N_{-2}^3 & N_{-3}^3 \end{bmatrix} = \begin{bmatrix} N_1^{-1} & N_2^{-1} & N_3^{-1} \\ N_1^{-2} & N_2^{-2} & N_3^{-2} \\ N_1^{-3} & N_2^{-3} & N_3^{-3} \end{bmatrix} \qquad \begin{bmatrix} N^{11} & N^{12} & N^{13} \\ N^{21} & N^{22} & N^{23} \\ N^{31} & N^{32} & N^{33} \end{bmatrix} = \begin{bmatrix} N^{11} & N^{21} & N^{31} \\ N^{12} & N^{22} & N^{32} \\ N^{13} & N^{23} & N^{33} \end{bmatrix}$$

$\vec{a}_1=m_1\cdot\vec{i}+n_1\cdot\vec{j}+o_1\vec{k}$（11）$\vec{i}$ 为 x 方向单位向量，m 为常数

$\vec{a}_2=m_2\cdot\vec{i}+n_{21}\cdot\vec{j}+o_{21}\vec{k}$（12）$\vec{j}$ 为 y 方向单位向量，N 为常数

$\vec{a}_3=m_3\cdot\vec{i}+n_3\cdot\vec{j}+o_3\vec{k}$（13）$\vec{k}$ 为 z 方向单位向量，o 为常数

每个原子的坐标是 $l_1\cdot\vec{a}_1+l_2\cdot\vec{a}_2+l_3\cdot\vec{a}_3$，平移操作后为 $\vec{r}_a+l_1\cdot\vec{a}_1+l_2\cdot\vec{a}_2+l_3\cdot\vec{a}_3$，因为满足 $\vec{r}_a+l_1\cdot\vec{a}_1+l_2\cdot\vec{a}_2+l_3\cdot\vec{a}_3=l_1\cdot\vec{a}_1+l_2\cdot\vec{a}_2+l_3\cdot\vec{a}_3$（14），晶格在平移操作后保持不变。

4）群理论

利用空间群理论描述的全部对称操作分为两类：所有布拉伐格子晶格矢量的平移操作对应的集合是平移群；以晶格的系列转动或加反演的对称操作构成的集合组成点群。

空间对称群是 $\{\alpha|\vec{a}\}$ 群的一种特殊类型，α 代表一个转动操作，且 $\{\alpha|\vec{a}\}$ 的不变子群具有特殊形式 $\{\varepsilon|\vec{R}_n\}$，$\vec{R}_n$ 是晶体中格矢，$\vec{R}_n=l_1\cdot\vec{a}_1+l_2\cdot\vec{a}_2+l_3\cdot\vec{a}_3$（15）。也就是说，平移群 $\{\varepsilon|\vec{R}_n\}$ 是 $\{\alpha|\vec{a}\}$ 的不变子群。$\{\alpha|\vec{a}\}\{\varepsilon|\vec{R}_n\}\{\alpha^{-1}|-\alpha^{-1}\vec{a}\}=\{\varepsilon|\alpha\vec{R}_n\}$（16），$\{\varepsilon|\vec{R}_n\}$ 和 $\{\varepsilon|\alpha\vec{R}_n\}$ 属于同一不变子群。$\vec{R}_n$ 与 $\alpha\vec{R}_n$ 都是晶体的格矢，在晶体中的 α 只能绕某些轴转 60° 或 90° 整数倍的正当转动与非正当转动，空间群的转动部分所处的群就是点群。具体表述为，在群 $\{\alpha|\vec{R}_n+\vec{v}_p(a)\}$ 中，$\vec{v}_p(a)$ 是沿转轴移动方向 $\vec{v}_p(a)=\vec{R}_d/n$（17），n 是点群操作 α 的阶，晶体的宏观对称分别是 32 个点群的概括 [7]。

5）函数

晶格的周期性排列决定晶体具有周期性，宏观上表现为各向同性。晶体的周期性决定了等效势场 $V(\vec{r})$ 的周期性，电子在等效势场中运动满足波动方程 $\left[-\dfrac{\pi}{2m}\cdot\nabla^2+V(\vec{r})\right]\varphi=E\varphi$（18），又有 $V(\vec{r})=V(\vec{r}+\vec{R}_n)$（19）。在晶格的等

效势场自身具有周期性的情况下，波动方程 φ 具有如下性质 $\varphi(\vec{r}+\vec{R}_n)=e^{\vec{ik}\cdot\vec{R}_n}\varphi$ $(\vec{r})$（20）。根据布洛赫（bloch）定理，可以将函数改写为 $\varphi(\vec{r})=e^{\vec{ik}\cdot\vec{r}}\cdot u(\vec{r})$（21），$u(\vec{r})$ 是电子在晶格等效势场中的势能，与晶格具有相同的周期性，即 $u(\vec{r}+\vec{R}_n)=u(\vec{r})$（22）。引入平移操作算符 T，对于任意函数 $f(\vec{r})$ 有 $T_a\cdot f$ $(\vec{r})=f(\vec{r}+\vec{a}_a)$（$a=1$，2，3）（23），晶体中单电子的哈密顿（Hamilton）量为

$$H=-\frac{\eta^2}{2m}\cdot\nabla^2+V(\vec{r})$$（24），可以得到 T_a 与 H 对易，即 $T_aH-HT_a=1$（25）晶体中单电子具有平移对称性。

　　莱布尼茨曾对数学的真理性做出详细的阐述：数学是一种必然的真理，其中直接的逻辑真理来源于自身存在的原始理性真理，间接的逻辑真理来源于推理的真理，真理中的必然性是逻辑必然性的体现。不同的学科会从自身出发，沿着不同的认识路径完成关于客体的详尽分析，使用不同的数学工具对物理模型做出限定和描述。以真理性为前提，努力实现边界限定的准确性，同时积极实现对象描述的合理性。按照笛卡儿提出的关于认识秩序的思想，借助演绎方式由简单到复杂的相互关联次序，实现物理学与数学的相互促进和发展。

二、对称现象的物理意义及其结构特征

　　物理学中有效的对称性，不那么宽泛，也不那么直观，是在看似不同的对象中找出共同性质（对称性）[8]。几何图形之间的对称关系最为原始和直观，有着悠久的历史和丰富的内涵，不仅在经典物理学发展中起着重要作用，也为现代物理学的产生和发展指明方向。语义分析作为一种特殊的形式化方法与科学实在论的其他研究方法一样，从更本质的层面反映科学理论的本体论特征，在构造和解释中体现理论的实践本性[9]。固体物理学中的对称现象纷繁复杂，种类多种多样，表述方式各不相同，使用语义分析方法的优势在于能深层次地把握对称变换操作的句法结构及其特征，本质上把握对称变换的演变路径，丰富对称理论的内容。数学和物理学分别从不同的视角找出客观、连续、准确的数学工具描述和表征对称现象，从语言陈述的句法结构中总体把握对称变换的本质关联。

　　首先，晶体中对称现象的研究是几何对称的继承和发展。在晶体学和结晶学等学科中，对称关系作为判定晶体类型的基础。宏观晶体的构型以微观晶格周期性排列作为结果，晶体的宏观构造受到晶格自身构造及其排列方式的限制，晶体与晶格在构造过程中满足对称规律，从而对晶体可能出现的类型做出限制。除了几何对称，晶体中还存在物理意义上的对称，表现为具有方向性的物理性质呈现出相应的对称关系。作为晶体物理学的基础理论，诺特（A. E. Neumann）原理

指出：晶体中任何宏观物理性质的对称元素，必须包括晶体所属点群的全部对称元素[10]。该定律指出晶体物理性质的对称元素和所属点群的对称元素之间的关系，晶体的物理性质取决于原子及其排列方式，晶体的几何对称与物理性质结合起来，可以确认晶体的对称性。晶体对称性的研究不仅可以认识自身的一系列物理性质，还为晶体的应用指出方向。

其次，对称现象的研究和数学理论的发展密不可分。对称现象总是与两个（或多个或一个图形分为两个或多个部分）图形或两个（或多个）态相关，数学工具可以准确表征图形及图形之间的变换关系、态和态之间的变换关系。数学表征过程中通常使用矩阵、态函数、矢量、群论等工具，张量分析在描述固体物理学中的对称现象及对称关系方面起了非常重要的作用。宏观上，描述晶体性质的物理量由可观测的物理量之间的关系定义，无论是场量还是物质量，都可以用阶数不同的张量表示。晶体中既包含各向同性的物理性质，也包含各向异性的物理性质。甚至针对同一固体材料，某一物理性质表现为各向同性而另一物理性质表现为各向异性。因此使用张量分析既可以反映物理性质的数量特征，也可以表示出它的方向特性。语言只有在表达意向性时才有含义，在数学活动中与被建构的方式和数学应用密切相关。利用多种形式的数学工具对晶体中的对称关系做出分析和表征，可以实现物理现象中的客观理性借助数学工具的逻辑理性充分表达。

最后，借助对称现象强化客体中的不变性。任何一种形式的对称变换都会涉及图形之间或者态之间的变换，对称变换的要求和结果是图形或态在经历对称操作后保持不变。晶格的微观对称是宏观对称的基础，晶格中所有平移对称性和晶体的平移对称性都被看作是平移变换不变的微观体现和宏观体现，也是晶体均匀性的表现。对于电子平移对称与不变性之间的关联，涉及单电子近似的哈特里（Hartree）-福克（Fock）自洽场方法。这个方法成为单电子理论的基础和出发点，在固体物理学中独立地作为一个根本原则的角色[11]。原子在结合成固体时价电子会发生改变，将原子核与电子共同看作是离子实，单电子运动过程中的平移对称则意味着哈密顿量保持不变，单电子能谱和等能面形状不变[12]。

科学是一个系统化、组织化的知识体系，在建立过程中，试图发现并在一般术语系统中表述各个事件发生的条件，然后根据说明性原则对知识进行组织和分类[13]，知识的丰富和扩展又会使科学处于变化发展之中。科学发展的过程是一个复杂程度和抽象程度逐渐升高的过程。普特南（H. Putnam）在其著作 *Renewing Philosophy* 中提到，当今世界并不是一个"绝对世界的轮廓"，而是一个形而上学世界的轮廓，理论语言处于不断变化发展之中。任何一种语言都是形式和内容的统一，都是一个多层次的网络系统[14]。科学理论借助理论语言规范并阐释自身内容，涉及语言阐述的"意义"，此时，语义分析方法表现出自身的优势。对科学语言做出"意义"解释，揭示特定语言与实在之间的本质关联，实现理论语言的"表层结构"和"深层结构"之间的辩证统一，理论意义展开之后也就意味着语义分析的完成。对称理论作为一个普适理论，在其发展过程中，不再继续着眼于原始的、直观的几何图形之间的对称现象，而是关注对称关系演绎之后体现出深刻的、抽象的内涵。

哲学家从语言的维度思考科学理论本身，使科学理论演化成为具有确定语言和公理集合的系统[15]。在这个系统中，符号语言形成系统中特定的句法规则，与理论中公理和命题有着相同的逻辑基础。知识图景表征的集合系统可以用公式 $S_i=\Sigma(OdA)$（26）表示。从公式中可以看出，知识体系的形成需要在界定的所处特殊阶段，将研究域中的各种操作关系通过操作语言形成关于操作集合算符的一个汇总。总体来说，科学理论在形式上是一个特定的语言系统，在结构上是将符号语言逻辑关联的演算系统，在功能上又是利用符号语言描述对象客体现象及其特征的描述系统，在本质上是整体表征对象客体规律性的系统。那么，科学理论的语义分析就是要通过表征或使用符号化的形式系统分析、描述和说明特定的语言现象[16]，实现关于知识系统的符号化描述，揭示科学理论真正"意义"的目的。

固体物理学中的对称现象有着广泛的物质基础，实现对称变换的客体种类丰富——晶体、晶格和原子的最外层电子，对称变换的类型多种多样——晶体的几何对称、物理对称、晶格平移对称、原子最外层电子的平移对称，对称变换的形式纷繁复杂——平移、旋转、旋转反伸、中心反演。对称现象语义分析的本质是把握语言陈述的句法规则及其结构，在物理学视角上表现为客体（图形或态）在经历某个操作后保持不变，在数学上表现为描述客体的算符（函数、矢量、矩阵、张量、群）与对称算符进行运算后保持不变。对称变换是客体之间相互作用关系的一种体现，按照关系实在论者的观点。作为关系者的事物及其本质是由特定的关系定义的。关系的改变，在一定条件下对应于对象及其本质属性的改变[17]。

三、对称现象的句法特征及其意义

语义分析可以在更本质的层面上把握科学理论的本体论特征，在构造和解释路径中体现理论的实践本质。科学理论在本质层面限定和描述客观对象之间的相互关系，其中的定理和定律则被看作是对象之间逻辑关系表征的命题陈述，迪昂（P. Duhem）曾经在其著作《物理学理论的目的与结构》一书中明确指出：物理学定律是符号之间的逻辑关系。对于理论陈述的表层形式——语言符号，在《皮尔士选集》中被定义为"某种对某人来说在某一方面或以某种能力代表某一事物的东西"，在具体实践中，符号作为能指内容将会成为形式语言表征的对象客体。对于逻辑关系，在皮尔士看来，逻辑独立于推理和事实存在，其基本原则不是公理而是"定义和划分"，这些都最终来自符号的性质和功能。所以，逻辑关系也可以被看作是"关于符号的一般必然规律的科学"[18]。

物理学并不排斥实在，实在论者将物理概念的本质理解为物理学对客观实在进行语言重构的基元，是物理理论形式化和物理对象一致性的表现；将定律中的逻辑关系理解为客观实在的物理学关联的语言表述，是定理的独立性和逻辑关系客观性的表现。数学并不完全接纳实在，因为数的客观性保证了数的实在性不依赖于人的主观意识，而数的抽象性并不能确保数作为一种物质对象。理性主义的本体实在论者弗雷格证明，数既不是密尔意义上的物理对象，也不是心理学意义上的主观表象，而是客观的逻辑对象[19]。数学工具不仅可以表征物理概念，而且可以使用运算方式表征逻辑关系。数学工具在物理学中的成功应用，是证明数学方法在经验上和对象上取得合理性后实现的哲学解释，数学在物理学经验中获得成功，表明自身的客观性并给出合理的哲学解释[20]。

科学理论的语义学分析，首先明晰科学理论的作用域，明确其中对象客体及对其做出表征的符号语言，指称本质上是一种语义学的规定[21]。语义分析的过程，正是将"能指"的内容与"所指"的内容、"能指"的形式与"所指"的形式本质进行关联的过程。使用语义分析方法研究固体物理学中的对称现象，晶体、晶格和最外层电子作为物质客体构成"所指"的内容，函数、矩阵、矢量、张量和群等数学工具表征物质客体，构成"能指"的内容；客体之间存在多种相互作用关系，对称关系作为其中之一构成"所指"的形式，函数运算后保持不变的数学操作构成"能指"的形式。语义分析的过程既是对象客体与物理指称本质关联的过程，又是物理概念数学化描述的过程。科学理论在发展过程中，研究的内容逐渐扩展，研究方法也不断丰富。语义分析方法的具体展开揭示科学理论自身意义，在这个过程中内生规范语言的形式和内容，实现理论语言的"表层结构"与"深层结构"的辩证统一[14]。固体物理学中对称关系的研究，是在把握对称变换不变性的前提下，借助语义学分析方法，将保持不变性的多种现象归纳到对称范畴之中，丰富对称理论的形式和内容，在更广阔的视野下和更深的程度上把握对称变换的理论内涵。

首先，扩展对称理论的适用范围。固体物理学中对称现象研究，把握不变性这个本质特征，使用语义分析方法解释对称变换的深刻内涵。科学知识增长的连续性指出，科学知识具备理性特点和经验特点。科学知识增长的过程是一个旧的科学理论被推翻，更完备的理论或更合乎要求的理论进行取代的过程[22]。在不同理论相互竞争中，使用语义分析方法，可以把握科学理论的本质特征，分别系统地、多层次地阐述竞争理论。针对相同的物质客体，从不同的认识立场出发，使用不同的研究方法，必然会得到不同的分析结果。固体物理学中的对称现象，分别从宏观尺度、微观原子尺度和亚原子尺度分析晶体中存在的各种形式的对称变换，把握不变性本质之后将其归入对称理论，丰富对称理论的内容。

其次，试图实现科学语言与科学实在的统一。任何科学理论都会使用各自的符号语言表征科学实在，使用形式语言表征科学实在之间的关联。在科学实在论者看来，科学理论的语义分析方法有两个功能：首先，可以从科学语言的意义和参照的统一性上构造一个理论；其次，可以从科学语言的意义和参照的统一性上去说明和阐释一个理论[23]。科学理论完成语义分析后，实现理论对象与描述和表征的物理过程或物理实在的统一，一致性说明科学理论具有真理性。科学理论是逻辑演绎系统，逻辑关系的真理性与形式语言的完备性本质关联。晶体中存在多种形式的相互关系，按照科学理论的研究路径，明晰研究对象——晶体，确定操作语言——对称变换，使用语义分析方法分析晶体、微观晶格和原子的最外层电子中存在的对称现象，将"所指"的内容和形式与"能指"的内容和形式进行语义学关联，构建从宏观到微观的对称问题研究体系，实现科学实在和语言形式的统一。

最后，强化对称理论的可接受性。语义分析的展开，不仅强化了客体与指称之间的本质关联，而且实现对称理论在固体物理学中的语言重构。在语义分析过程中，语词的选取与对称理论的形式无关，确保语义分析的客观性；对称理论在表述中使用公理化的句法规则，确保理论自身的完备性和真理性。语义分析过程正是真理性条件和意义实现的过程，在认识、理解、接受、反驳、修正和发展之后，成为对称理论研究的重要手段和方式。对称关系需要通过数学工具描述和表征，说明数学方法在经验上和对象上的合理性，数学借助物理学获得经验成功，则表明自身具有的客观性。对称关系被认定为一种数学关系，完美的数学就是演绎和经验的结合[24]。在利用语义分析可以把握对称现象本质特征的基础上，可以系统地分析对称现象在固体物理学中的真理性和在数学中的客观性，从两方面强化对称关系的理论本质，加强对称理论的可接受性。

对称关系作为客体之间的一种特殊关系，广泛存在于物理学各个分支学科，具有连续的应用域，固体物理学中对称现象的研究可以看作是对称理论的延续和发展。物理学中对称现象的形式和表象多种多样，将固体物理学中多种保持形态不变的操作归纳到对称变换之中，丰富对称理论的形式和内容。语义分析作为一种横断的分析方法，将客观实在赋予指称意义之后，找出对称变换的数学本质，为理解可观察和不可观察世界的差异、客体与指称之间的差异、逻辑描述和本质理解之间的差异提供新的视角和立场。认识、理解、把握和使用科学理论的语义分析方法，不仅可以在固体物理学研究中发挥巨大作用，同时也可以扩展至物理学的其他领域，丰富对称理论应用域。

参考文献

［1］黄昆，韩汝琦（改编）. 固体物理学. 北京：高等教育出版社，1988：19.

［2］王萍，李国昌. 结晶学教程. 北京：国防工业出版社，2008：36.

［3］江少林，华保盈. 浅谈晶体物理性质的对称性. 大学物理，1998，3：24.

［4］愈文海. 晶体物理学. 合肥：中国科学技术大学出版社，1998：4.

［5］陈纲，廖理几. 晶体物理学基础. 北京：科学出版社，1992：17.

［6］黄克智. 张量分析. 北京：清华大学出版社，2003：50.

［7］谢希德. 群论及其在物理学中的应用. 北京：科学出版社，2010：306.

［8］孙宗扬. 物理学中的对称性. 合肥：中国科学技术大学出版社，2009：5.

［9］郭贵春. 走向语境论的世界观——当代科学哲学研究范式的反思与重构. 北京：北京师范大学出版社，2012：185

［10］陈纲，廖理几. 晶体物理学基础. 北京：科学出版社，1992：97.

［11］Anderson P W. Concepts in Solids. Singapore City：World Scientific Publishing Co. Pte. Ltd.，1997：9.

［12］伐因斯坦. 现代晶体学（第二卷）. 吴自勤译. 合肥：中国科学技术大学出版社，1992：310.

［13］Nagel E. The Structure of Science. Cambridge：Hackett Pub Co Inc. ，1979：4.

［14］郭贵春. 语义分析方法的本质. 科学技术与辩证法，1990，2：2.

［15］van Fraassen B C. The Scientific Image. New York：Oxford University Press，1980：64.

［16］郭贵春. 当代语义学的走向及其本质特征. 自然辩证法通讯，2001，6：11.

［17］罗嘉昌. 从物质实体到关系实在. 北京：中国人民大学出版社，2012：13.

［18］Hawkcs T. Structuralism and Semiotics. Berkeley：University of California Press，1977：103.

［19］康仕慧. 数学实在论的语义分析及其意义——从弗雷格的语义分析谈起. 哲学研究，2008，3：108.

［20］郭贵春. 走向语境论的世界观——当代科学哲学研究范式的反思与重构. 北京：北京师范大学出版社，2012：75

［21］叶闯. 语言·意义·指称——自主的意义与实在. 北京：北京大学出版社，2010：50.

［22］Popper K R. Objective Knowledge-An Evolutionary Approach. Oxford：Oxford University press，1972：308.

［23］郭贵春. 语义分析方法和实在论. 社会统战科学，1992，1：44.

［24］郭贵春，康仕慧. 从语形和语义的关系看数学的本质. 江海学刊，2004，4：39.

量子空间的维度 *

郭贵春　刘　敏

在 20 世纪的科学认识系统中，量子空间维度作为量子空间的一部分，对其进行全面解读能够有助于更深刻地理解量子力学的精髓，有助于在经典力学、广义相对论和量子场论之间架起一座理解与沟通的桥梁。这对于厘清物理哲学的发展脉络、把握主流思想的逻辑路径和探索未来的演变趋势，有着重要的理论价值和现实意义。在当代物理学语境的发展过程中，虽然量子空间维度的解读具有明显的语义上的多维性，但人们并未放弃对维度真假的探索，而是在探索的过程中去体现语境的边界性和动态性，从而得出"在给定的语境下对量子空间维度形成统一的认识是合理的"这一结论。

一、量子空间维度的语义多维性

量子空间是量子力学的逻辑基础，对其维度进行解读是人们理解量子空间中的物质构成、运动及其规律的重要前提。然而，人们对量子空间维度的解读却一直具有语义多维性，这是由人们对量子世界的不精确认识导致的。语义多维性的表现形式主要有三种：量子空间的 3 维语义解读、$3N$ 维语义解读和其他维语义解读。

1. 量子空间的 3 维语义解读

我们对量子空间的 3 维语义解读源于以下几种角度的理解。

（1）源自对量子力学起源分析的语义解读。在量子力学的起源中，玻尔的互补性原理是对量子力学模糊性的经典阐述。这一原理的基本认识是，量子力学不能描述世界，只能描述给定的实验结果。然而，当用经典方式描述给定的实验结果时，只能在 3 维空间进行描述。弗兰森和胡克就曾指出，有人之所以认为玻尔对量子理论的理解是模糊的，原因之一就在于他们仅从数学方程的角度去做单纯

* 原文发表于《哲学动态》2015 年第 6 期。
　　郭贵春，山西大学科学技术哲学研究中心教授、博士生导师，研究方向为科学哲学；刘敏，山西大学科学技术哲学研究中心博士研究生，研究方向为科学哲学。

句法形式的理解，而缺乏系统的语义分析，以至于不能真正理解玻尔的物理哲学立场[1]。薛定谔在其波函数中考虑了量子力学的实体在 3N 维空间的演化，在他看来，"量子力学的过程可以在'q 空间'中实现"（薛定谔用"q"空间指涉位形空间，在本文中，位形空间指的是 3N 维空间，N 是系统中的粒子数），但这一陈述是在单粒子系统的语境下做出的，位形空间在这个语境下的维度是 3 维。针对双粒子系统，薛定谔则认为，"无论初始条件是什么，存在于 3 维空间中的 6 个变量组成的波函数在抽象特性方面的表达有困难"。虽然薛定谔并未明确阐明具体的困难内容，但他无疑更倾向于在"真实的" 3 维空间中来理解波函数；洛伦兹在 1926 年写给薛定谔的信中也明确表明，当处理多粒子系统时，与矩阵力学相比，他更喜欢波动力学，因为更直观，只需要处理 x, y, z 三个坐标[2]。

（2）源自对粒子特性分析的语义解读。对于一个 N 粒子系统而言，其波函数的数学描述就是存在于 3 维空间的演化场，而波函数是 N 粒子系统量子态的一个表征。波函数所描述的量子态是某些可观察量的本征态，而根据本征值－本征态映射就可以解释 N 粒子系统中波函数所描述的所有信息。换句话说，我们并不需要一个在物理上存在于 3N 维空间中演化的波场，波函数所蕴含的系统的所有信息都可以用物理上存在于 3 维空间的 N 粒子的系统特性来表征[3]。迈腾（Monton）就是这一语义解读的支持者。在他看来，单独的 3 维空间就是基础空间，量子力学在根本上讨论的是这一空间的粒子，波函数仅仅是一个定义在抽象的位形空间上的、描述普通粒子的量子力学特性的数学工具。正如笔者讨论过的一个观点，把波函数看作一个法则来"规范"存在于 3 维空间中粒子的运动[4]。

（3）源自对经验图景分析的语义解读。在经验论者看来，现实世界在现象学意义上的表现与真实世界的内在结构在某种程度上具有一致性，即理论模型具有经验上的适当性，这种性质表明量子理论所蕴含的结构的维度就是 3 维。有些学者认为，量子空间的维度之所以是 3 维，是因为与我们日常所经验的图景相吻合，这是一种符合论的观点。迈腾就运用类比思维，认为既然生物、化学等其他领域的研究是在 3 维空间中进行的，那么物理学中的量子空间的维度也是 3 维，从而把生物化学的映像与物理学的映像统一起来，体现了量子空间这一理论实体内在的"同一性"。从这一解释来看，维度这一理论术语应当与操作和观察中的经验术语相互联系起来，这样，操作和观察就构成了量子空间维度语义分析的基础。

2. 量子空间的 3N 维语义解读

针对 3 维空间支持者的观点，倡导量子空间是 3N 维的哲学家和物理哲学家以 3 维空间理论不能解释量子纠缠等实验现象为依据，提出以下策略来进行解读。

（1）源自历史动态性分析的语义解读。量子力学的创立者并非是量子力学正确与否的最终仲裁者，不同时期的人会对同一科学理论给出不同性质的语义分析，对量子空间维度的语义解读具有历史上的动态性。阿尔伯特（Albert）和刘易斯（Lewis）等 $3N$ 维支持者认为，薛定谔方程描述的是存在于 $3N$ 维位形空间的波函数，而不是 N 粒子系统在 3 维空间中的特性。与经典力学中的电磁场相类似，波函数可以被看作是存在于 $3N$ 维位形空间中的一个波场，波函数实体论者就持这种观点。在他们看来，波函数不仅是一个数学工具，更是一个能对测量结果做出真实解释的实体。在某种意义上，玻恩作为一个波函数实体论者，认为应该把几率波，甚至是 $3N$ 维空间中的几率波，看作真实的东西，而不只是作为数学计算的工具。在他看来，"如果我们凭借这个概念不能指称某种真实的且客观的事物，我们怎么能够信赖几率预测呢"[5]。

（2）源自动力学规律分析的语义解读。由于我们并不能直接观察到实在的基本层面，"动力学规律作为世界基本特性的引路人"[6]，能够引导我们理解世界的基本特性。物理学中的动力学规律，能够确定世界的基本本体中所涉及的基本空间及其结构，并能概括物理客体如何运动及与其他客体之间的相互作用。正如经典力学的动力学规律描述了物质随时间的演化，量子力学中的动力学规律也描述了波函数随时间的演化。刘易斯把这点描述为，"波函数与经典力学中的粒子采用了相同的方式，其随时间的演化成功地解释了我们的观察结果，结论是波函数在地位上与粒子相等同"[7]。具体而言，刘易斯赞同贝尔对玻姆理论、多世界理论与自发坍缩理论的语义解读：其一，"没有人能理解玻姆理论，除非他愿意把波函数看作是一个真实客观存在的场……这个场不是在 3 维空间而是在 $3N$ 维空间拓展"；其二，"在多世界理论中……波函数作为一个整体存在于一个更大的空间，而这个空间的维度是 $3N$ 维"；其三，类似的论证适用于自发坍缩理论中的非坍缩假定规律，"波函数存在于高维的位形空间，而不是通常的 3 维空间"[8]。在这三种语义解释中涉及薛定谔方程系统和坍缩假定。如果动力学规律所需要的结构和量子世界的基本结构相符合，通过对特定的物理理论进行语义分析能够对这些理论进行严格的逻辑空间定位，那么量子空间就是 $3N$ 维的高维空间，所以，把量子空间看作是 $3N$ 维，就能够对波函数进行一致性的逻辑研究。

（3）源自最新实验结果分析的语义解读。根据量子逻辑的解释，各种事件的物理状态之间的逻辑关系是由理论的构造和对这一理论的科学检验所决定的。在 $3N$ 维的支持者看来，量子力学所讨论的范围是我们平时经验不到的微观领域，这使得传统哲学因为没有考虑微观量子对象而有所遗漏。在量子力学中，整体大于部分之和，量子纠缠就是其中很好的一个证明。从对量子力学的解释上看，在关于 EPR 论证和贝尔不等式的争论中，人们所谈论的能否接受局域性和非局域性的问题，就是一种关于量子语义分析和量子逻辑的解释问题，量子逻辑上的矛盾性引起了语义分析上的模糊性。20 世纪 70 年代以来，各个国家的物理学家先后做了多项 EPR 实验来反对局域实在论，它们都揭示出：量子纠缠和非局域性具有真实性。因为量子纠缠不能在 3 维空间描述，只能在 $3N$ 维空间进行描述，而量子纠缠又被证明是真实的。所以，量子空间的维度是 $3N$ 维。

3. 量子空间的其他维语义解读

以杜尔（Durr）为代表的少数人认为，量子空间是由普通的 3 维空间和高维的位形空间叠加在一起，从而形成了一个 $3+3N$ 维的高维超曲面。我们日常经验到的宏观物体存在于 3 维空间，而微观物体存在于高维的 $3N$ 维空间。在这个高维空间中，有某个到目前为止我们还不清晰的未知物理特性把二者联系在了一起，这有待于人们的进一步探索。

总之，人们对量子空间维度的解读具有以下特征：①量子空间的 3 维解读支持者大都站在历史的角度，持一种直觉的和经验主义的态度；②量子空间的 $3N$ 维解读的支持者站在工具实在性的角度，持一种逻辑理性的态度并关注最新的实验进展；③量子空间的 $3+3N$ 维支持者则站在一种综合的角度来认识量子空间的维度。这样我们可以看出，语义分析条件的确定性和语义分析性质的多样性之间的矛盾，造成了量子空间维度解读的多维性。具体而言，一种维度的解读，其自身就包含着一种内在的语义分析框架，这个框架构成了它尔后进行解释、论证和争辩的基础；但同时，语义分析也是有边界的，因为任何物理理论都有其内在的逻辑性和自洽性；对同一物理理论不同的人之所以会给出不同性质的语义分析，是因为任何解释者都有自己的哲学立场，这深刻体现了语义分析具有强烈的哲学背景因素。最终，量子空间维度多维性的语义解读的趋向性必须与经验的解释、实验的验证、实践的检验及哲学的思考相一致。不同的研究者从不同的理论背景认识量子空间，这实质上反映了他们的研究目的、思维方式、理论背景和价值取向的不同。与此同时，因为解释者们的认识活动是以真实的量子空间为本体的，所以他们的理解既受到量子空间本身的客观信息的制约，也受到认识条件的限制，因而形成其不同的特定图像。但是，这些图像永远是开放的和可修正的，这体现了在科学探索活动中，科学家理解世界的方式总是具有丰富的多样性特征。

二、量子空间维度的真假探索

量子空间维度的解读在语义上的多维性，造成了人们对量子空间维度的不同理解。在对这些不同维度的解读过程中，人们并未放弃对维度解释孰真孰假的探索，而这一探索的过程恰好是物理解释的本质反映。也就是说，要在特定的物理学语境中去揭示物理语言使用的主体、要素、目标及其结构的关联，进而就必然会在这些关联中去发掘物理对象的意义、表征系统被确定的过程及其在不同认识系统中的真假说明。

量子空间的不同认识维度是量子空间在不同物理语境下表现出的不同现象。从另一个角度讲，"现象"二字在语义学中暗含着所显现的东西。在海德格尔看来，现象概念有两层意义：第一层意义是指现象显示的是对象自身；第二层意义是指现象显示的是对象表象。这两层意义若要在结构上进行关联必然会含有一个生发和维持被显现者的意向活动的机制，而正是这种心理意向性影响着人们对量子空间的维度及其空间关系的认识。在对任何一个量子空间维度真假命题的具体探索中，命题态度都必然地体现了语言使用者的心理意向，这种心理意向与形式结构的演算具有同一性。3维空间和 $3N$ 维空间哪个空间是真实的量子世界的显示，哪个空间仅仅是假象，不同学者站在不同的语用立场上主要有以下三种分析。

（一）$3N$ 维空间是真实的，3 维空间是假象

阿尔伯特认为，我们在量子世界中所谈论的 3 维空间是一种假象。在他看来，"量子力学的任何实在性解释都必须把量子世界的历史看作是在 $3N$ 维位形空间中展开的，无论我们感觉自身是生活在 3 维空间还是 4 维时空，都是一种假象"[9]。就像普特南著名的"瓮中之脑"这一假想：把某人的大脑与身体相分离，放进一个盛有维持脑存活营养液的瓮中。脑的神经末梢与计算机相连接，这台计算机按照程序向脑传送信息，以使他保持一切完全正常的幻觉。对他而言，他可以感觉到自己的手和身体的体验没有发生任何变化，但这只是一种假象。同样，量子世界中的某个"计算机"给了我们 3 维世界的假象体验，我们实际上是生活在 $3N$ 维的量子世界中，3 维现象这一假象是通过描述系统演化的动力学规律生成的。描述波函数的 $3N$ 个参数有多种具有操作意义的分组方式，把坐标以 3 个为一组进行分类具有表达上的简单性和便捷性，这种分法所具有的特性并不出现在其他分组方式中。况且，把量子空间解读为 3 维并不能解释量子纠缠，这也从侧面论证了量子空间的维度是 $3N$ 维。

$3N$ 维支持者认为，正像麦克斯韦方程组作为物理规律的集合，能够描述电磁场随时间的演化一样，在量子世界中存在的动力学规律也能够完备地解释世界，描述波函数随时间的演化。在他们看来，位形空间中的波函数上的每个点都有振幅和相位，因此波函数可以看作与电磁场在地位上相等同。奈伊（Ney）从动力学规律出发，阐述了不同的量子力学解释下的量子空间的维度和与其相关的理论实体（表 1）。

表 1　量子空间维度与相关理论实体[10]

量子力学的实在性说法	GRW 自发坍缩理论	埃弗雷特量子力学（多世界理论）	玻姆理论	
动力学规律	薛定谔方程＋非确定性坍缩规律	薛定谔方程	薛定谔方程＋粒子方程	
直接理解	波函数	波函数	波函数＋许多粒子（粒子方程的多粒子理解）	波函数＋单个"世界粒子"（粒子方程的单粒子理解）
空间结构的简明理解	3N 维位形空间	3N 维位形空间	3N 维位形空间＋普通 3 维空间	3N 维位形空间

在奈伊看来，在 GRW 自发坍缩理论中，存在两个基本规律：第一个是具有确定性的薛定谔方程，第二个是具有非确定性的坍缩规律。在多世界理论中，只存在薛定谔方程这唯一确定性的规律，它描述了量子系统中的波函数随时间的演化。在前两种量子力学解释下，量子空间的维度都是 3N 维。在玻姆理论中，存在两个基本规律：第一个是薛定谔方程，它确定地描述了波函数随时间的演化；第二个是"粒子方程"。人们对粒子方程所描述的对象有两种理解：第一种是粒子方程描述了一个多粒子系统随时间的演化；第二种是粒子方程仅仅描述了一个世界粒子（world partile）随时间的演化。由于不同的量子力学解释对应着不同的量子空间维度的理解，即便是在同一个形式体系表征的玻姆理论中，也存在相互竞争的两种量子空间维度的解释。然而，只要把粒子方程所描述的对象理解为存在于 3N 维位形空间中的一个世界粒子，那么，就可以完全解释量子空间的维度是 3N 维。

（二）3 维空间是真实的，3N 维空间是假象

马奥德林和阿洛里（Allori）等认为 3 维空间才是真实空间，他们并不赞成波函数在地位上与电磁场相等同。在他们看来，由于波函数在真正量子空间的位置上并没有振幅，所以不能把波函数看作是一个场。在经典电磁学中，由于电荷的位置可以描述电磁场的散度，所以如果没有带电粒子，就不会对电磁场进行完备描述。同样，没有振幅的波函数并不能对动力学规律进行完备描述。退一步讲，即使量子世界中的动力学规律能够完备地解释世界，其在形式体系上的完备性与本体上的精确性也是不一致的。卡特莱特主张，"在谈到理论检验时，基本规律要比那些被期望解释的现象学规律的境遇更糟"[11]。因为基本规律所显示的解释力并不能证明它的真理性，解释的成功只是理论逼近真理的一个象征，这是由证据对理论具有的非充分决定性造成的，所以根据量子纠缠并不能得出量子空

间的维度就是 3N 维的结论。

赖辛巴赫从经验的角度提出，作为经验证据的物质，为了建立局域因果性，物理实体的空间必须是 3 维的。他曾谈到，"空间的三维性通常被看作是人类感官的仪器……正是三维性这一特点产生了物理实在的连续因果性定律"[12]。所以赖辛巴赫主张，除了 3 维物理空间，不可能假定其他合理的物理空间理论。在经验主义者看来，在量子力学中，3 维空间能精确表征量子世界的基础空间，3N 维位形空间中的波函数仅仅是描述普通粒子的量子特性的一个数学工具，并不具有实在的意义。

迈腾反对阿尔伯特所持的 3N 维空间为真的观点，认为 3 维空间是真实空间。在他看来，把描述波函数的 3N 个坐标以三个为一组进行分类，虽然会使哈密顿量的形式满足简单性的要求，但没有相关性。站在坐标表象的角度，以 6 维空间为例，改变坐标轴的原点和方向，两个 6 维点之间的距离不变。如果把 6 维空间的点解释为存在于 3 维空间中两个粒子结构的位形的描述，我们会发现，粒子的位形在坐标转换下会发生改变[13]，即把高维空间的维度进行划分后会发现，生成的物质波函数并不等于位形空间的波函数。与经典粒子所具有的整体等于部分之和的特征不同，我们不能把位形空间的波函数看作仅仅是代表粒子的集合态函数。在迈腾看来，3N 维位形空间中的一个点实际上并没有对普通空间的客体的排列进行阐述，而是对 3N 个参数值的描述，但在这个空间中并没有任何内禀属性来说明哪些参数对应于 3 维空间的哪个粒子。

基于以上理由，迈腾认为，普通的 3 维空间与高维的 3N 维空间之间存在"附随"（supervene）关系，它们之间存在着一个"杠杆"能够把二者联系在一起。粒子和波函数分别存在于 3 维空间和位形空间，动力学规律把二者联系在一起，由于量子力学在根本上讨论的是 3 维空间的粒子，所以量子空间的维度是 3 维。

迈腾的"附随说"的缺点在于，它具有比其他观点所假定的单空间理论更复杂的结构。在他的双空间理论中，每个单空间都有各自的结构。但为了解释高维空间的哪一部分和哪些维度对应 3 维空间的哪一部分和哪些维度，就需额外附加一个结构。这样，每个结构在其自身之外还有额外的结构，深层次的结构在两个基础空间之间起着连接作用。然而，通常认为，位形空间中的坐标各向同性，所有维度的地位相等，不存在位形空间中的哪些方向维度会引起 3 维空间粒子的运动。所以，附随理论除了会产生额外的结构之外，还会引起空间坐标的不均匀性责难，由此违背结构经济原理。

（三）3 维空间和 3N 维空间都是真实的

与迈腾的空间"附随说"的结构复杂性相比，华莱士（Wallace）和廷普森（Timpson）的"生成说"的结构在一定意义上具有简单性。他们认为，3 维空间

及其实体是从 $3N$ 维空间及其实体中生成的。与 $3N$ 维空间的真实性一样，3 维空间也都是真实的，它只是量子空间在大尺度上的一个很好的近似。这就解释了以下事实：3 维空间中发生的任何事情都不会超出波函数存在的 $3N$ 维位形空间的范围。因此，如何理解 3 维空间"真实但并不重要"这个话题就很困难，但最新观点认为，我们不能作出"真实但并不重要的空间是不存在的"这样的陈述，因为不重要并不代表不相关，3 维空间和 $3N$ 维空间具有形式上的相关性。

至于为什么从高维空间中生成的是 3 维空间而不是其他维度的空间。有以下几种解释：华莱士和廷普森认为，是退相干导致了我们所经验的 3 维世界；而刘易斯认为，$3N$ 维空间中存在某个特殊的内禀属性可以自动把 $3N$ 个坐标以三个为一组进行分组，因为量子力学告诉我们，所有的动力学实体都有量子特性。

还有一些物理哲学家，比如格林（Greene）借鉴"弦论"的观点提出，在量子空间中共有 $3N$ 个维度，其中的 3 个维度与我们的日常经验相关联，而剩余的 $3N-3$ 维太小而被卷曲起来。我们不能根据存在于 3 维空间的粒子来判断 $3N-3$ 维是无意义的，因为剩余的 $3N-3$ 维全部指涉不同的空间方向，且动力学规律在这 9 个维度下保持不变[14]。但直到目前为止，"弦论"尚未被充分地予以证明，所以本文不做详细讨论。但是，笔者认为，在某种意义上，这个观点也有"生成说"的影子。

通过本节对量子空间维度的真假探索，我们可以得出，任何一个命题态度都是给定语境下的理解，不同语境下的理论模型可以提供对量子空间维度不同的描述与理解，从而语词及其所指称的对象就会具有不同的意义。比如，根据"瓮中之脑"模型、自发坍缩理论、多世界理论和玻姆理论的其中一个解释，我们可以得出"$3N$ 维空间是真实空间，3 维空间是假象"的结论。由于语境的本质就是一种"关系"，而关系的设定则依赖于特定语境结构的系统目的性，所以我们可以从附随关系得出"3 维空间是真实的，$3N$ 维空间是假象"的结论，而从生成关系得出"3 维空间和 $3N$ 维空间均为真"的结论。不同物理学语境结构关系的选择暗含了不同言说者的心理意向性，从而造成了对量子空间维度真假认识的复杂性。

三、量子空间维度在给定语境下的统一

不言而喻，量子空间维度的语义解读的多维性与真假辨析，以及量子空间结构关系的多样性这些困境最终源于我们理解量子理论的方式。具体体现在以下几个方面。

（1）我们以何种立场看待量子空间，是站在经验的角度还是理性的角度、历史的角度还是当前科学实验发展的角度；在判断空间维度真实与否时更倾向于采用哪个标准，是简单性、逼真度还是结构经济性标准。比如赖辛巴赫认为，物理学的3维几何空间能够保持局域因果性这一点具有合理性，但他的理论只符合当时的历史，当我们站在当前理论发展的前沿讨论量子空间的维度时，局域因果性会破坏。

（2）我们如何认识量子空间，是把它看作一个超曲面的实体，还是作为容器的背景空间。量子空间维度解释具有多维性，原因在于"维度"这一理论术语本身在语义学说上就具有多维性，人们可以通过它来表征独立参数，进而详细说明在量子态空间中的点的演化，或者人们也可以用它来指涉独立坐标轴的数来强加到空间的坐标上。与此同时，量子空间维度的真假辨析体现出"动力学规律的完备性能否代表本体上的精确性，基本规律所显示的解释力能否证明它的真理性"均是可进一步探究的。总之，真理的表征不一定总是从最佳的模型中体现出来，所以，任何对量子空间维度的成功解释都不能得到量子空间真理性表征的唯一标志。

（3）量子空间维度的多维性体现出量子空间这一微观客体作为"实体－关系－属性"三位一体的有机整体的结构在认识论方面的复杂性。在量子空间关系的解释中，3维空间与3N维空间之间的附随关系的缺陷在于会引起空间坐标的不均匀性责难；而生成关系的解释虽然满足简单性要求，但把真实与假象归因于量子空间的内禀属性等尚未证明的特性上，缺乏直接的证明力。而量子空间关系共有论的缺陷则在于它们都产生了逻辑和直觉的矛盾。

（4）我们如何看待量子理论中的波函数，是把它看成存在于抽象的位形空间中描述N粒子系统的一个数学工具，还是看成一个物理场，即工具论和实体论之间的辨析。具体而言，把波函数看作工具还是实体，取决于波函数是否与电磁场具有等价的地位。有人认为，根据概率解释，只有波函数的振幅才有"物理意义"，它的相位没有"物理意义"，所以把波函数看作一个工具；但在反对者看来，相位在规范变换下的行为决定了所有粒子和场之间的相互作用规则，所以波函数的相位有着极其重要的不可直接观察的物理意义。还有人认为，真正量子空间的位置上并没有振幅，而真正的电磁场是有振幅的，所以波函数是否与电磁场等价就成为分析量子空间维度的其中一个重要标准。

以上这些认识过程中的选择困难体现了量子理论解释中所面临的四个矛盾：确定性与不确定性之间的矛盾、实体和工具之间的矛盾、局域性与非局域性之间的矛盾及逻辑和直觉之间的矛盾。

（1）确定性与不确定性之间的矛盾。在自发坍缩理论中，动力学规律具有确定性，坍缩原理具有不确定性。鉴于量子系统的自身特性与某个时刻的坍缩概率相关，一旦坍缩发生，系统由确定性转为不确定性，这样确定性与不确定性就先后出现在同一个理论中。在玻姆理论中，粒子总具有特定的位置并且确定性地按照动力学方程进行演化，虽然这个理论中的两个规律都具有确定性，但粒子方程中的"粒子"究竟是描述一个实体还是描述一个实体系统又具有不确定性。这样，量子理论的不同解释中的确定性与不确定性之间的矛盾产生了量子空间维度解释的多样性。

（2）实体与工具之间的矛盾。量子空间和波函数究竟是被看作实体还是工具，不仅会导致不同的量子空间维度真假认识，而且会建构出不同的量子空间结构关系。具体来说，量子空间被看作一个超曲面时，其维度为 3+3N 维；被看作背景空间时，又有 3N 维和 3 维两种情形。波函数被看作实体时，其存在的空间维度是 3N 维；被看作工具时，其存在波的空间维度有 3N 维和 3+3N 维两种情形。与此同时， 3 维、3N 维和 3+3N 维解释之间空间关系又各有差异。

（3）局域和非局域之间的矛盾。事物之间的关系在现象学意义上体现为具有局域性，但经实验证明的量子纠缠却是非局域的。在某种意义上，如果用一个波函数描述 N 粒子系统，那么这些粒子就注定相互纠缠在一起，这样，对这两个粒子往后的运动的描述就一定会导致非局域性。从量子纠缠与非局域性概念都源于波函数的这一特性角度出发，这两个概念在基本意义上具有一致性。

（4）逻辑与直觉之间的矛盾。逻辑语言在一定程度上能够保证物理洞察的精确性与可靠性，具有客观性。直觉是区别于逻辑理性的另一种认识活动，具有主观性。直觉主义者认为，只有内心体验的直觉，才能使人理解事物的本质。量子空间的特殊性在于其不可观察性和作为物理理论逻辑基础的重要决定性。我们认识量子空间有两种途径：第一种是通过证据来证明动力学规律和世界的结构是吻合的；第二种是通过直觉来推断世界的基本结构，但由于直觉的主观性和证据对理论的非充分决定性，两种途径可能会得出不一致的结论。比如量子纠缠这种非直观的现象，违背了我们普通人的直觉但与逻辑相符合。

综上所述，我们认为，上述四对矛盾在给定语境边界条件下均是可转化的。在量子空间维度的解释中，所给出的任何一种维度解释都是给定边界条件下的理解，而给定了边界条件，就是给定了求解相关解释的语境。不同的量子空间理论及不同的空间结构关系，确立了不同的语形边界。在确定了语形边界的前提下，相关语境的内在的系统价值趋势就必然地规定了特定表征的语义边界。语义的构成性原则规定了相关的语义解释的意向价值，语用边界的范围内所具有的价值意义和价值取向也由此确立。所以，语境的语形、语义和语用边界是一致的：语用给定了语形和语义的边界和价值趋向，而语形和语义则表征和显现了语用的价值及其确定边界的目的要求[15]。

同时，量子空间的不可观察性造就了量子空间维度解释的语境依赖性，不同理论语境下的模型可以对量子空间维度提供不同的理解与描述，但不同的空间认识之间则不存在优劣之分，都具有平等性。因此，我们应该整体地、相关地看待这种不一致性。正如诺贝尔得主丁肇中曾在多次演讲中所提到的"物理学上的真理是随时间而改变的"。与此同时，随着时间的不断变化，随着语境的不断更迭，语境和语境之间的不一致性并不等于它们之间的不相关性。这样一来，科学解释的"再语境化"过程便形成了量子空间维度解释的相对确定性与整体连续性的统一。因此，笔者认为，确定性与不确定性、实体与工具、局域与非局域、逻辑和直觉这四对矛盾在一个大统一的物理学语境平台上是可理解的和相容的，而这种融合会随着时间的变化而生成一致性的整体认识。

总之，在语境的基底上对量子空间的维度进行有意义的分析，使其摆脱目前认识论上的复杂性和多维性的困境。在本体论上，我们要"超越现实，走向可能"，在认识论上，要"超越实体，走向语境"，在方法论上，要"超越分割，走向整体"[16]，从而在具体的语境中理解量子空间的维度及其空间关系，通过语境解释来消除量子空间维度的多维性和空间关系的复杂性，从而获得有意义的统一解。

参考文献

［1］郭贵春．语义分析方法在现代物理学中的地位．山西大学学报，1989，1：23-29，72.

［2］Monton B. Against 3N-dimensional space // Albert D，Ney A. The Wave Function：Essays in the Metaphysics of Quantum Mechanics. Oxford：Oxford University Press，2013：154-167.

［3］Monton B. Quantum mechanics and 3N-dimensional space. Philosophy of Science，2006，73：779.

［4］郭贵春，刘敏．玻姆语境下作为法则的波函数．科学技术哲学研究，2014，6：1-6.

［5］Born M. Physics in My Generation. London，New York：Pergamon Press，1956：98.

［6］North J. The "structure" of physics：A case study. Journal of Philosophy，2009，106：58.

［7］Lewis P. Life in configuration space. British Journal for The Philosophy of Science，2004，55：714.

［8］Bell J. Speakable and Unspeakable In Quantum Mechanics. Cambridge：Cambridge University Press，1987：128，204，134.

［9］Albert D Z. Elementary quantum metaphysics//Cushing J，Fine A，Goldstein S. Bohmian Mechanics and Quantum Theory：An Appraisal（132）. Berlin：Springer Science & Business Media，1996：277.

［10］Ney A. The Status of Our Ordinary Three Dimensions In A Quantum Universe. Wiley Periodicals，2012，46：534.

［11］Cartwright N. How the Laws of Physics Lie. Oxford：Clarendon Press，1983：3.

［12］Reichenbach H. The Philosophy of Space And Time. New York：Dover Publications，1958：

274.

[13] Monton B. Wave function ontology. Synthese, 2002, 130: 265-277.

[14] Greene B. The Elegant Universe: Superstrings, Hidden Dimensions, and The Quest for the Ultimate Theory. New York: W. W. Norton, 1999: 202.

[15] 郭贵春. 语境的边界及其意义. 哲学研究, 2009, 2: 94-100.

[16] 郭贵春, 成素梅. 当代科学实在论的困境与出路. 中国社会科学, 2002, 2: 87-97.

国际化学哲学研究的新进展 *

张培富　董惠芳

20 世纪 80 年代初，中国自然辩证法研究会化学化工专业组提出建立化学哲学的研究任务，并编著论文集著作《化学哲学基础》。早在 1980 年，国内学者金吾伦就撰文介绍了当时西方化学哲学研究的情况[1]。事实上，在 20 世纪 90 年代之前，还不存在作为一门学科的化学哲学，甚至没有形成统一的"化学哲学"概念。1993 年 6 月，在德国科堡由化学哲学家、化学史家及对化学感兴趣的哲学家共同成立了非正式组织"哲学与化学"小组（Arbeitskreises Philosophie und Chemie）[2]，标志着化学哲学作为科学哲学的一个独立分支开始在学术界兴起。经过 20 年的发展，不仅成立了国际化学哲学组织，出版专业期刊，而且还涌现出大量学术论著，形成了广泛的研究主题，由此确立了化学哲学在科学哲学界的学科地位。

国内学者邢如萍和桂起权于 2008 年发表《化学哲学研究的新走向》[3]一文，论述了西方化学哲学发展的历史与走向，并概括了化学哲学研究的具体内容：经典哲学著作中的化学哲学思想、还原论与反还原论之争、实在性问题、化学自主性与化学史等。该文以"问题研究"的形式，概括性地提出化学哲学研究的传统与经典问题，缺乏对国际化学哲学研究内容的系统论述，包括对化学文化、化学伦理学、化学美学、数学化学中的哲学问题，以及化学中的技术哲学和自然哲学问题等最新进展领域都没有进行研讨。在化学学科内部发展需求及社会外部刺激因素的共同作用下，化学中的伦理学、美学、数学及技术问题研究已经成为当代国际化学哲学研究的热点领域。本文通过对国际化学哲学领域最具权威的学术刊物发表成果的统计研究，系统介绍这些化学哲学热点领域 21 世纪以来的新进展，对国内学者了解国际化学哲学研究的最新动态具有一定的学术价值。

21 世纪以来，两大国际化学哲学权威期刊《原质》（*Hyle*）和《化学基础》（*Foundation of Chemistry*）发表的学术论文可归结为化学伦理学、化学美学、数

---

* 原文发表于《山西大学学报（哲学社会科学版）》2015 年第 1 期。

张培富，山西大学科学技术哲学研究中心教授、博士生导师，研究方向为化学哲学；董惠芳，山西大学科学技术哲学研究中心硕士研究生，研究方向为化学哲学。

学化学中的哲学问题这三大主题，每一主题包含 10 余篇论文，总计近 40 篇。本文基于《原质》和《化学基础》发表的论文情况，探讨 21 世纪以来国际化学哲学研究的最新进展与热点问题。

一、化学伦理学

随着全球化学产品副作用、化学武器研究、化学污染等问题的日益突出，社会与公众不断地谴责化学给人类生活带来了严重危害，并把这些问题归因于化学家。然而，哲学界与哲学家主要从环境伦理学、技术伦理学、药物伦理学、战争伦理学等应用伦理学层面讨论这些问题，较少地把它们与化学和化学家直接相联系。公众与哲学家的观念分歧，使得化学伦理学研究成为化学家和化学哲学家必须面对的课题。化学哲学家希望通过对化学伦理学的探讨，为化学家反思其科研活动提供道德理论框架，同时也为公众形成客观的道德判断奠定良好的思想基础。目前，化学伦理学的研究主要包含化学的社会伦理问题与化学家的职业伦理问题两大类，前者探讨化学对社会产生的影响、化学共同体的责任与义务、化学中的"研究自由"及高等化学教育的伦理问题等；后者探讨化学中的科学不端行为、化学共同体的道德规范与行为准则，以及化学研究的道德价值观选择问题等。

（一）化学的社会伦理问题

几十年以来，风险研究引起了社会学家和哲学家的广泛关注，然而传统的社会风险形式不能覆盖科技风险给社会学和哲学带来的风险感知，人类面临的风险已从可预测和控制的传统"自然风险"转向难以预测和控制的现代"人造风险"。有关风险建构主义和风险客观主义的争论一直在进行，目前，这个争论越来越关注化学知识与技术给人类和环境带来的风险问题，显然这也是公众与化学家面临的最为棘手的社会伦理问题。受传统科学价值中立观念的影响，化学家普遍认为他们的职责只是为增加化学知识的积累贡献力量，常常忽视了合成新化学物质等化学行为可能引发的风险与责任问题。博森（Stefan Böschen）、雅各布（Claus Jacob）和沃尔特斯（Adam Walters）带着对历史的社会学和认识论观点，通过对农药 DDT 和除草剂橙剂使用的案例分析，探究了合成化学物质研究及化学物质非人道应用给人类和环境带来的风险与伦理问题。博森认为，有关科技风险的认识是不断演化的，由于科学家和政客对科技风险行为的支持，原本模糊的科技风险假定在关于风险的争论中获得了实在性地位[4]。雅各布和沃尔特斯提出，从最初新物质的合成、含二噁英污染的除草剂的工业制造，到后来越南战争中作为化学武器的非人道使用造成的灾难性后果，橙剂自被发现以来的风险与责任问题发生了巨大的转变。因此，他们主张依据道德责任要求，把化学发展放在伦理语境中来对待，处理好合成新化学物质的风险责任、安全性及其扩散问题。[5]

化学研究面临的另一大挑战，就是在科学与社会、国家与国际、资助机构与公众之间产生的利益冲突问题。通过分析普林斯顿大学教授斯托克斯（Donald Stokes）的《巴斯德象限》（*Pasteur's Quadrant*）一书的内容，科瓦奇（Jeffrey Kovac）探讨了化学与社会的关系问题，提出合理化的化学道德理念及化学家同时担任多个社会角色可能产生的道德矛盾等观点[6]。科瓦奇认为，化学研究的商业化走向造成了专利知识商业化、科研成果商业化等一系列伦理问题，同时也可能破坏科学客观性、同行评议制度和化学教育职责，导致化学家兴趣与责任之间的冲突，进而影响纯基础研究和创造性研究。因此，科瓦奇呼吁更多地采用一般道德理念和原则，如共享命运的个人主义（shared fate individualism），来指导化学研究，从而解决化学内部的内向伦理问题及化学外部的外向社会伦理问题[7]。

目前，越来越多的人意识到，伦理学课程应该被列入大学自然科学和工程科学专业的课程中，尤其在技术大学的学科专业中伦理挑战是相当严重的。哥本哈根大学科学教育研究中心研究员埃里克森（Kathrine K. Eriksen）从伦理学的视角，反思了高等化学教育的未来。埃里克森认为，在当今激进的现代化社会阶段，反思当代教化（bildung）问题是极其紧迫与重要的，而伦理学有助于促进这一反思。因此，她主张把化学伦理学课程引入高等化学教育，通过增加化学知识的道德底线，推行教育实践等新形式，保障高等化学教育的健康发展[8]。此外，高等化学教育的伦理问题，不仅要从教育制度入手抓起，同时与高等化学教育者的职业道德也有一定的关系。在《技术转移的困境》一文中，科波拉（Brian P. Coppola）指出了化学家与企业家之间存在的矛盾，主张在功利性创业的学术文化中坚持道德责任教育。科波拉认为，由于政府鼓励科研领域的教师把研究成果转移至市场，在此过程中容易引起职业义务与商业利益之间的矛盾冲突，对高等化学教育的职责产生不利影响，进而制约了高等化学教育的发展。为此，科波拉倡导建立严格的保障措施和标准制度，在鼓励科学、社会和经济发展的同时，确保高等化学的道德责任教育[9]。

（二）化学家的职业伦理问题

化学研究的内部问题十分复杂，国际化学共同体内部至今尚未形成明确的专业行为准则，化学家的职业道德规范一直存在争议。在《"病态科学"并不病态也不是科学不端行为》一文中，鲍尔（Henry H. Bauer）探讨了化学研究中道德规范与方法论准则、科学欺诈与科学错误之间的界线。通过分析三个与化学相关的"病态科学"实例——N射线、聚合水、冷核聚变，鲍尔提出"病态科学"不是科学不端行为，也不是病态的科学这一观点，因为这些研究并没有违反道德规范与方法论准则。鲍尔认为，创新性研究的本质取决于不断尝试非常规方法，当然也就会导致更高的出错风险，因此它比常规研究需要更多的自由规范[10]。事实上，这些所谓"病态科学"的科学史事件并不存在弄虚作假，而是研究者被主观因素左右，沉迷于个人想象，造成了科学错误。但是，当今的许多科学不端行为很大一部分都是因为科学家选择的个人认知价值取向而引起的。拉斯洛（Pierre Laszlo）认为化学知识的商业化走向使得对纯技术的追求替代了科学知识的探索，改变了传统的认知价值，导致科学界的道德冷漠。拉斯洛提出，如果为了增加新技术知识和新技能，化学家对众所周知的化学合成过程进行毫无创新的改变，那么他们的行为就是一种技术剽窃，这将会造成巨大的物质扩散，从知识的角度来看，就是一种物质污染。因此，拉斯洛提倡把探索科学新知识和发挥创造力作为化学研究的核心价值，由此建立化学共同体的道德规范。[11]

从哲学意义上而言，化学家从事科学研究，应对其知识、技能与实践都负有一定的伦理责任；他们不仅要严格遵循科学研究的理性原则和规范要求，还要承担起必要的社会责任。在《化学合成的伦理》一文中，舒默尔（Joachim Schummer）认为化学研究行为并不是道德中立的，所有以伤害人类为目的、用于破坏性用途的化学合成研究，如化学武器的研制，从一般道义上判断都是不道德的。舒默尔认为，化学家的"研究自由"范围并不是从特殊的道德系统中推导出来的，而是取决于化学家对一般道德系统选择的结果。道德系统中的规范与义务决定了化学家个人的"研究自由"范围，即"道德中立"行为的范围，因此化学家应该深刻反思他们的道德偏好。由于功利性研究项目的得失争论无法消除，为了判定道德上的正确性，舒默尔提出"研究自由"范围还应满足正义的标准[12]。德尔雷（Giuseppe Del Re）在《伦理与科学》一文中表示：即使不考虑科学不端行为和技术应用可能引发的伦理问题，对纯粹知识的追求也不是道德中立的。由于化学研究成果会干涉自然与社会的和谐发展，甚至对人类自身也产生一定的影响，因此化学家在探求科学知识的同时，应当考虑每一个自由研究活动的价值选择问题。德尔雷主张使用柏拉图（Plato）的三大价值理念——真理、正义和美丽，引导化学知识的追求和科研项目的价值选择，并呼吁化学家承担起化学知识增长的风险责任[13]。

化学研究行为受一般道德理论的指导，那么化学家共同体的道德规范与化学工程师共同体的道德规范有何区别和联系呢？面对公众道德义务，戴维斯（Michael Davis）呼吁化学家思考：化学家与化学工程师职业间存在的本质区别，以及化学家共同体修改职业道德规范与行为准则时所面临的挑战问题。戴维斯认为，化学家需要了解包括化学工程师在内的许多不同科学技术领域的职业，因此区分化学家与化学工程师职业行为准则的差异性显得尤为重要，而这一讨论需要首先定义"职业"和"伦理"的概念，进而深入研究化学和化学工程的细节差异。事实上，化学工程师的工作保证了公众的安全、健康和福利，而需要化学家所考虑的其他伦理价值问题也是同样重要的[14]。

随着大科学时代的到来，化学不再是以单纯追求知识为目的的"纯粹"意义上的科学，它已经成为与社会发展紧密联系的社会核心因素。社会面临的各种问题也成为化学家关注的问题，因此，化学家应不断地从伦理角度审视和评价化学研究，并承担起必要的社会与自然伦理责任；化学家不仅要从思想上重视作为科学家应当遵循的职业伦理要求，还要从实践上消除化学及其技术应用可能对生态环境和人类带来的危害。唯有如此，才有可能在化学发展与伦理要求之间保持必要的张力，使化学在不断发展的同时成为真正能给人类繁荣带来益处的工具与手段。

二、化学美学

哲学经常忽视一个经典的想法，即美学可以处理那些诱发情绪、态度和判断的感觉，而这些远超出认知与道德判断之外。无论是文化嵌入或自发引起，故意激起或偶然发生，有意识或无意识接受，审美信息伴随着人类所有感觉而产生，并以特定的方式塑造了人类对世界的态度。文化规则、形式条件及这些过程的心理机制等都是美学试图理解的范围。

然而，18世纪晚期和19世纪，科学被认为是原理图和经验主义，几乎与美学艺术背道而驰。20世纪早期，卡西尔（Ernst Cassirer）重新提供了一个复杂的解释，提出"作为符号活动的不同形式，艺术、科学、神话和宗教都应该被认为是同一水平的"[15]，因此从哲学意义上而言，科学与艺术是类似的。半个世纪之后，海森堡（Werner Heisenberg）在其一篇极具影响力的文章《现代艺术与科学中的抽象概念》中，使用了这个想法，认为科学和艺术是平行的符号系统，美学抽象概念可以运用于科学研究。海森堡提出"追求统一、共同合作使得艺术中的抽象概念并不比科学中的少"[16]，这一观念充实了现代科学美学思想。

因此，当代化学哲学家也希望把化学这样一门具有视觉、触觉和刺激性的科学与现代科学美学观念相联系，从不同的视角运用美学分析化学，其中包括化学形象的文化美学及化学对世界形象的贡献，化学家在日常实验室工作中使用材料和仪器的美学经验如何影响和指导化学研究，模型、图形、视觉轨道等可视化对象的美学维度及可视化（visualization）在化学交流和教学中的重要作用等。

（一）化学美学的基本问题

化学美学是什么？有关化学美学研究的具体内容仍是一个有待化学哲学家思考的问题。拉斯洛和舒默尔对化学美学领域进行了描述，尝试解决这个困难的定义难题。通过探索化学与一系列经典美学立场的联系，拉斯洛的论文题目（Foundations of Chemical Aesthetics）就表达出他试图寻求"化学美学的基础"。他使用了五个著名的对立命题，自然与人工、可视化与不可视化、可预测与不可预测、不变与变化、复杂与简单，阐明建立合理化化学美学存在的哲学利弊。拉斯洛认为化学美学是一个独特的研究领域，可以通过"计算机合成生物分子表征"这一抽象概念调和化学与美学间的联系。[17]

不同于拉斯洛的观点，舒默尔认为化学美学与一般科学美学相同，并不具有独特性，但美学经验在某些方面可以引导化学研究。在《化学产品的美学：材料、分子和分子模型》一文中，舒默尔运用材料美学、理想主义美学、心理学方法和符号美学等大量美学理论，详细论证了材料、分子和分子模型等化学产品不具有内在美学价值[18]。舒默尔进一步思考了超分子化学的美学起源，运用艾柯（Umberto Eco）符号学理论美学，分析了格式塔转换对建立分子图像及发展超分子化学符号语言的启发。舒默尔提出科学图像的认知和解释在指导化学新研究中发挥着重要作用，从一般意义上而言，美学现象对指导科学研究产生了推动性作用，美学理论有助于理解动力学及科学哲学所要考虑的其他问题[19]。

20 世纪 80 年代后期，美国著名化学家霍夫曼（Roald Hoffmann）开始倡导分子美学研究。2003 年，他在《美学与可视化的思考》一文中，介绍了化学语境下的美丽与愉悦。霍夫曼认为美学和可视化在化学理解和交流中发挥了重要作用，但并不是激励化学发展的唯一因素[20]。那么美学如何激励和推动化学发展，在化学研究中具体发挥了怎样的作用呢？生物化学家伯恩斯坦（Robert Root-Bernstein）和有机化学家斯佩克特（Tami I. Spector）对这个问题进行了深入探讨。通过分析范霍夫（Jacobus Henricus van't Hoff）、沃森（James Dewey Watson）、克里克（Francis Harry Compton Crick）等化学家的科学研究与艺术间的联系，伯恩斯坦提出美学认知和感官直觉能够撞击化学方法和思想的产生，并改变化学教育方式。斯佩克特以 HIV 蛋白酶为例，说明分子科学家从文化和可视化视角运用美学研究疾病的过程[22]。为了揭开 HIV 蛋白酶计算表征的美学性质，斯佩克特提出了实用主义的分子表征美学（aesthetics of molecular representation），并研究了分子表征美学的产生与发展历程——从亲和力表征的美学分析到道尔顿原子符号的美学。斯佩克特认为，化学的理论基础是对看不见事物的图像表征，因此化学中的实验、可视化和美学之间的深层联系非常重要。[23]

美学推动了化学发展的历史进程，那么在现代化学研究中应如何更好地发挥美学的指导性作用呢？语言学家克里茨巴彻（Heinz L. Kretzenbacher）就化学研究中的符号结构、美学及隐喻的启发式功能进行了探讨。克里茨巴彻认为，现代化学中的语言交流风格已经标准化，但是缺乏类比和隐喻的元素，所以应在化学语言学中继承隐喻思维，以构建感官和大脑之间的桥梁，进而激发创造性思维的产生[24]。

（二）符号美学与炼金术图像

不同于一般的化学研究，古代炼金术具有较强的视觉和艺术传统，炼金术的视觉与符号表征一直以来都受到了艺术家和史学家的大量关注。艺术理论家埃尔金斯（James Elkins）、科学史家奥布里斯特（Barbara Obrist）和化学史家奈特（David Knight），所从事的就是炼金术语境下的美学研究。他们从不同方面讨论了丰富的炼金术美学性质，主张为这种性质提供一个现代地位，把已经丧失的炼金术美学性质转化为现代化学美学性质。

埃尔金斯从艺术家的视角，提出为炼金术在当代艺术中寻求一个合理化的地位。他认为炼金术对艺术的历史影响被高估了，但炼金术提供的合理化模型有助于更好地理解"艺术家痴迷于素材而厌恶理性和逻辑"这一现象[25]。在《中世纪炼金术中的可视化》一文中，奥布里斯特调查了中世纪炼金术绘画插图，探讨了在哲学和神学背景下，中世纪自然和人工物质转换理论可视化研究的主要趋势：通过生物过程类比和基督教神话演示炼金术流程；组合图形和语言元素编辑炼金术表中的理论原则，保留原始知识；使用几何数据作为认知工具，表征自然哲学系统。奥布里斯特依据科学主流观念和知识传递方法，分析了绘画形式的功能，并提出炼金术著作中所有类比和哲学插图最终都会消失，取而代之的是实践中的装置图像[26]。与奥布里斯特的观点不同，奈特认为，炼金术著作中的插图并没有成功地通过符号描述化学过程，因为拉瓦锡（A. L. Lavoisier）时代化学理论占有主导地位，化学家主要使用仪器和实验研究化学过程，较少尝试从视觉上表征化学动力系统，因而想象力和符号语言在化学中的作用地位大幅降低。通过浏览拉瓦锡革命之后80年的课本插图，奈特发现可视化流程和操作图具有较强的想象力，从中可以学习到化学反应的过程，解释反应的机理。因此，奈特认为美学具有一定的判断力和想象力空间，应该提倡美学与可视化在化学研究中的运用[27]。

不同于前面三位研究者直接探讨化学和炼金术中的化学图像与符号，特朗贝（Meredith Tromble）研究了新媒体艺术家拉波波特（Sonya Rapoport）艺术中出现的化学符号。通过对拉波波特艺术品《我梳妆台上的物品：取代周期表中的元素和钴系列》（*Objects on My Dresser*：*Displacing Elements on the Periodic Table and the Cobalt series*）的深层描述，特朗贝探讨了拉波波特图像的发展，揭示了拉波波特如何并置分子结构、原子和炼金术符号表征的非科学客体，用以连接炼金术和化学变化的形而上学观点[28]。

（三）化学美学的视觉表现

不仅化学家使用美学理论与观点探讨化学问题，视觉艺术家也以艺术的方式探究化学可视化对象的美学维度，为化学美学与可视化这一主题研究做出同样重要的贡献。2003 年秋天，《原质》期刊出版社发布一张题为"艺术中的化学"（Chemistry in Art）的虚拟艺术展 CD，专门展示艺术家的化学艺术品，包括图像、装置、雕塑、模型、视觉轨道等，从中可以发现化学过程特有的惊艳与美丽、化学文化与社会形象等。虚拟艺术展的策展人、艺术评论家斯波尔丁（David Spalding）和化学家斯佩克特表明，通过这次交流合作，化学家和艺术家都从对方的实践中学到了许多哲学思想与方法论，同时也反思了"化学和艺术"之间的一般关系[29]。不过该艺术展并没有体现出美学在化学可视化对象中的作用，以及化学家用于理解和解释化学现象的心智图。或许这种区别是由于大部分化学家是实在论者，他们把可视化作为一种化学物品表征方式，要求一定的技术准确性，而艺术家更关心的是文化问题及化学现象的象征性意义。事实上，想要发展化学与美学艺术的共生关系，就必须建立艺术家与化学家的平等合作关系。这意味着，需要跨越维特根斯坦（Ludwig Wittgenstein）所谓的学科"语言游戏"障碍。

与化学哲学中的许多主题一样，化学美学是一个新兴主题，再加上各种迥异的美学理论，因此有关化学与美学的相互作用与关系性质只能得到一般性的结论，化学美学的研究与哲学思考还有待进一步深入。

三、数学化学中的哲学问题

数学与化学之间的关系有着悠久的历史。事实上，现代化学的特点之一就是拉瓦锡引入了算术关系。过去的哲学家，特别是康德（Immanuel Kant）和孔德（Auguste Comte），一直在思考数学与化学的关系。一般的观点认为，数学与化学具有完全不同的认识论，即先验知识与后验知识的区别；从方法论层面看，两者也是截然不同的，前者是纯粹的先验方法，后者是严格的实验科学。这种差异性使得数学在物理学中发挥了较大的作用，而在化学中产生了相对较小的作用。主流科学哲学很大程度上便成为数学物理学哲学，但从普遍观点来看，科学的数学化被认为是理所当然的。相比于物理学的数学化，化学的数学化（the mathematization of chemistry）进程缓慢，直到 20 世纪 70 年代数学化学才开始逐渐兴起。依据学科建制化的标准，三大数学化学研究专业期刊的创办[①]，国际数学化学学会（International Academy of Mathematical Chemistry）及其他相关学术团体的成立，数学化学专著的出版及一系列学术会议的召开等，标志着数学化学作为一门学科已经形成，并逐渐发展为一个基础与应用科学研究相结合的活跃领域。然而，数学与化学之间一直存在着相当大的认识论和方法论障碍，通过哲学分析有助于理解甚至最终克服这些障碍。因此，对数学化学领域中紧迫的化学哲学问题的思考，包括数学与化学的相互作用关系、数学化学的性质与应用等方面的哲学和历史反思，都值得化学哲学家特别关注。

（一）化学与数学的历史关系

普遍的观点认为，数学化学作为一个学术研究领域只出现在 20 世纪。当然，如果单纯地探讨化学与数学的相互作用关系，那么数学化学的历史就远超过一个世纪，最早可以追溯到柏拉图《蒂迈欧篇》中的元素多面体理论。事实上，在早期化学研究中使用数学方法与抽象思维探究化学问题的重要实例有很多，部分还出现在 1900 年之前，包括杰奥弗瓦（Ezienne Francois Geoffoxy）的亲和力表、拉瓦锡的物质分类及其关系、门捷列夫（Dmitri Ivanovich Mendeleev）的元素周期表、凯莱（Arthur Cayley）的烷烃计算、西尔维斯特（James Joseph Sylvester）的代数与化学间的联系、维纳（Norbert Wiener）的分子结构与沸点的关系等[30]。19 世纪德国数学家赫尔曼（Georg Helm）就曾试图把《数学化学原理：化学现象的能量》（*Grundzüge der mathematischen Chemie：Energetik der chemischen Erscheinungen*，1894）一书中的理论应用于物理化学研究，从数学层面发展物理化学。赫尔曼的化学数学化思想，与现代化学原子主义形成了对比。戴特（Robert J. Deltete）认为，赫尔曼把数学作为一种形而上学解释运用于化学中，可以减少化学本体论主张[31]。对于化学数学化思维，一些化学家则提出了不同的观点。通过分析 20 世纪化学数学化进程——路易斯（Gilbert Newton Lewis）把逸度和活度概念引入化学热力学中、鲍林（Linus Pouling）把共振概念运用于量子化学研究等，盖洛格鲁（Kostas Gavroglu）和西蒙斯（Ana Simões）提出化学数学化并没有产生较多的方法论问题，而是使新理论实体的本体论地位受到质疑，导致实在论与反实在论之争[32]。

（二）数学化学的自主性研究

关于化学能否数学化的哲学争论问题，自 16 世纪以来，化学家就一直争论

---

① 《数学与计算化学通讯》（MATCH Communications in Mathematical and in Computer Chemistry）1975 年创刊，《数学化学杂志》（Journal of Mathematical Chemistry）1987 年创刊，《伊朗数学化学杂志》（Iranian Journal of Mathematical Chemistry）2010 年创刊。

不休。16 世纪的文耐尔（Gabriel Francois Venel）、狄德罗（Denis Diderot）及当代化学家拉斯洛都反对化学数学化思想，他们认为化学是门实验科学，化学知识是通过实践经验获得的，数学先验方法的纯逻辑推理无法实现化学现象的充分描述。而狄拉克（Paul Adrien Maurice Dirac）和布朗（Alexander Crum Brown）则持有完全相反的观点，他们认为化学与数学具有紧密联系，数学方法可以为化学提供重要的研究工具。通过分析当代关于数学化学的争论，化学家雷斯特雷波（Guillermo Restrepo）提出应当考虑化学与数学间的深层联系，不能简单地讨论化学能否数学化这一问题[33]。他主张利用孔德和外尔（Hermann Weyl）的思想及克莱因（Felix Klein）的《埃尔朗根纲领》（*Erlangen Program*，1872）重新定义数学化学，不仅要把数学方法作为研究工具应用于化学中，而且还要实现化学中的数学思维，为化学研究提供功能性抽象思维理解。

　　虽然数学化学已经有超过一个世纪的历史，但它作为一个独立的研究领域直到最近几十年才得到学术界的认可。这既有来自学科内部的原因，同时也受外部社会因素的制约。在《离散数学化学：它的出现和接受的社会方面问题》一文中，雷斯特雷波和维利亚维斯探讨了 20 世纪后半期数学化学领域在学术界正式兴起及其之后发展受到阻碍的社会原因。他们提出数学化学最早主要出现在东欧，数学知识对化学研究产生了实用性，从而激发了这一研究领域的兴起。但由于缺乏研究经费，其之后的发展停滞不前。而离散数学化学过去一直被许多化学家拒之门外，后来只有在数学领域中被慢慢接受[34]。事实上，过去一些化学家甚至不承认数学化学这一研究领域，仅把它视为物理化学的一部分，即使是化学当中涉及的离散数学也不被当成是数学[35]。对此，巴拉班（Alexandru T. Balaban）提出数学化学与物理化学、计算化学之间存在的较大区别。他认为，大多数计算化学应用涉及了量子化学，可以被还原为物理学，而离散数学应用却无法还原为量子化学，数学图论等非数字化运用在化学研究中占有重要地位，也无法简单地归结为物理化学。因此，巴拉班主张数学化学的自主性研究[36]。就这个问题，舒默尔建议从方法上定义数学化学领域，用以区别数学物理学和物理化学。他提出数学化学应遵循多元方法论原则，发展新的数学理论以适用于化学研究，从而形成独特的跨学科研究方法，同时这还需要实验化学家的积极参与，才能避免传统的认识论障碍[37]。

（三）数学化学的发展

　　现代化学发展的一大趋势就是在实践经验的基础上积极发展理论，提高理论指导实践研究的能力，而数学方法及其抽象思维的大量应用，正为现代化学研究提供了得力手段和大力帮助。这种化学与数学协同作用的一个重要领域就是对称性问题的研究，如四面体碳概念、特定配位化合物的八面体对称结构、苯的六边形性质、光谱的解释等。图论和拓扑在无机结构化学中的应用及基于手性代数的化学集群研究，也都表明了数学在化学中发挥着越来越重要的作用，进而推动了数学化学学科的变革与发展[38]。

在《数学化学的哲学：个人观点》一文中，巴斯克（Subhash C. Basak）提出运用图形和矩阵等离散数学方法，对分子和大分子进行模型表征，进而量化分子的特征和属性。这种方法有助于更好地理解现代化学进步，实现化学定性概念的定量发展，阐明生物的化学结构基础[39]。不仅如此，巴拉班认为图论的化学应用，甚至可以消除一些无法解决的化学问题。他提出，使用图论寻找符合一定数学条件的图表以解决化学问题这一研究策略，与通过"福尔摩斯原则"分析排除不可能结果的解决方案是等价的。事实上，巴拉班参与了包括异构体计算、化学反应的数学处理、分子特征、富勒烯化学和纳米结构的数学运算等数学化学领域的研究，并为这个领域的发展做出了重要贡献[40]。

从19世纪至今，化学家一直努力尝试使用数学方法研究周期律和化学元素集合问题。应用于周期系统研究的数学理论包括数论、信息论、序论、集合论和拓扑等，每一种理论应用都可以提供一个数学结构的周期律。化学家雷斯特雷波和帕琼提出，利用现象学属性研究化学元素就能找到周期律解释，而无须把化学元素的概念还原为量子原子[41]。

数学的另一大应用在于所提供的形式化科学语言，便于化学的定量研究，该方法最早可以追溯到拉瓦锡时代。雷斯特雷波和维利亚维斯在《化学，一种语言哲学》一文中提出，拉瓦锡命名系统与莱布尼茨语言哲学具有相似之处，拉瓦锡和门捷列夫的命名法促进了代数系统化学集的形成，进而建立了现代化学语言。因此，雷斯特雷波和维利亚维斯主张使用元素网络理论和离散数学把化学语言与思想形式化，使化学由实验科学向理论科学过渡[42]。

数学化学不仅推动了化学的学科发展，在一定程度上也影响着数学的发展。那么数学化学可以在哪方面促进数学的发展呢？被普遍接受的一个例子是图论，因为在化学中的应用而得到显著发展。霍索亚（Haruo Hosoya）对这个问题做出了开创性研究。假设寻求可视化图形和结构公式的抽象化学思维与数学思维不存在本质上的区别，那么用来描述分子结构的拓扑指数和z-index就有助于进一步发展数论的抽象特性。霍索亚认为，富勒烯化学中的群论推理同样提升了数学常规多面体理论，完善了数学理论与抽象思维的发展[43]。

数学与化学的理论体系、认识论、方法论上的差别表明，数学化学还不是一门特别完善的学科，因此有关数学与化学关系的思考，数学方法在化学研究中的运用问题等值得化学哲学家进一步探讨。如果通过深层次的哲学分析，能够消除数学与化学的学科障碍，那么对两大学科的发展将会产生巨大的推动作用。

结　语

上文对化学伦理学、化学美学和数学化学中的哲学问题这三大主题内容作了具体论述，揭示了当代化学哲学研究的最新进展与热点问题。从中可以看出，化学哲学已经从传统的基础化学哲学问题研究，转向跨学科的讨论，并逐步走向化学与社会互动的领域。

化学哲学产生于科学活动日益超越学科边界转向问题研究的时期，当中涉及的许多化学问题都需要化学哲学家认真思考。如果科学哲学是对科学的哲学反思，那就没有必要像物理哲学家那样界定科学哲学是认识论的、方法论的还是形而上学的推理论证了。哲学是一个丰富的领域，像化学这样的科学有更多有趣甚至是紧迫的问题，有待哲学家去思考和处理。一旦哲学的所有适用范围都被科学哲学普遍认可，那么化学哲学中的研究主题会大量涌现。

参考文献

[1] 金吾伦. 简介西方化学哲学研究情况. 化学通报，1980，（12）: 60-63.

[2] Schummer J. Mitteilungsblatt des arbeitskreises "philosophie und chemie". Hyle, 1995, （1）: 1-2.

[3] 邢如萍，桂起权. 化学哲学研究的新走向. 哲学动态，2008，（12）: 54-60.

[4] Böschen S. DDT and the dynamics of risk knowledge production. Hyle, 2002, （2）: 79-102.

[5] Jacob C, Walters A. Risk and responsibility in chemical research: The case of agent orange. Hyle, 2005, （2）: 147-166.

[6] Kovac J. Professionalism and ethics in chemistry. Foundation of Chemistry, 2000, （3）: 207-219.

[7] Kovac J. Gifts and commodities in chemistry. Hyle, 2001, （2）: 141-153.

[8] Eriksen K K. The future of tertiary chemical education—A bildung focus? Hyle, 2002, （1）: 35-48.

[9] Coppola B P. The technology transfer dilemma. preserving morally responsible education in a utilitarian entrepreneurial academic culture. Hyle, 2001, （2）: 155-167.

[10] Bauer H H. "Pathological Science", is not scientific misconduct(nor is it pathological). Hyle, 2002, （1）: 5-20.

[11] Laszlo P. Handling proliferation. Hyle, 2001, （2）: 125-140.

[12] Schummer J. Ethics of chemical synthesis. Hyle, 2001, （2）: 103-124.

[13] Del Re G. Ethics and science. Hyle, 2001, （2）: 85-102.

[14] Davis M. Do the professional ethics of chemists and engineers differ? Hyle, 2002, （1）: 21-34.

[15] Chevalley C. Physics as an art: The german tradition and the symbolic turn in philosophy, history of art and natural science in the 1920s. Boston Studies in the Philosophy of Science, 1997, (182): 227-249.

[16] HeisenbergW. "Abstraction in Modern Art and Science", Across the Frontiers. Peter H trans. New York: Harper & Row, 1974: 142-153.

[17] Laszlo P. Foundations of chemical aesthetics. Hyle, 2003, (1): 11-32.

[18] Schummer J. Aesthetics of chemical products: Materials, molecules, and molecular models. Hyle, 2003 (1): 73-104.

[19] Schummer J. Gestalt switch in molecular image perception: The aesthetic origin of molecular nanotechnology in supramolecular chemistry. Foundation of Chemistry, 2006, (1): 53-72.

[20] Hoffmann R. Thoughts on aesthetics and visualization. Hyle, 2003, (1): 7-10.

[21] Root-Bernstein R. Sensual chemistry: Aesthetics as a motivation for research . Hyle, 2003, (1): 33-50.

[22] Spector T I. The molecular aesthetics of disease: The relationship of AIDS to the scientific imagination. Hyle, 2003, (1): 51-71.

[23] Spector T I. The aesthetics of molecular representation: From the empirical to the constitutive. Foundation of Chemistry, 2003, (3): 215-236.

[24] Kretzenbacher H L. The aesthetics and heuristics of analogy: Model and metaphor in chemical communication. Hyle, 2003 (2): 191-218.

[25] Elkins J. Four ways of measuring the distance between alchemy and contemporary art. Hyle, 2003, (1): 105-118.

[26] Obrist B. Visualization in medieval alchemy. Hyle, 2003, (2): 131-170.

[27] Knight D. "Exalting understanding without depressing imagination": Depicting chemical process. Hyle, 2003 (2): 171-189.

[28] Tromble M. The advent of chemical symbolism in the art of Sonya Rapoport. Foundation of Chemistry, 2009, (1): 51-60.

[29] Spalding D, Spector T I. Between chemistry and art: A dialogue. Hyle, 2003, (2): 233-243.

[30] Restrepo G, Villaveces J L. Mathematical thinking in chemistry. Hyle, 2012, (1): 3-22.

[31] Deltete R J. Georg Helm's chemical energetics. Hyle, 2012, (1): 23-44.

[32] Gavroglu K, Simões A. From physical chemistry to quantum chemistry: How chemists dealt with mathematics. Hyle, 2012, (1): 45-69.

[33] Restrepo G. To mathematize, or not to mathematize chemistry. Foundation of Chemistry, 2013, (2): 185-197.

[34] Restrepo G, Villaveces J L. Discrete mathematical chemistry: Social aspects of its emergence and reception. Hyle, 2013, (1): 19-33.

［35］Klein D J. Mathematical chemistry! Is it？ And if so, What is it？ Hyle, 2013, （1）: 35-85.

［36］BalabanA T. Reflections about mathematical chemistry. Foundation of Chemistry, 2005, （3）: 289-306.

［37］Schummer J. Why mathematical chemistry cannot copy mathematical physics and how to avoid the imminent epistemological pitfalls. Hyle, 2012, （1）: 71-89.

［38］King R B. The role of mathematics in the experimental / theoretical / computational trichotomy of chemistry. Foundation of Chemistry, 2000, （3）: 221-236.

［39］Basak S C. Philosophy of mathematical chemistry: A personal perspective. Hyle, 2013, （1）: 3-17.

［40］BalabanA T. Chemical graph theory and the sherlock holmes principle. Hyle, 2013, （1）: 107-134.

［41］Restrepo G, Pachón L. Mathematical aspects of the periodic law. Foundation of Chemistry, 2007, （2）: 189-214.

［42］Restrepo G, Villaveces J L. Chemistry, a lingua philosophica. Foundation of Chemistry, 2011, （3）: 233-249.

［43］Hosoya H. What can mathematical chemistry contribute to the development of mathematics？ Hyle, 2013, （1）: 87-105.

数学哲学中的自然主义*

康仕慧　白晓彤

　　自然主义在当代哲学中影响深远，尤其成为当代分析哲学中的一种主流思潮，这种思想深刻地影响了当代数学哲学的发展。20世纪70年代以来，美国哲学家贝纳塞拉夫（Paul Benacerraf）提出至今还令数学实在论者感到棘手的认识论挑战。蒯因（W. V. Quine）提出的不可或缺性论证作为对数学实在论的本体论和认识论的辩护对此做出回应，科学自然主义的思想由此进入数学哲学。1990年，麦蒂（Penelope Maddy）不满足于仅用科学的标准解释数学实践，从而在蒯因的基础上发展出自然主义集合实在论，开了数学自然主义的先河；1997年，麦蒂认识到自身实在论的弱点，完全脱离了蒯因的科学自然主义，形成了一种彻底的数学自然主义思想；随后的2007年和2011年，麦蒂提出了更完善的"第二哲学"的数学自然主义，形成了数学哲学中系统的数学自然主义理论，吸引哲学家们将注意力从传统"第一哲学"的本体论与认识论问题转移到数学实践中的数学方法论和客观性问题，影响颇大。麦蒂的思想带动了一批哲学家研究数学哲学、数学实践、科学实践之间的关系，并深刻地影响了数学哲学的发展方向——关注数学实践。与麦蒂不同，叶峰注意到蒯因的科学自然主义并不彻底，从而提出一种彻底的科学自然主义，即一种带有物理主义倾向的自然主义。至此，数学中的自然主义是什么、自然主义是否能进一步推动解决传统数学哲学问题的进程及是否能为探清数学哲学的未来走向提供新的启迪，成为引起我们深思的一个重要问题。

一、数学哲学中自然主义的缘起及发展

　　把自然主义思想带入数学哲学中的哲学家无疑是蒯因。自蒯因之后，自然主义是否能把传统的数学哲学问题自然化、自然化的数学哲学是否可能、数学世界是否存在、数学中是否存在真理、数学和科学之间有何异同等一系列问题引起了

---

* 原文发表于《科学技术哲学研究》2015年第2期。
　康仕慧，山西大学科学技术哲学研究中心副教授，研究方向为数学哲学；白晓彤，山西大学科学技术哲学研究中心硕士研究生，研究方向为数学哲学。

学界深入的讨论。在此基础上，作为对蒯因自然主义的继承和批判，数学哲学中出现了以麦蒂为代表的数学自然主义（方法论的自然主义）和以叶峰为代表的物理主义的自然主义（本体论和认识论的自然主义）。无论是哪种自然主义，它们其实都与哲学史上传统的对哲学、科学、数学的本质、实在世界，以及我们人类如何认识世界等基本问题进行长期深入的思考具有直接的渊源。

（一）数学哲学中自然主义的缘起

20 世纪 60～70 年代，美国哲学家贝纳塞拉夫发表的两篇论文——《数不能是什么》和《数学真理》拉开了对数学柏拉图主义挑战的序幕。为了对数学实在论进行辩护，蒯因对科学自身进行科学研究，基于数学在科学中的不可或缺性，通过"科学自然主义""确证整体论"和"本体论承诺"三个前提，论证了数学对象存在，数学中存在真理。这种数学实在论的信念要归根于蒯因对科学方法的高度尊重和信赖，其思想被称为科学自然主义。

蒯因科学自然主义思想的起源可以追溯到笛卡儿时代。笛卡儿在 1641 年出版的《第一哲学沉思集》中试图为所有的知识提供一个基础，而这个基础就是哲学。笛卡儿哲学的核心是怀疑，怀疑常识、经验甚至科学，他强调理性并试图以哲学理性的批判和反思的功能为上述知识提供更坚实的基础。因此，在某种程度上，"传统哲学的目标是要把科学奠定在某种安全的、科学之外的基石之上：自笛卡儿以来的哲学家已经做出了这种努力"[1]178。然而，随着科学逐渐从哲学的母体中分离出来，哲学渐渐失去了昔日的尊贵地位。与科学的精确性和巨大成功相比，传统的哲学争论似乎并没有取得实质性进展。相反，科学的观念却逐渐渗透进哲学中。到了 20 世纪，随着哲学中"语言转向"的到来和逻辑实证主义的兴起，形而上学问题由于不能用逻辑和实证的方法加以确证从而被认为是无意义的，需要清除。卡尔纳普为此提出了语言框架的概念，区分了关于追问实体存在的内部问题和外部问题。他在《经验主义、语义学和本体论》（1950）一文中阐述道："现在我们必须区分两种存在性问题：首先，框架内的某些新种类的实体的存在性问题，我们称之为内部问题；其次，涉及作为一个整体的实体系统的存在性或实在问题，称为外部问题。"[2]242 在卡尔纳普看来，在语言框架内谈论实体的存在性问题是科学问题，在语言框架外谈论实体的存在性问题是哲学问题，是伪问题。蒯因继承了卡尔纳普的思路，但又与卡尔纳普有所不同。蒯因总体的哲学目标是反对"第一哲学"，但是他承认传统的哲学追问是有意义的，传统的本体论和认识论问题都可以在科学的框架内被自然化，从而被转化为科学问题得以解决。

在蒯因的科学自然主义规划中，数学被看作科学的一部分，接受经验的整体确证，由于数学在科学中不可或缺，科学语言在本体上承诺了数学实体，从而数学对象存在。由此，自然主义正式进入数学哲学。

（二）数学哲学中自然主义的发展

在蒯因的影响下，传统的数学本体论和认识论问题，以及数学方法论问题都在自然主义的名义下得到了研究。由此，产生了对上述问题进行解释的方法论的自然主义（包括蒯因的科学自然主义和麦蒂的数学自然主义），以及本体论和认识论的自然主义，即叶峰的物理主义的自然主义。

1. 科学自然主义

在蒯因看来，我们研究世界的最佳理论是科学理论，最佳方法是科学方法，不存在比科学方法更好的所谓第一哲学的方法。蒯因将"自然科学看作是对实在的探究，是可错的和可纠正的，但是它不对任何超科学的裁决负责，并且不需要任何超越于观察和假说－演绎方法之上的确证"[3]72。

对于数学在他的自然主义中的地位，蒯因用一张"信念之网"来比喻。蒯因认为数学是科学的核心部分。相对于物理学、化学等自然科学，他将数学放在"信念之网"的中央，每个信念之间通过逻辑或语言的方式连接，而感觉经验处于信念之网的边缘，我们通过感觉经验来修改我们的"信念之网"中的内容。而整个科学理论通过"信念之网"来预测未来的经验。由此可见，在蒯因心目中，数学是极其重要的，我们不能想象没有数学的自然科学是什么样子。而就在这时，贝纳塞拉夫的两篇文章对数学的实在论提出了挑战，自此拉开了蒯因为数学实在论辩护的序幕。

为了回答贝纳塞拉夫对数学实在论提出的认识论挑战，蒯因以科学自然主义、确证整体论和本体论承诺原则为前提，提出不可或缺性论证，从而说明数学对象的存在。为数学实在论辩护的具体论证如下。

首先，蒯因认为数学是科学的一部分，既然科学的本体论和认识论问题需要科学自身来解决，那么数学作为科学的一部分也需要在科学内部解决，这就需要自然科学的经验。在我们运用自然科学经验的同时，我们必须承认自然科学在我们对世界的解释中是成功的，这就需要"确证整体论"。

其次，蒯因认为"我们关于外在世界的陈述不是个别的而是仅仅作为一个整体来面对感觉经验的法庭"[4]42。蒯因所提出的"信念之网"正是科学理论的真实写照。当我们的"信念之网"通过感官经验的修改能够很好地解释世界的时候，我们就认为科学理论是成功的。如果我们确证了整个科学理论，那么数学作为科学的一部分也被确证了。然而，怎么能够说明数学对象存在于科学理论之中并且我们可以认识到呢？为此，蒯因提出了"本体论承诺原则"进行解释。

最后，蒯因提出了"本体论承诺"这一原则："存在就是一阶变元的值。""为了表明某一给定对象在一个理论中是被需要的，我们所必须表明的事情恰恰就是：为了保持该理论的真理性，那个对象必须处于约束变项所涉及的那些取值之中。"[5] 419

由此，蒯因通过数学对于我们的科学理论是不可或缺的说明了数学对象的存在，进而回答了贝纳塞拉夫对数学实在论的挑战。然而，蒯因的科学自然主义并没有像他预期的那样为数学的实在性进行辩护获得成功，在此之后，麦蒂提出了针对数学的数学自然主义。

2. 数学自然主义

麦蒂认为蒯因仅仅通过确证科学理论来说明数学对象的存在是不合适的，她认为，数学家有着自己的方法和原则，他们在自己的方法与原则下进行数学公理的推导，在这个意义下，数学对象对于数学家来说是存在的。但如何在哲学上为数学的实在性进行辩护成为一个棘手的问题。她通过关注数学中的集合论试图为数学实在论提供一种辩护，具体论证策略如下。

数不是集合，而是集合的属性（本体论回答）。

将数学对象带入到我们的感官世界当中，与我们的认知器官相关联（认识论回答）。

首先，对于数是否是集合的问题，哥德尔和贝纳塞拉夫都持有不同的观点。显然，麦蒂同意后者"数不是集合"的观点。麦蒂认为"数的知识就是集合的知识，因为数是集合的性质。反过来，集合的知识预先假定了数的知识"[6] 89。其次，认识论的目标是描述和说明人类信念形成的机制，而麦蒂将这种认识机制归结为因果机制。麦蒂认为数和集合存在于时空之中，人类通过对象对视网膜的刺激，传递到神经中枢细胞，通过细胞的集结形成认知信念。由此，麦蒂形成了她的自然主义集合实在论。

之后，麦蒂认识到自身实在论的弱点，通过对自然科学和数学实践的观察，在脱离蒯因的科学自然主义的基础上提出一种"第二哲学"的自然主义思想。麦蒂认为哲学应该处于常识和科学之后，常识和科学第一，哲学第二。"第二哲学家将感知看作是中等尺度物理对象存在的一种最可靠的向导，在认真考虑黑洞是否存在时将查阅天文学观察和理论，将知识问题看作是涉及了世界和人类之间的关系，世界是在物理学、化学、光学、地质学等科学中所理解的世界，人类是在生理学、认知科学、神经科学、语言学等科学中所理解的人类。笛卡儿的沉思者从拒绝科学和常识开始，希望靠哲学方法为科学和常识提供更坚实的基础，但是我们的探究者以科学的方式行进，试图靠诉诸科学资源回答甚至是哲学问题。"[7]18-19 这就是第二哲学家思考问题的方式。对数学而言，麦蒂的数学自然主义强调"数学不对任何数学之外的裁决负责，并且不需要任何超越于证明和公理方法之上的确证。数学既独立于第一哲学，也独立于自然科学（包括与科学相连续的自然化的哲学）——简言之，独立于任何外在的标准"[1]184。为此，麦蒂通过考察集合论自身的方法探讨了传统的数学本体论和认识论问题。同时，她还引入与集合论实践相容的单薄实在论（Thin Realism）和非实在论（Arealism）立场。通过回答集合论的适当方法是什么和传统的哲学争论来实现严格的数学自然主义的进路。

对于第一个问题，麦蒂认为集合论方法就是适当的方法，既是理性的又是自主的。对于第二个问题，麦蒂认为可以有两种同时存在的立场。比如，单薄实在论主张集合存在，集合论是关于集合的真理体系，集合论方法就是这种探究的可靠方法。其理由是，"集合仅仅是集合论描述的事物……关于集合的问题，集合论是唯一相关的权威"[8]61。也就是说，单薄实在论认为集合论方法是通向有关集合事实的可靠通道，没有外在的保证是必要的或者可能的。为此，麦蒂为单薄实在论找了认识论的支撑，即集合就是集合论告诉我们的东西，集合是通过集合论方法被认识到的。另外，非实在论主张我们没有充分的证据能表明集合存在且集合论是一项发现集合论真理的事业。这是因为，集合论的发展就像群这个概念的发展一样，它们都是为了实现某个特定的数学目标，或者为了解决特定的数学问题，或者为了扩展数学，是一种特定的数学活动。比如，"康托尔扩展了我们对三角表示（trigonometric representation）的理解；戴德金推进了抽象代数的发展；策梅洛提供了一个数学上重要实践的明确基础；当代的集合论家正在努力解决连续统问题"[8]89。于是，麦蒂通过单薄实在论和非实在论说明了"第二哲学"的数学自然主义的根本立场：对于集合论的分歧和挑战，不在集合论内部，而在哲学方面。

简言之，麦蒂的数学自然主义强调了数学实践的重要性，将人们的视线从对哲学的本体论和认识论问题的讨论转移到了数学实践的方法论层面。

3. 物理主义的自然主义

继蒯因和麦蒂之后，叶峰提出一种彻底的科学自然主义，即物理主义的自然主义观点。叶峰以自然科学为基础，以"哲学是世界观的学问"为出发点，从接受方法论自然主义自然推出接受本体论自然主义的物理主义。

首先，方法论自然主义认为我们的科学方法是我们认识世界最好的方法，科学的结论是我们认识世界的证据。叶峰认为心灵是大脑的功能，人们通过大脑中神经元的活动与我们周围环境世界相连接，通过相互作用从而认知我们周围的世界。叶峰主张人类自身是自然事物，人类对自然事物的认知过程是自然过程，我们的大脑不能怀疑我们自身的存在，自然主义应该是一种"无我"的世界观。一方面，叶峰通过科学的成功来直接说明科学方法的可靠性，它将一副这样的画面呈现在人们眼前：物理学对物质终极构成的描述；生物学对人类进化的描述等，都是我们的科学方法所给予的。所以我们有充分的理由相信我们的科学方法。另一方面，他通过解释规范性、本体性等问题间接地回答了学者对方法论自然主义的疑虑。与哲学方法相比，科学方法以非常细致和实证的策略在竞争中胜出，传统上哲学讨论的问题都可以借助于科学逐步得到解决。因此，方法论自然主义主张科学方法相对其他途径而言是更有效、更可靠的方法，它产生的科学结论相对来说更可信。

其次，既然方法论自然主义告诉我们关于世界的最可信的方法是科学方法，那么能揭示世界真相的就是科学理论，而不是哲学。因此，传统的哲学所探究的形而上学和认识论都可以被自然化，在现代科学的范畴内得以继续研究。叶峰从优胜劣汰的视角对此进行了论述："今天的哲学学者应该修正他们的心态。他们应该放弃哲学是最高深的学问、能揭示世界的真相这种幻想。今天的科学就是以前的哲学中成功的部分，而以前的其他那些哲学体系则是被科学淘汰了的东西。能揭示世界的真相是科学，而不是那些被科学淘汰了的过往哲学体系。"[9]31 因此，本体论自然主义认为不存在超自然的事物，只有科学描述的事物才存在，其更具体的一种表现形式是物理主义。按照物理主义，"存在着的事物最终都由现代物理学中研究的物理对象构成，事物的所有属性都随附于（supervene on）物理属性，物理定律是描述世界的终极定律"[9]2。由此可知，物理主义就是一种完备的世界观，我们可以通过物理主义的自然主义解决哲学的基本问题。对于数学的本体论问题，叶峰认为，物理学家对宇宙事物的描述都是普朗克常量以上的事物，对于普朗克常量以下的事物我们不知道它们是否存在，对于数学对象这种抽象对象，我们是观察不到的，那么根据现代科学结论，对于宇宙中存在像数学家所谓的无穷多个这样的抽象对象，我们就不能轻易相信，也就是说没有证据证明实无穷存在。因此，"没有所谓独立于物质世界的抽象对象、抽象概念；即使有，它们也不可能被物质的大脑认识到或指称到"[10]81。

综上，叶峰在不满足蒯因和麦蒂的自然主义的前提下，认为他们的自然主义要么不彻底，要么与自然主义的基本信念相冲突，是不一致、不彻底的自然主义。为此，他试图提出自然主义的一整套规划，在现代科学的框架中将传统哲学的本体论、认识论与方法论问题彻底自然化，并将其数学哲学思想称为自然主义数学哲学。

二、数学哲学中自然主义的困境

数学哲学中自然主义的发展让我们看到了不同角度下对数学所做的自然主义解释。科学自然主义、数学自然主义和物理主义的自然主义都试图对数学的本体论、认识论和方法论自然化。虽然他们都在自然主义的名义下对数学的哲学问题进行了回应，实际上自然主义背后隐含的更深刻的问题则是数学、哲学、科学的范围和限度，以及相互之间的关系，自然主义的解释依然有许多令人不能满意之处。下面我们进行具体剖析。

（一）科学自然主义的困境

蒯因的科学自然主义为解释应用数学提供了很好的辩护，对数学实在论进行了有力论证，但在此过程中，以经验观察和整体论为前提的科学自然主义自身依然存在着不可避免的诸多问题。

首先，蒯因没有对数学知识的必然性和确定性进行解释。我们对数学的传统观念是数学知识是必然的和确定的。由于蒯因是一个经验主义者，他把数学放在"信念之网"的中央，认为数学对每个网中的节点都有作用，如果要根据观察经验来修改网中不符合经验的数学部分，那么将对网中其他部分造成破坏。这样看来数学似乎是必然的，但蒯因却坚持认为数学知识是可修改的。修改了数学知识会造成"信念之网"整体失去平衡，而不修改数学知识会造成其整体思想根基的动摇，对于这种两难境地，蒯因并没有很好地解决。

其次，蒯因没有为数学在科学中的作用做细节上的说明。蒯因－普特南的不可或缺性论证只是说明数学对于我们的科学理论是不可或缺的，但对于数学如何应用在科学中却没有提及。相反，"蒯因和普特南把可应用性视为一个事实——一类哲学论据——并从中得出有关数学的本体论和语义学的结论"[11]213。蒯因认为在科学中找到应用的那部分数学是可接受的，但对于在科学中没有找到应用的那部分数学，蒯因持摒弃态度，这样就会产生一个问题：我们要如何解释这些非应用数学问题？我们不能仅仅通过数学在科学中的部分应用就断言科学确证了数学。

最后，蒯因的论证过程自相矛盾。蒯因拒绝以"第一哲学"的方式探讨世界，认识世界。但蒯因的科学自然主义理论仍然是按照"第一哲学"的探讨模式进行的。蒯因主张要以自然科学的方式对数学对象的存在进行探究，不需要任何超越于观察和假说－演绎的方法。但对于数学对象我们是看不到的，因此我们无法用观察和假说－演绎的方法来判别数学对象是否存在。另外，蒯因又通过不可或缺性论证说明数学对象存在。这样的矛盾使得蒯因的科学自然主义并不彻底。

（二）数学自然主义的困境

麦蒂提出的数学自然主义的核心基础是数学实践，她试图按照数学内部的标准对传统的数学本体论、认识论和方法论问题进行评判，仿效蒯因将这些问题自然化为数学问题。然而，麦蒂的这种数学自然主义设想本身依然存在着不可避免的内在冲突。

数学自然主义存在着强化数学、弱化哲学的倾向，在将哲学问题数学化的同时，并没有明确数学和哲学的分界线，实质上是回避了对传统数学本体论和认识论问题的追问，但又对哲学如何在方法论问题上有所作为没有给出进一步的说明。

麦蒂宣称："尽管一些有关自然科学的传统的认识论和本体论问题能被自然化为科学问题，但是似乎并没有有关数学的传统认识论问题能被自然化为数学问题，只是那些最少量的有关的数学的本体论才能被自然化为数学问题。"[1]192 但正如前所述，麦蒂又提到数学不需要任何超越证明和公理方法之上的确证，确证问题从哲学传统上而言属于认识论范畴。由此可知，麦蒂一方面宣称数学的认识论问题不能自然化，一方面又认为可以自然化，这样麦蒂在数学的认识论问题究竟能不能自然化为数学问题方面并没有一个确切的结论。至于数学的本体论方面，麦蒂基于集合论实践，得出两种不同的第二哲学立场：单薄实在论和非实在论，由此宣称数学实践并不能逻辑地推出一种确定的哲学立场。由此我们又可以得知，麦蒂一方面认为数学的本体论问题可以自然化，但一方面又无法实现自然化，因此，麦蒂在数学的本体论问题究竟能不能自然化为数学问题方面其实也并没有一个确切的结论。至于方法论层面，像数学中是否应该允许非直谓定义，选择公理是否应该被采纳这样的问题属于数学中的方法论争议，而关于非直谓定义和选择公理的实在论和构造主义之间的分歧属于哲学争论。麦蒂认为，"这些方法论争论已经被解决了，但是哲学争论没有，由此得知，方法论争论并不是在哲学考虑的基础上被解决的"[1]191。麦蒂最后总结道，"我提议一种非常不同的进路——很大程度上是非哲学的（non-philosophical）（但不是反哲学的（anti-philosophical））——从形而上学转向数学"[1]233。由此可以看出，麦蒂的整个自然主义规划试图回避传统的哲学问题，而转向与数学实践相关的方法论问题。但正如她自己所言，她感兴趣的是数学内部的方法论问题。那么我们就要进一步追问，她给哲学留下了什么位置？

总之，麦蒂的数学自然主义虽然提议数学哲学应该足够重视与数学实践之间的关系，该提议无疑是非常重要的。但是，她的提议又显然没有给哲学留下充足的地盘，哲学究竟能起什么作用？如果我们把注意力转向了数学方法论，那么对于数学哲学而言，它如何为数学实践提供启示呢？毕竟，麦蒂认为哲学仍然有非常重要的价值，她提议的是非哲学，而不是反哲学。这也许是数学自然主义最大的不足。

（三）物理主义的自然主义的困境

物理主义的自然主义提倡以物理主义的角度解释世界，主张只有科学断定存在的东西才存在。对于像数学所研究的拓扑空间、无穷等这些抽象对象，在我们有穷、离散的物理世界中找不到与之相对应的事物，所以物理主义的自然主义者对它们的实在性提出质疑。物理主义的自然主义是一种彻底的科学自然主义，它试图把数学的本体论和认识论问题彻底自然化为科学问题。这个规划看似宏伟，实则存在一些无法解释的困难。

首先，在本体论自然主义方面，叶峰通过抽象对象在物理世界中找不到对应的实例就判断抽象对象不存在于物理世界中的结论显得有点仓促。正如他所言，"本体论自然主义是方法论自然主义的本体论结果"[9]2。因此，物理主义的自然主义对科学方法持有高度尊重和信任，即使科学方法自身具有纠错的机制。不过，我们早已从休谟那里知道，科学方法虽然是我们认识世界的最佳方法之一，但是科学方法所依赖的归纳却具有自身不可克服的认识上的逻辑缺陷。此外，科学的一个很重要的特征是实证。也就是说，经验自然科学只能断定到目前为止它所认识到的世界。至于世界本身是什么样子，世界究竟是有穷的还是无穷的，是否存在着一个不同于物质世界的抽象世界，这些问题本身并不能完全用科学的方式加以回答。正如叶峰自己所言，自然主义是一种"极小主义"[10]90，方法论自然主义不是武断的教条或信仰，而是谨慎的态度[9]8。既然是极小主义，既然谨慎，从逻辑上而言接受了经验证实的经验自然科学无法断定非经验自然科学研究的对象不存在。虽然科学取得了极大进展，然而我们对于世界的认识还是极其有限的。方法论自然主义者如果真的持有一种谨慎的态度，那么他应当持有科学的怀疑、批判、想象力、开放的心态，对世界的各种研究敞开自由的大门。毕竟数学方法不同于科学方法。而且，一些现实的科学家也承认数学是一项探求真理的事业。何况，科学本身也用到了数学方法。因此，这个世界的真相究竟能不能仅用科学的方法就加以断定似乎还值得商榷。

其次，物理主义的自然主义在解释数学知识时并不与数学实践相符。"物理学和心理学等自然科学有一套关于'我'和关于'心灵'的解释，所以在解释人类知识的原理，包括数学知识的原理时，这些科学的'证据'要比数学自身的证据有更优先的地位。"[12]21 叶峰把数学看作一种想象的知识，然而从数学史可以看出，有很多数学家恐怕并不会认同。因此，物理主义的自然主义并不是很成功。

虽然物理主义的自然主义努力地尝试对我们人类的知识进行解释，但我们不能将物理主义至上的这种信念强加在我们对世界的认知当中，特别是在数学上。"数学实践根本上不能以物理主义的数学哲学来解释，不管是数学这门科学自身的发展，还是数学家对这些发展的反思。都拒绝把数学看作是人类大脑的想象，哪怕是不同于小说的有着诸多限制的想象。"[12] 59

三、数学哲学中的自然主义去往何处

数学哲学发展至今已经有很多学者以自然主义的方式阐释数学，无论是蒯因的科学自然主义还是麦蒂的数学自然主义，或者是叶峰的物理主义的自然主义，都尝试以各自的信念框架描述数学和解释数学。无论是哪种派别的自然主义，无疑都对当代数学哲学的发展起到了启示和推进的作用。

虽然我们前述分别对蒯因的科学自然主义、麦蒂的数学自然主义和叶峰的物理主义的自然主义的一些内在缺陷进行了分析，但需要肯定的是，他们三人都对数学的哲学问题做了严肃认真的思考，试图在自然主义的框架下解决传统的哲学问题，为数学哲学的未来发展指明一种可能的方向。在这个意义上，这三位哲学家的工作是开创性的。蒯因站在现代科学的基础上，提出一种对科学（包括数学）进行的科学研究，试图把科学的本体论、认识论和方法论问题在科学内部自然化，对传统哲学的探究方式提出质疑，开了科学自然主义的先河。麦蒂则在蒯因的基础上另辟蹊径，试图把数学的本体论和认识论问题自然化为数学问题，把数学哲学传统的对形而上学和认识论的追问转移到与数学实践关系更为密切的方法论和客观性问题上来。麦蒂同样反对"第一哲学"的先验思辨，认为数学自然主义者应该从数学自身的目标和为实现这些目标所采用的方法进行深入思考，以期和数学家们一起进入数学实践内部探求数学的方法论问题。不过，麦蒂在把自己的数学自然主义称为"第二哲学"的同时，也尊重科学及科学的方法。实际上，麦蒂的"第二哲学"是数学自然主义和科学自然主义的一种混合物。叶峰的物理主义的自然主义则在"哲学是世界观"的前提下展开了一系列宏伟的规划，几乎囊括了全部的哲学问题，包括形而上学、认识论、语言、心灵、逻辑、价值、伦理、宗教、美学、科学哲学等相关问题，叶峰都期望把这些哲学问题自然化，在自然主义的框架下对这些问题进行解释。叶峰以极其自信的方式向传统哲学发起了挑战，在现代科学的精神下提出了"无我"的世界观。无论如何，这种构想是革命性的。如果说蒯因在反对"第一哲学"的时候，提出了把传统的哲学问题自然化为科学问题，但他最终仍然没有脱离"第一哲学"的传统思考方式；麦蒂心里虽然希望像蒯因那样将数学的哲学问题自然化为数学问题，然而麦蒂仍然为"第一哲学"保留了地盘，似乎她自己没有这种能力解决传统的形而上学和认识论的追问，提出了数学哲学中的另一种走向；与蒯因和麦蒂不同，叶峰则以一种非常肯定和彻底的方式对传统哲学发起了来自科学的挑战，如果叶峰的规划真的成功了，那么哲学岂不是真的"死亡了吗"？

或许，数学哲学中的自然主义留给我们的并不是一种具体的哲学立场和观点，而是对不仅仅是数学哲学，甚至是对传统哲学探究方式及传统哲学追问的一种严肃思考。存在着一个不同于物质世界的抽象数学世界吗？科学真的是认识、理解和解释世界的最佳途径吗，数学的目标和方法是什么？哲学的目标和方法是什么，科学的目标和方法是什么，哲学还是认识世界的方式吗，哲学的追问和方法还能为我们带来启迪吗，数学和科学相同吗……自然主义留给了我们一连串深深的思考，当然现在关于上述问题依然没有一个确切的答案，不过这些问题在我们探寻的过程中会逐步清晰起来，虽然有可能这是一个极其漫长的过程。因此，到现在为止下结论还为时过早，毕竟我们对世界和自身大脑的认识还极其有限。如果自然主义是秉持一种科学精神的话，他们理应具备一种开放自由的态度，而不是科学独断论，允许各门学科进行自由探索，或许这才是自然主义的要旨所在。

参考文献

[1] Maddy P. Naturalism in Mathematics. New York: Oxford University Press, 1997.

[2] Carnap R. Empiricism, smantics, and ontology// Benacerraf P, Putnam H. Philosophy of Mathematics (2nd) . New York: Cambridge University Press. 1983.

[3] Quine W V. Theories and Things . Cambridge: Harvard University Press, 1981.

[4] 蒯因 . 从逻辑的观点看 . 陈启伟，江天骥，张家龙，等译 . 北京：中国人民大学出版社，2007.

[5] 蒯因 . 存在与量化// 涂纪亮，陈波 . 蒯因著作集 . 第二卷 . 北京：中国人民大学出版社，2007

[6] Maddy P. Realism in Mathematics. New York: Oxford University Press, 1990.

[7] Maddy P. Second Philosophy: A Naturalistic Method. New York: Oxford University Press, 2007.

[8] Maddy P. Defending the Axioms: On the Philosophical Foundations of Set Theory. New York: Oxford University Press, 2011.

[9] 叶峰 . 为什么相信自然主义及物理主义 . 哲学中的基础思维讨论会 - 武汉回合 II——自然主义，2010.

[10] 叶峰 . 二十世纪数学哲学：一个自然主义者的评述 . 北京：北京大学出版社，2010.

[11] 斯图尔特·夏皮罗 . 数学哲学 . 郝兆宽，杨睿之译 . 上海：复旦大学出版社，2009.

[12] 郝兆宽 . 不自然的自然主义 . 自然辩证法通讯，2013，35（3）：20-33.

整体论与生态系统思想的发展 *

赵 斌 张 江

一、整体论与系统生态学的兴起

在 20 世纪初，整体论作为一种哲学认识，可追溯至南非政治家斯马茨（Jan Christiaan Smuts）那句著名的"整体大于各部分之和"，斯马茨提出"一个整体是各部分的综合或统一，它影响着这些部分的活性和相互作用，赋予了这些部分新的结构，进而改变了这些部分的活性与功能"[1]。这种观点认为，自然界作为一个系统，具有下向的因果关系，以及突现和目的性的特征。

而就生态学来说，克莱门茨（Frederic Edward Clements）被视为首个在生态学中提炼出整体论和机体论视角的生物学家。1916 年，克莱门茨的研究成果《植被演替》出版，正式提出了植物群落概念，将之视为一种具有生理完整性的复合体，并且提出"超个体"（superorganismic）群落是在逐步和有序发展之后达到成熟稳定阶段的具有稳态特性的实体。1929 年，他与同事一起提出植物之间的主要机制是竞争，它控制着群落的形成。1936 年，他又对顶级群落的性质和结构做了详细介绍。

大约在同一时期，约翰·菲利普（John Philips）采纳了克莱门茨的观点，并思考一种将动物排除在外的生物群落概念[2]。1934 ~ 1935 年，他为"顶级"（climax）概念辩护，将之视为处于动态平衡之中的"综合生物群落"（integrated biotic community）的唯一适当描述。1926 年，植物生态学家库珀（William S. Cooper）也表达了类似的想法，认为生物体与它们的环境构成了一个系统，因为涉及某一事件的要素也会与其他要素相关[3]。

生态学在最初的几年表现出高度的整体论倾向。然而，尽管克莱门茨式整体论占有主导地位，但也遭到质疑。1935 年，"生态系统"这个词最早正式出现在英国生态学家坦斯利（Arthur George Tansley）的著名论文《植被概念和术语

* 原文发表于《科学技术哲学研究》2015 年第 5 期。
　赵斌，山西大学科学技术哲学研究中心副教授，研究方向为科学哲学、生物学哲学；张江，山西大学科学技术哲学研究中心硕士研究生，研究方向为生态学哲学。

的使用与滥用》中。按其观点，生态系统是自然界的基本单元，一个生态系统是由生物群落其物理环境，以及复杂的生命和非生命成分之间所有可能的相互作用所构成。因此，相对于其他生物系统来说，非生命成分同样是生态系统的一部分[4]。坦斯利的论文发展了基于物理属性的机械自然观。系统成了克莱门茨研究的基本单位，现在它并不仅仅包括生物，无论是植物或动物，还包括"在最广泛意义上栖息地的因素"。坦斯利强调，任何动植物都无法与它们所处的特殊环境分开，这些包罗万象的方面共同构成了生态系统。坦斯利的观点连同林德曼（Raymond L. Lindeman）的"营养动力论"（trophic-dynamic aspect）共同构成了生态系统生态学的基础[5]。

　　早期整体论方法评论家格里森（Henry Allan Gleason）通过实验对克莱门茨的决定论表示怀疑，且断言，植物群丛与生物体并无相似之处，也不能与物种相比拟。格里森强调，植物群落是真正意义上的个体性现象，他将之描述为依赖环境选择作用及周边植物类型的一种暂时性、波动性和偶然性的聚集[6]。因此，格里森的研究标志着以群体为中心的生态学研究的开启。

　　在 20 世纪 60 年代初，生态学的发展出现了新趋势，那就是"系统"生态学。该研究的著名倡导者为奥德姆兄弟，他们反对科学与技术领域中的还原论。在其初期著作《生态学基础》中，尤金·奥德姆（Eugene Pleasants Odum）认为生态系统是生态学的基本功能单元。该单元包括在给定区域中与物理环境相互作用的所有生物体（即群落），它们构成的能量流使系统中的能量结构、生物多样性及物质循环得以明确定义（例如，生命和非生命部分之间的物质交换）[7]。在论文《生态系统演化的策略》中，他将自然演替定义为有序、定向并且是可预测的过程，被群落及物理环境控制着[8]。1981 年，他与帕滕（Bernard C. Patten）一起再次对生态系统的本质进行研究，但这次他们倾向于使用热力学、信息论及控制论的术语来进行论述。沃斯特（Donald Worster）曾将霍华德·奥德姆（Howard Thomas Odum）描述为一个宇宙飞船工程师，形容他将"地球视为一组复杂的'电器回路'并把每一样东西转化为能量系统来看待；生物体变成了回路中的分线箱"[9]。然而，他们采用还原论的方法来发展他们的整体论，这种途径引起了一系列关于他们的做法不是真正整体论的批评，但一些整体论者依然认为 H. T. 奥德姆的观点是一种潜在的还原论。

　　之后，E. T. 奥德姆进一步发展了"生态系统"的定义。在他之前，对生态学中特定生物体和环境的研究是在生物学内各个子学科中进行的。许多科学家怀疑它是否可以进行大规模研究，或者其本身是否是一门学科。在 20 世纪四五十年代，"生态"研究还没形成领域，因而被定义为一个单独的学科。即使是生物学家 E. T. 奥德姆的认识似乎也只是地球的生态系统如何相互作用。

　　这场辩论中的活跃者麦克阿瑟（Robert MacArthur），虽然从未正式参与争论，但他强烈批评了系统生态学的宏大计划，认为科学应当致力于对系统内最小部分的研究来进行预测，进而获取确实的知识。麦克阿瑟使用简单、抽象的解析模型，并坚持其机械论的观点，即认为自然界的复杂性应当被还原为一个多对多的因果链条网络。而海拉（Haila Yrjö）更是基于牛顿式的世界观，致力于描绘一种机械论、决定论的关于物质粒子论及机制性因果关系的观点[10]。

　　经过了 20 世纪六七十年代的争论，系统生态学成为生态学领域研究的核心，但同时方法论上的争论将系统生态学又推向了整体论与还原论之间的对立。

二、系统生态学中的方法论之争

　　20 世纪 80 年代之后，生态学研究围绕方法论出现了整体论与还原论之间的争论。种群生态学、理论生态学和生态系统生态学已成为生态学诞生的首个世纪里的主要研究倾向。前两者主要与还原论相关，后者与整体论相关。正如哈根（Jon B. Hagen）所认为的，同时面对分部和整体的视角，生态学分为整体论与还原论两条支流[11]。然而，麦金托什（Robert P. Mcintosh）恰当地指出了简单的对立并不能充分地代表生态学中的实际情况[10]。

　　生态学的整体论主要与整体性的研究相关，其中主要针对的是生态系统。整体论将它们的研究对象描述为一种离散性结合的整体，其中包含了不能从其构成成分导出的能量结构与动态性。因此，整体论与强调关联与联系的理性观点结合起来，整体由相互定义、相互依赖、互补的部分构成。突现、连通性、整合、协调和复杂性成为整体论视角的特征属性。

　　相应地，通过反馈循环的调节及综合，整体论的视角强调控制论的过程。而这一观点所代表的方法论拒斥额外的分析，取而代之以通过综合体的不同层级进行联立考察。然而，当背离了克莱门茨的解释传统及现象科学时，整体论者似乎又无法接纳相应的新方法论，同时遭到了整体论者与还原论者的责难。

　　除了这种方法论上的困境，整体论与还原论拥有相同的一系列一般性前提。首先，它们都倡导唯物论，主张所有的生物学现象都基于物理化学实体及过程。其次，它们都坚持本质主义的教条，因为它们的拥护者都是致力于发现一种基本的单元，这种单元可以是极小的物质粒子，也可以是作为整体的生态系统。如果某人能够把握物质世界的真实本质，那么对于这个人来说，科学中的万事万物都是可归因的，并且围绕这些事件，整个科学的图景是具有组织性的。再次，它们都是在唯一的一个层级上来找寻解释的原因。因此，它们的方法论途径是碎片化的。极端的还原论者所追求的解释仅存在于种群层级，而极端的整体论者从不在任何低于生态系统的层级去研究各种机制。整体论和还原论都不能很好地解释变化，因为其不是某种潜在静止状态的副现象或达成稳定状态的一个阶段。而且它们共享机械论的核心，即还原论途径中的部分或整体论途径中的系统，都将自然隐喻为一种机器。最后，尽管事实上整体论和还原论表达出两种截然不同的认识论，前者谋求生物学的自主性，而后者则将物理学作为科学领域的基础，在生态学中应用系统理论可能更加接近于物理学而非生物学。因此，还原论对于生态学研究来说具有十分重要的意义。

作为在哲学领域同样具有建树的生态学家，莱文斯（Richard Levins）在1966年的方法论著作《种群生态学的模型构建策略》中认为，对于所有出于权衡实在性、概括性及准确性的目的，并不存在唯一的最佳模型。权衡和鲁棒性的概念是科学家和哲学家们频繁讨论的两个议题[12]。1968年，莱文斯在《在变化环境中的进化》中，研究了时空波动环境中生命体所采用不同策略的进化结果。环境异质性概念同样使他在1969年提出了著名的集合种群模型[13]。这些研究充分体现了整体论和还原论思想的互补。

特别是关于自然界复杂性问题的解决，当代科学中最为困难的一般性问题在于如何将复杂性系统作为一个整体来进行研究。而大多数的科学家所受到的训练截然相反，他们通常的做法是将一个问题划分为若干部分，进而通过阐述什么是组成部分来回答"什么是系统"的问题。

莱文斯很早就发展出一种新的整体论途径，这主要源于种群层级出现的实践问题，以及有关污染、环境保护、生物学防治和环境调控等涉及自然复杂性的环境问题。他认为要解决复杂性问题就意味着对驱使一个系统产生动态性的反向过程进行建模，并强调找寻不同的模式而并非找寻普遍原理。从中可以看出，莱文斯并非不加批判地支持整体论教条而反对还原论，特别是他曾与列万廷（Richard Lewontin）共同主张整体论 / 还原论争论是错误的，并拒绝在两者之间选边站[14]。

一方面，对于还原论者来说，他们认为笛卡儿式的还原论所描述的是一个"异化"的世界，仅仅抓住了现象之间实际关系的影子。其错误根源在于较高层级现象对于较低层级客体的绝对从属关系，后者是整体的优先部分，导致原因与效应、客体与主体相分离。作为结果，生物体似乎成为唯一的真实客体，而组织的更高层级则成为那些真正重要事件的副现象。还原论纲领的另一个主要谬误在于否认变化，其经常被视为是一种表面现象或"业已存在之物的展开"。

尽管如此，莱文斯并没有排除方法论意义上的还原论。莱文斯认为，在理解世界的过程中，分析方法是必不可少的，但并非充分的。他宣称，当正在研究的系统足够简单，或者它是复杂的但其构成部分之间足够独立时，还原论作为一种研究策略是可行的，但他依然拒斥本体论上的还原论[15]。

另一方面，对于整体论来说，莱文斯抛弃了过时且高度理想化的超个体研究路径，致力于在生态学中使用系统论。在他看来，整体论中存在一种片面的观点，即强调世界的连通性，却忽略了那些相对自治的部分。整体论被描述为是反还原论的、部分优先性的观点，和世界的统一性的观点相冲突。分离－自治的还原论教义被连通性与整体性所取代。莱文斯同时对连通性与个体性进行辩护，甚至强调，系统论可以被考虑为一种"大型还原论"[16]。例如，他曾认为建立基于"Fortran"①的大型计算机生态系统模型是不切实际的。在类似生态学理论中，"整体"被描述为一种良好运行的机器，具有目标导向性，并被某种预先编程的目的驱使。其不具有任何变化的潜能，因为涨落的一元变量作为其组成要素，在性质上始终是恒常的。事实上，在这样的语境中，变化仅仅被当作是非建设性的。而在莱文斯看来，"系统的特点在于其是由多组相互对立的过程所构成的，这也就意味着其组成要素维持着整体暂时性的一致性，并且最终会发生转化，融入其他系统或走向崩溃"[16]。

　　整体论与还原论的本质主义现在被语境与交互作用取代，任何规模的系统都是其单元与环境之间辩证性相互作用所导致的结果。因此，生态学中关于整体论的态度是，倡导基于唯物主义的本体论意义上的整体论，但在方法论层面上，只要科学家们意识到他们选择的后果及施加于他们的局限性，整体论与还原论作为广泛策略中的组成部分都是合理的。不过，如何体现生态系统中的变化因素又成为超越整体论与还原论方法之争的新的课题，20世纪90年代之后，进化议题已经不再仅仅局限于生物学，系统生态学的研究者们同样将目光转向进化理论。

三、基于进化的生态系统概念

　　目前进化问题的研究已深入生态学领域中，但依然不能说进化理论在系统生态学或生态系统建模中占有一席之地。通常我们仅仅将进化局限于自然选择导致的有机生命进化，认为这一过程并不会对生物学或物理的系统产生任何直接的改变。构成系统生态学的那些子领域关注整个生态系统的动态性、结构及功能。自20世纪70年代以来，不断有将进化理论应用于有关系统研究的尝试，但进化理论依然没能充分融入相关研究之中。即便是提及有机生命的进化，也经常被看作是生态系统通过某种最佳方式运行的"黑匣子"。一些系统生态学家认为，只要时间充分，进化将会促进共生适应，从而形成组织化并具有功能性的完整生态系统，但却很少有人关注进化机制是如何导致这一结果的[17]。系统层级的限制及因果反馈循环通常被看作是高阶现象，而无须考虑个体物种的进化。这一整体论

_____

① 一种通用命令语言，主要用于数据运算及科学运算，是高性能运算领域最为流行的语言之一，常被应用于世界上最快的超级计算机。

路径被视为是在缺乏生态系统构成成分的自然历史数据的情况下，研究生态系统巨大复杂性的实践方式。系统生态学的目标就是一种生态系统现象学，并不需要关于个体物种的细节信息。

这种整体论路径对种群生态学家及进化生物学家的研究构成了限制，使得研究主要聚集于个体层面的适应和选择。一方面，即便是对进化中的组织与博弈关注较早的梅纳德·史密斯（John Maynard Smith）也认为选择在个体之上的组织层级很少发生。这导致了人为生态系统并不是实际上的实体的观点，即认为生态系统不过是某一环境中所有物种的集合。但是，进化的原因促使科学家们愿意去关注更高层级的系统乃至生态系统，而它们的属性也常被看作是个体生物间竞争及选择的结果。按照夏佩尔（Dudley Shapere）的观点来看，以构成的形式（结构与功能）来进行解释的科学理论较之那些依赖时间演化的理论存在本质上的不同[18]。这里的关键问题在于，是否生态系统可以被满意地理解，通过那些仅针对当下现象和关系而不涉及它们长期历史经历的理论所建模。雷内尔（William A. Reiners）曾提出，统一系统生态学至少需要三个相互独立的理论框架：能量、物质（化学计量学意义上）及生态系统的"连通性"[19]。可见，进化理论对于完善生态系统概念来说是不可或缺的。

在既有的进化理论与系统生态学交叉研究中，生态遗传学、协同进化理论、进化的空间异质性方面的研究和进化的策略研究往往关注当下状态的研究。但由于生态系统功能部分依赖于物种的适应，并进而由于适应是进化的建构，所以我们必须将进化视为生态系统组织性与功能的决定性限制因素。只有在生物学上可行的并符合系统发生条件的生物特征才有资格作为初级原料来构造生态系统。

另外，对于生态系统来说，我们必须对个体与整体之间进行明确的界定。至少在进化的意义上，应当探寻在多大程度上作用于个体的选择会影响到生态系统层级上的属性。有理由相信各种系统层级的属性是因自然选择而不断优化，甚至与个体选择相抵触，表现为个体选择的副现象。因此，对于这一问题，可以通过两步来进行论证。首先，传统观点认为，作用于个体的自然选择主要受到内在变量的控制，如食物的可获取程度、温度等，而非如承载能力、多样性、熵、总体种群等外延变量。后者仅仅是针对人类认识而形成的概念，因此选择并不会对这些变量产生响应。但是内在变量会与外延变量产生关联，如种群规模与食物获取程度之间便存在某种关系。但当某一理论依赖于外延变量的进化最优化时，则需要慎重审查。例如，传统认为进化会促进生态系统稳定性（外延属性）。

第二个关键问题在于，生态系统的属性是累积性的还是突现。通常，对于一个系统的累积性属性来说，其仅仅是系统各成分属性的总合。而对于真正的系统（突现）属性来说，其是作为系统各成分间相互作用的结果，从性质上区别于那些成分的属性。因此，突现属性可以定义为系统属性，其不可以通过研究孤立的系统成分而预见。那么，对于自然选择理论的引入来说，一个系统被选择就意味着不应当涉及其中的个体选择。例如，在沙漠环境中，能高效使用水资源的生态系统是自然对那些能高效利用水资源的个体选择的结果，而不是对于整个生态系统属性的选择。

四、未来研究的途径与问题

因此，从整体论的诉求及还原方法的可行性上来讲，如果系统层级上的组织性原则是重要的，那么就有必要研究进化何以能影响突现的系统属性，以及生态系统的动态性何以能影响个体物种的自然选择。要回答这两个问题就必须涉及有关进化的最大化理论，即生物量最大化理论与最大化能量原理。前者认为，进化具有促进生态系统内生物量积聚与保持的倾向，后者认为进化具有使生态系统内能量流率最大化的倾向。尽管仅仅是从理论上设想而没有考虑实际进化过程面临的诸多限制，但这两种系统理论对于进化何以能对塑造生态系统的结构及功能做出了解释，从而成为能量及化学研究途径的补充。接下来，文章将对生态系统概念引入进化理论的视角进行分析。

首先是群体选择。其中的关键问题在于，生物体的个体适合度是否可以通过间接地有利于整个生态系统而获得提升？也就是说，生态系统的结构和功能是否可能促成比我们对其中个体所能达到的最优化适合度预期的总和更加优异的结果。这种额外的最优化运行因素表现为一种突现属性。要对其进行解释就必须设想这类"基因型"要比其他同类"基因型"更加有利于系统。尽管像乔治·克里斯多夫·威廉姆斯（George Christopher Williams）、梅纳德·史密斯等进化论者都曾对群体选择是自然界重要或普遍的现象表示怀疑，但是群体选择作为一种机制会对生态系统的组织性产生影响的观点依然普遍。威尔逊（David Sloan Wilson）就认为，能够加强生态系统结构和功能的那些特征是可以被选择的，因为群体包含了拥有被选择特征的个体的收益之和，但其与任何形式的收益强化存在区别，后者能进一步促进群体基因的扩散。有利于系统的特征的频率因而会上升，即便个体选择有时会同时减少它们的频率[20]。因此，当群体选择应用于生态系统的概念之中，就必须澄清什么样的系统属性指标是衡量其好坏的依据，如稳定性、鲁棒性等。同时，群体选择与个体选择之间的交互与平衡也是必须要考虑的对象。

其次是共生作用。尽管共生帮我们理解了生态系统内的关联，但共生的进化模型却显示，其紧密联系的程度是局限的。比如，由于时间异质性，许多物种的共生现象是偶发而非必需的[21]。共生式的协同进化与群体选择一样，将其作为一种形成生态系统整体属性的机制存在同样的难题，即便在局域性视角内，许多物种同时处于多个群落中。认为物种趋向的最佳整合方式是多重性群落的观点显然还缺乏证据。此外，不同物种经历选择压力与隔离会在极为广泛的地理范围内形成不同的同类群，而且，多数群落中的构成物种之前分属于不同的群落。这些都会对共生理论的应用带来困难。

第三种解释生态系统属性的机制是群落构建。E. P. 奥德姆提出群落构建理论。该理论认为，一个最优化的群落是通过从可用物种池中选择组件，通过组织及竞争过程而形成的。群落构建可能是累积性的，比如，一个生态系统中，每一最小土地所获得的植物物种都应当是在该位置繁殖力最强的；或者可能是一体化的并涉及突现属性，例如，一种物种的稳定构建形式应当是通过尝试-淘汰的方式形成[6]。因此，有观点认为，最好将构建过程视为生态系统的演化而非群落进化。不过，群落构建理论目前来看依然是一种理论性的探索。

第四种途径是进化中生态系统层级的限制。进化生物学中认为，生态系统层级会限制个体物种的进化。一个生物群为了生长与繁殖必须适应其所处生态系统的尺度。对于生态系统"设计"进行理解可以帮助澄清选择压力是如何衔接于生物个体之上的。例如，一个湿地系统在不同水文情势下的碳与营养流分析可以帮助我们理解该位置无尾动物幼虫受食物资源限制的频率和程度。由整个生态系统营养结构决定的食物等级可以影响该动物在变态发育过程中的生命历史特征，如成长率、体态大小。所以，在生态系统模型中引入遗传-选择分析是有用的，特别是关注系统层级的限制或强迫功能对于群体遗传学的效应。

总之，对于生态系统研究来说，在承认整体论的本体论地位基础上，还原作为一种方法是可行的，但并不意味着整体论仅仅是在方法论上的虚设，它实际上提供了有益的导向。特别是生态系统中整体与个体的定义、边界与演化路径、稳定性与多样性等问题都涉及时空变化的因素，因此，探讨进化因素在未来系统生态学中的应用具有重要的实践意义。

参考文献

[1] Jaros G. Holism revisited: Its principles 75 years On. World Futures, 2002, 58 (1): 23-24.

[2] Phillips J. The biotic community. Journal of Ecology, 1931, 19 (1): 4-5.

[3] Cooper W S. The fundamentals of vegetational change. Ecology, 1926, 7 (4): 397-398.

[4] Tansley A G. The use and abuse of vegetational concepts and terms. Ecology, 1935, 16 (3): 306.

[5] Lindeman R L. The trophic-dynamic aspect of ecology. Ecology, 1942, 23 (4): 400.

[6] Gleason H A. The individualistic concept of the plant association. Bulletin of the Torrey Botanical Club, 1925, 53 (1): 7-26.

［7］奥德姆 E. 生态学基础. 孙儒泳，等译. 北京：人民教育出版社，1981：190.

［8］Odum E P. The strategy of ecosystem development. Science，1969，164：262-263.

［9］Worster D. Nature's Economy：A history of Ecological Ideas. Cambridge：Cambridge University Press，1994：388-433.

［10］Lefkaditou A. Holism and reductionism in ecology：A trivial dichotomy and levins' non-trivial account. History and Philosophy of the Life Sciences，2006，28（3）：313-336.

［11］Hagen J B. Research perspectives and the anomalous status of modern ecology. Biology & Philosophy，1989，（4）：434-436.

［12］Levins R. The strategy of model building in population biology. American Scientist，1966，54（4）：422-423.

［13］Levins R. Some demographic and genetic consequences of environmental heterogeneity for biological contro. Committee on Mathematical Biology and Biology Department University of Chicago，1969，（15）：23.

［14］Levins R，Lewontin R C. Dialectics and reductionism in ecology. Conceptual Issues in Ecology，1980，43（1）：51.

［15］Lewontin R C，Levins R. Let the numbers speak. International Journal of Health Services，2000，（30）：873-877.

［16］Levins R. Dialectics and systems theory. Science and Society，1998，62（3）：375-399.

［17］Patten B C，Odum E P. The cybernetic nature of ecosystems. The American Naturalist，1981，118，（6）：893-894.

［18］Shapere D. Studies in the philosophy of biology. California：University of California Press，1974：187-204.

［19］Reiners W A. Complementary models for ecosystems. The American Naturalist，1986，127（1）：70.

［20］Loehle G，Joseph H K. Evolution：The missing ingredient in systems ecology. The American Naturalist，1988，132（6）：889.

［21］Howe H F. Constraints on the evolution of mutualisms. The American Naturalist，1984，123（6）：772-774.

赫尔曼的模态结构主义 *

刘 杰

20 世纪以来，随着抽象代数、现代集合论及几何学的发展，结构及结构同一性问题在数学研究中愈发凸显出其不可取代的地位。在法国布尔巴基学派的结构主义运动影响下，以"数学的本质是结构"为基本主张的结构主义数学哲学逐渐兴起，并形成了详细的论证体系。但基于不同的本体论立场，出现了消除（eliminative）与非消除（non eliminative）两大类结构主义解释框架。非消除结构主义以夏皮罗（S. Shapiro）等人的先物结构主义（ante rem structuralism）为代表，主张数学的本质是抽象结构，把结构看作是共相，强调抽象结构的实在性。然而，对抽象结构的本体论承诺，势必要面临认识论难题的拷问，即无法合理说明人们如何能获得关于抽象结构的知识。以消除本体论预设为宗旨，贝纳赛拉夫（P. Benacerraf）在其著名论文《数不能为何物》（*What Numbers Could not be*）（1968）中提出数学本质在于结构而非特定的对象，认为结构可能具有多种例示，一个结构可被看成其例示的一种抽象物，重解数学断言就要避免指称任何特定的数学对象，这种观点被称为消除的结构主义（eliminative structuralism）。消除的结构主义因其在认识论上的解释效力，得到一批哲学家的拥护，尤其是赫尔曼基于模态理论所提出的模态结构主义已发展为系统的理论框架，成为当前结构主义中极具影响力的解释之一。

一、模态结构主义的基本框架

模态结构主义的思想最初源于普特南（H. Putnam）的经典论文《没有基础的数学》（*Mathematics without Foundations*）（1967），在文中他详细阐述了模态结构主义方法的转换及发展，指出数学不应以任何特殊的数学理论为基础。他试图用模态逻辑的框架重塑数学，明确提出将数学可能性替代数学存在性的概念，从而解决有关假定最大全体的集合论悖论。其模态框架并不是要代替集合论基础，而是要用"在一个模型中满足"概念来阐明"数学可能性"。数学完全可以

---

* 原文发表于《科学技术哲学研究》2015 年第 5 期。

* 原文发表于《科学技术哲学研究》2015 年第 5 期。
　刘杰，山西大学科学技术哲学研究中心副教授，研究方向为数学哲学。

在没有任何特殊基础的情况下，得以保留和发展。在普特南的启发下，赫尔曼提出了模态结构主义的观点，试图在不依赖集合论的情况下，直接用模态结构主义来阐释算术、分析、代数和几何等数学理论。

在《没有数的数学》（*Mathematics without Numbers*）（1989）中，赫尔曼系统提出了模态结构主义的思想。与其他结构主义一样，模态结构主义也主张数学是关于结构的理论，在数学理论中重要的不是对象而是这些对象共同例示的结构。例如，对于自然数来说，其结构是指一些连续序列或者 ω 序列。算术是关于数列的理论，而不是处理抽象对象的某个特殊数列的基本原理。模态结构主义的主要特征是，强调避免对结构或位置进行逐个量化，而是将结构主义建立在某个域及该域上恰当关系（这些关系满足由公理系统给出的隐含定义条件）的（二阶）逻辑可能性上。在结构的本体地位上，模态结构主义属于消除的结构主义，即反对任何形式的本体化归，试图消除对任何数学对象的指称，其中包括对抽象结构的指称。

1. 模态中立主义

通过一个表示（二阶）逻辑可能性的初始模态算子、前面加上模态算子的数学结构中的任何量词及对二阶逻辑概括原则的限制，可以避免对可能对象、类或这种关系的承诺。尽管模态结构主义的逻辑基础也是二阶的，但它是一种模态逻辑。此外，通过使用布勒斯（G. Boolos）的多元量词及通过将多元量词与分体论相结合而得到的关于个体有序数对的成果，基本可以断定，模态结构主义是一种"唯名论"学说。也就是说，人们无须提及具有特定关系的个体集合的可能性，而只谈及"某些个体"的可能性并且表明这些个体通过遵循特定条件的个体 BHL 数对的多元量化如何相互关联就足够了。在整个过程中，实际上没有引入任何抽象对象。通过反复使用相同的程序，人们可以获得基于一个原子命题的可数无穷性的典型多式三阶数论。如果假定原子命题连续统的可能性，那就可以上升到四阶数论。这一纲领在一般数学中非常有效，它可为大量的拓扑理论、测量理论及其他抽象数学提出结构主义解释，无须对类和关系进行量化。一旦背景二阶逻辑得到确定，就可以在所讨论的特定数学理论上加入模态存在性假设。此外，超出三阶或四阶数论的理论，模态结构主义的进路同样适用。即使不使用二阶逻辑，也不必对类和关系，甚至模态下的类与关系的存在性进行承诺。特别是，集合论和范畴论的模态结构主义解释也是成立的。需要指出，赫尔曼的模态结构主义用"模态中立主义"（modal neutralism）而不是"模态唯名论"（modal-nominalism）来定位更为准确，因为他始终强调，对象的本质与数学是完全无关的。总之，模态结构主义的信条是"对象是有待抽象，而不是抽象对象"[1]199。

赫尔曼的基本策略就是把普通的数学陈述转化为其模态结构主义形式。以算术的模态化为例，模态结构主义解释由假设（hypothetical component）和确定（categorical component）两部分构成。

2. 模态结构主义的假设部分

模态结构主义的假设部分就是模态结构主义转化模式，即在转化过程中使用一种模态化的条件句。具体来看，任何算术命题 S 都可以根据下面线路进行转化：

$$\text{如果 X 是任何一个 } \omega \text{ 序列，那么 S 在 X 中成立。} \qquad (1.1)$$

由于（1.1）中隐含着一个全称量词，这意味着对抽象对象或抽象结构进行了量化，这与模态结构主义的反柏拉图主义初衷相悖。为了避免这种情况，则需把（1.1）变为

$$\text{如果存在任何 } \omega \text{ 序列，那么 S 在它之中成立。} \qquad (1.1')$$

其中，"它"这个代词表明表观的存在量词的确是全称的。"如果存在"确保了模态结构主义期望表明的情况与"对任何（真实的）x，如果 x 是……"是不同的。对于后者而言，人们必须把有可能符合这种情形的每一个（真实的）内容作为理解它的前提。例如，"如果存在七条腿的马……"与之相对的是"如果某物（任何存在的事物）是一匹七条腿的马……"。于是（1.1）具有下述外在逻辑形式：

$$\Box \forall X \text{（X 是一个 } \omega \text{ 序列} \supset \text{S 在 X 中成立），} \qquad (1.1'')$$

其中的全称量词处于模态算子的范围之内。通过这一基本假设，模态结构主义的转化就会得到人们所期望的普遍性。

依据同样的方式，也可以给出模态结构主义的存在性假设。关于 PA（皮亚诺算术）解释的确定部分将断言：

$$\Diamond \exists X \text{（X 是一个 } \omega \text{ 序列）} \qquad (1.2)$$

而不是

$$\exists X \Diamond \text{（X 是一个 } \omega \text{ 序列）}$$

在（1.2）中的可能性完全是数学和逻辑意义上的，因此这里的背景模态逻辑是不包括贝肯公式的 S-5[①]。值得注意的是，模态结构主义解释在关于数学结构的真实存在性方面保持中立，即不存在把这种结构的实际指称作为对象的问题，从而有效规避"在我们与抽象结构之间没有关联的情况下，我们的语言如何能描述抽象结构"这种认识论难题。

同样需要强调的是，模态结构主义者并不对可能体（possibilia）进行量化，

---

① 在 S-5 中，所有的模态词都可以还原为无重复性的一些基本的短词列，从而无须用重复的模态词进行表达。

因而避免把模态转化模式扩展至"所有可能 ω 序列的全体"。这种全体是不合法的，任何 ω 序列的全体都可以构成一个新 ω 序列的基础，同任何集合的全体一样令人满意，比如 ZF 公理可以被扩展到一个更丰富的模型上。

在对任意算术命题进行模态化处理的基础上，进一步的工作就是对算术命题构成的要素进行形式化。一种选择是采用集合论语言，即根据集合从属关系来表达" ω 序列"、"满足"或"成立"。于是（1.1）可以精确表述为

$$\Box \forall X (X \vDash \wedge PA^2 \supset X \vDash S), \qquad (1.3)$$

其中" $\wedge PA^2$ "是（有穷多个）二阶皮亚诺定理的合取，这里"满足"（satisfaction）的定义是为了保障这些公理的模型是"满的"（full），即归纳公理中的二阶量词的量化范围是 X 定义域的所有子集[①]：

归纳公理：$\forall P [\{\forall x (\forall y (X \neq S(y)) \supset P(X)) \& \forall nP(n) \supset P(S(n))\} \supset \forall nP(n)]$ (1.4)

此种选择的缺点在于，将模态转化完全变为在元语言学意义上进行，结构主义的计划成为模态集合论的一部分，这显然与模态结构主义的基本框架不符。

赫尔曼选择二阶逻辑作为其背景逻辑，利用数学理论的二阶公理化，即结构的单一类型可以通过有穷多个二阶公理表征为同构。由此可以直接用数学理论来表述模态结构主义解释 MSI[②] 的假设部分。在皮亚诺公理系统中，记 $\wedge PA^2$ 为有穷多个二阶皮亚诺公理的合取。（ PA^2 ）中的命题 S 就可以写为

$$\Box (\wedge PA^2 \supset S) \qquad (1.5)$$

式（1.5）具有形式精简的优势，但仍存在问题。因为其中除了纯逻辑符号以外，至少还有一个表示后继的关系常量" S "。一方面，为了不像柏拉图主义者那样对常量 S 做任何本体论上的预设；另一方面，免于完全落入模型论的框架之下（把 S 当作一个表示内涵的词，在不同的可能世界表示不同函数），赫尔曼的具体做法是在二阶框架下通过对关系进行量化来避免上述问题。如下述语句：

$$\Box \forall f (\wedge PA^2 \supset A) \binom{s}{f}, \qquad (1.6)$$

其中，二元关系变量 f 取代了上述条件句中的常量 S。然而（1.6）仍是关于元数学断言的一种先验图式。于是赫尔曼使用了一个类变量 X 及对该变量的相关量化，并在公式中 $\Box$ 后加入一个全称量词 $\forall X$，则（1.6）变为下列形式：

$$\Box \forall X \forall f [\wedge PA^2 \supset A]^X \binom{s}{f}, \qquad (1.7)$$

这正是对 $\mathscr{L}(PA^2)$ 的命题 A 的模态结构主义解释，记为 A_{msi}。

而对于 $\mathscr{L}(PA^1)$ 我们可以用同样的方法来表述。A 是表示 $\mathscr{L}(PA^1)$ 的一

---

① 　这里的 X 是与解释二阶皮亚诺定理的判断（或函数）常量的某评估定义域相对应的域。

② 　MSI 是 the modal-structural interpretation 的缩写。

个命题，我们用三元关系变量分别替代$\sum$和$\prod$，则 A_{msi} 变为

$$\square \forall \, X \, \forall f \, \forall \, g \, \forall \, h [\wedge \, PA^{2+} \supset A]^{\, X} \binom{S,\Sigma,\Pi}{f,g,h}. \qquad (1.8)$$

（1.7）与（1.8）分别是 $\mathscr{L}$（PA^2）和 $\mathscr{L}$（PA^1）的模态结构主义的假设部分。假设部分完成了将一般数学语言向模态结构主义解释转化的表征部分，下面具体来看，模态结构主义转化模式如何对于数学实践中关于定理证明及定理真假判定问题进行说明。

3. 模态结构主义的确定部分

赫尔曼模态结构主义的目标是：数学理论的模态结构主义解释必须在某些意义下等价于它们的初始状态。那么问题的关键就在于，如何理解"等价性"及如何确立"转化模式"。

首先，需要考虑的是如何重新实现关于定理证明的实践。对于 PA 中的任何定理 T，如果关于 T 的证明实践已经在 PA 的标准公理系统中得到表征，则可直接得到 T 的模态结构主义解释 T_{msi}。基本步骤如下：

步骤一：采用一个二阶逻辑的标准公理系统，该公理系统包括完全的概括公式：

$$\exists R \, \forall \, x_1 \cdots \forall \, x_k \, [R \, (x_1 \cdots x_k) \equiv A] \qquad (CS)$$

其中，x_i 是个体变量，R 在 A 中不是自由的，A 可以有参变量，但没有模态算子。根据（CS）可以从二阶归纳公理得到一阶归纳公理的所有例子。

步骤二：把转化模式应用到每一个 PA 的原始证明中，这样原始证明的公理就变为二阶逻辑的（必然性）公理。也就是说，如果 T 是（有穷多个）一阶公理的正确推理结论，那么在二阶逻辑与"$\square$"的基本规则下可推出 T_{msi}。根据公理化模态逻辑的必然性规则，可以得到（CS）的必然性规则，其形式为

$$\square \, \exists R \, \forall \, x_1 \cdots \forall \, x_k \, [R \, (x_1 \cdots x_k) \equiv A] \qquad (\square \, CS)$$

具体来看，在模态结构主义的解释下，重新实现数学定理证明的路径是：用适当类型的关系变量来代替 T 的原始证明中的所有关系常量；使用演绎定理来确保条件化过程的实施，得到

$$[\wedge \, AX \supset T]^{\, \binom{S,\Sigma,\Pi}{f,g,h}}$$

其中，$\wedge \, AX$ 是用于推出 T 的那些公理的合取；用 $\wedge \, PA^2$ 来代替前件；对 X 的量词进行相对化处理；对二阶变量进行全称概括，并使之变成必然命题。由此，普通证明仅仅是相对于任意域的自由变量的论证。

其次，转化模式的确立需要该模式的确定部分作为前提。该模式的确定部分是指"ω 序列是可能的"，如果没有这一组成部分，模态结构主义就会陷入"如果－那么主义"（if-thenism）。对于如果－那么主义的情况，假定一个实质条件句表征算术语句 A，形如：$\wedge \, PA^2 \supset A$，同时假定恰巧不存在真实的 ω 序列，即

上述条件句中的前件为假，则显然原始语言中每一个语句 A 的转化都会是真的。其结果是，整个转化模式会因其不准确性而遭到否定。因而对于模态结构主义，模式的确定部分是不可或缺的。基于此，赫尔曼选择以下形式作为其模态数学的一个基本论述：

$$\Diamond \exists X \exists f (PA^2)^x \binom{s}{f} \qquad (1.9)$$

该论述确保了 ω 序列这一概念的一致性，尽管这种一致性是人们普遍接受的，但它的确形成了数学实践中所隐含的不可或缺的"实际预设"。可以说，在算术的模态结构主义重构中，它是数论推理的根本出发点。

二、模态结构主义的辩护

赫尔曼模态结构主义的解释是通过对数学进行转化模式的处理而达成，因此其转化模式本身是否具有准确性和充分性，是该种解释需要回答的首要问题。他们需要证明：对于原始算术语言（$\mathscr{L}(PA^1)$ 或 $\mathscr{L}(PA^2)$）中的任何语句 A，A_p 和 A_{msi} "在数学目的上完全是等价的"，其中"发现真理"就是一个数学目的。因此，转化模式的"准确性"意味着，在某种适当的意义下，A_{msi} 成立当且仅当 A_p 成立，也就是说，转化模式是保真的；转化模式的"充分性"是指转化模式适用于原始语言中的所有语句。

1. 转化模式的保真性

转化模式是否具有保真性，这一问题与何为真理标准有关。柏拉图主义者认为，真理就是"在标准模型（自然数模型或者集合论模型）中是真的"；模态结构主义者则认为，真理就是"在任何可能的模型中是真的"，即相关反事实条件句的真。模态主义者并没有把关于反事实条件句的概念还原到模型论中，因此对反事实条件句使用的真理概念仅仅是去引号的。在模态主义者看来，根本不存在（现实的）标准模型，所有柏拉图主义的数学语句在严格意义上都是假的。可以用 A_{msi} 代替 A_p，但二者并非真正等价。严格意义上模态主义不可能接受"A_{msi} 成立当且仅当 A_p 成立"，而柏拉图主义也拒绝模态的概念。

在评价转化模式是否具有保真性时，模态主义和柏拉图主义者采用完全不同的框架。那么在哪一框架中，可以表明转化模式的准确性呢？一种可能是，希望定义一个共同的核心系统和双方都接受的一系列原则，然后在这个框架中完成等价性证明。但是这是不可能实现的。可能根本就没有一个系统，既能够证明 A_p 和 A_{msi} 在数学上等价，又完全包含两种观点都接受的假设。面对这种情况，赫尔曼的策略是：接受柏拉图主义与模态主义之间的这个僵局，让每一个系统都分别拥有其自身的假设。如果柏拉图主义者能够充分理解模态主义者，在柏拉图主的框架下证明等价性，那么至少可以在数学上消除柏拉图主义对模态结构主义解释的反对。需要强调的是，如果模态结构主义的转换模式在哲学上令人满意，那么它至少能够包含其自身的内在证明。也就是说，人们至少从内部必须有能力辨别原始命题的真值，否则会导致模态主义本身在方法论上的不可靠性。

根据柏拉图主义式的外在观点，转化（1.7）和（1.8）中除了模态算子的问题，还有其他问题：如果一个原始算术命题 A 在集合论等标准模型中成立，则 A_{msi} 也在其中成立。可以把□后面的部分称为 A^-_{msi}，它仅仅是二阶逻辑中一个真理或假命题（相对化处理）。A 要么在标准模型 N 中成立，要么不成立。如果 A 在 N 中成立，由于 PA^2 中所有满模型都是同构的，则 A 在所有的结构中都成立；如果 A 在标准模型中不成立，那么 A 在 PA^2 的所有满模型中也不成立，即不仅 A^-_{msi} 是假的，而且（～A）$_{msi}$ 也是真的。当然，这里预设了 N 的存在，柏拉图主义者会主张"并非 A^-_{msi} 和（～A）$^-_{msi}$ 同时成立"，因而柏拉图主义者认为，在使用标准模型的理论推理时，除了模态算子外，转化模式是完全二值的，且具有保真性，但这里唯一缺少的是关于模态算子的解释。

2. 转化模式的等价性

我们知道，逻辑数学模态的预设为 S-5 公理系统提供了支持，而且在模态转化中，所有相关的条件在条件句的前件中得到了明确陈述。也就是说，在判定反事实条件句的过程中，不必依靠其他因素不变的条件，也不必依靠可能世界中的任何相对的相似性概念。这些反事实条件句遵循严格蕴涵的原则，因而与日常或因果反事实条件句具有显然的差别。众所周知，后者（即因果反事实）对关于"相关背景条件"的假设非常敏感，且这种敏感性在为这些背景条件提出一种语义学或真理理论时引发了深层问题。但对数学反事实条件句而言，情况完全不同。柏拉图主义者可能通过为所讨论的模态提供一种集合论语义学解释，对其做出合理说明，而无须给出集合从属关系之外的额外机制。然而，这实际上是把模态转化转回到集合论。事实上，模态结构主义已经为逻辑模态提供了一种恰当的语义学解释。根据这种语义学，某一给定类型的模型论结构表示可能世界，该结构建立在一个给定的确定域上。这种结构的可能性与所讨论的逻辑可能性概念具有同样的种类，因此人们会把它作为"初始语义学"（primary semantics），其中给定域上某恰当类型的（集合论意义上可能的）所有结构，都被假定处于为该模型结构所组成的世界集合中。

在上述初始语义学的基础上，赫尔曼约定，对于高阶量词的量化范围，非模态数学语言的结构（相关世界）本身是满的。①因此，所有世界都是相互可达的。

---

① 这类模型结构被称作是满的（full），这里的满不能与 PA 的二阶非模态语言的模型的满混淆，这种满必须处理二阶量词的量化范围是否是定义域的满幂集。

总之，一个基于 $\mathscr{L}(PA^2)$ 的二阶量化模态语言 $\mathscr{L}(PA^2)$ 中的模态命题 S，只有当它在某给定无穷域上所有满的自由模型结构中的所有指派下都成立时，才是有效的或在逻辑上是真的。其中，这种模型结构的世界都是满的二阶结构。根据这种语义学，可以把 $\mathscr{L}(PA^2)$ 的语句 A 与它的模态翻译 A_{mis} 之间的关系表示为

PA^2 在逻辑上蕴涵了"A 当且仅当 A_{mis}"是一条模态逻辑真理　　　（1.10）

上述逻辑蕴涵的左边仅仅是关于满的二阶非模态逻辑的一般模型论概念，右边的逻辑真理只是为了引入模态语句才有的概念。二者的联系为模态结构主义的定义提供了基本依据。（1.10）给出了柏拉图式的等价性定理（equivalence theorem），它与二阶非模态的蕴涵结果共同表明，模态结构主义转化模式是准确和充分的。

三、　模态结构主义的困境

1. 二阶逻辑的预设问题

赫尔曼的模态结构主义试图用模态理论来重解全体数学，并说明模态结构主义数学与原有数学的等价性，用同等方式对待集合与全域 V，分析与实数域 R，算术与自然数系 N。而作为一种消除的结构主义解释，其要消除对任何数学对象的本体论预设的宗旨不允许存在任何公理的确定集合。因此要将全序域公理与分析进行对比，并确保算术的二阶皮亚诺假设成立，模态结构主义就必须以二阶逻辑为其逻辑前提。但是，二阶逻辑并未获得学界内的普遍认可，其自身的合法性依赖于集合论的发展。在二阶逻辑的语义学中，连续统假设、良序公理是否二阶有效等问题实质上都是集合论问题。例如，蒯因认为，二阶逻辑披着"集合论"的外衣，因为它涉及"集合"的讨论，在论题上没有中立性，而逻辑应该在论题上保持中立，即它的有效性是不依赖于某些特殊的数学对象如集合的预设性质的[2]100。此外，与一阶逻辑不同，二阶逻辑的语义是不完备的，其中存在着不完备的证明程序。对于二阶算术中的"∀F"和"∃F"的表达，约束变元的量化范围是所有个体域的关系类，即 F 的取值范围是在一阶量词范围内的所有对象集合。这意味着基于二阶逻辑表达的公理系统隐含了某些集合的存在性，显然与赫尔曼模态结构主义消除本体预设的初衷相悖。

2. 初始模态事实的预设问题

赫尔曼模态结构主义转化模式是以公理系统的一致性为基础的，它强调数学理论的真是"任何可能模型中的真"而非"特定标准模型中的真"。这意味着，其理论依赖于模态假设，即某一给定类型的模型论结构表示可能世界，该结构建

立在一个给定的确定域上。这导致其面临一个潜在问题：一个理论的一致性就是指它在集合论域中具有一个模型。比如，如果假定了皮亚诺公理系统的一致性，就要承认"存在无穷多个素数"等存在性断言是皮亚诺公理的推论。这就是说，皮亚诺公理一致性意味着隐含了某一特定数学对象的存在，即一个集合论模型的存在。其结果是，模态结构主义在本体论上也要承担与柏拉图主义相同的负累。当然，模态结构主义者反对将基于一致性的模态说化归为基于集合论模型存在的非模态说。但他们有必要说明的是，如果基于公理系统一致性的初始模态事实不能化归为集合的非模态事实，那么这些初始模态事实究竟是什么？如果承认这种初始模态事实的存在，那么模态结构主义者也必然要面临类似于贝纳塞拉夫的认识论挑战，即人们如何能获得关于初始模态事实的认识。

3. 数学的可应用性问题

模态结构主义观点提供了一种关于公理化数学理论的理解，这种理论为其中的基础概念语境做出定义，比如自然数的皮亚诺公理将符合系统中任意对象的公理系统称为一个自然数系统。比如，当一个数学家在某一数论的语境下做出语句"存在无限多个素数"，将被理解为称"如果 $\langle 0, N, s \rangle$ 是一个自然数系统，则在 N 中存在无限多个素数"。模态结构主义者主张用"初始语义学"来说明数学命题的真理性，即使用在满足公理的任意对象系统中为真的断言或能从理论的公理中逻辑推出的断言取代关于特定数学对象真理的直观断言。在纯数学理论语境中做出这种断言是合理的，但是在纯数学之外，即在科学与数学的混合情形中如何说明数学对象的真理性呢？比如，当人们说出语句"行星的个数是 9"时，不可避免要对数字"9"进行直接指称，该语句中对数字单称词的指称是不能从数学公理中推出的。而该语句显然不是皮亚诺公理的结论，皮亚诺公理不会告诉我们任何关于行星的信息。因此如果想要用模态结构主义观点来回避认识论难题，就必须要说明"行星的个数是 9"这一语句的真理性依据何在？也就是说"初始语义学"除了适用于数学命题以外，是否可以用来解释经验命题？是否可以合理解释数学与经验混合命题的含义？

结　语

赫尔曼的模态结构主义为规避对特殊的结构对象做出本体论承诺，提出其消除的结构主义进路，为如何认识数学提供了较为合理的解释。然而这种基于公理系统本身一致性的主张，所付出的代价是数学提供一种特殊的语义学解释，它不可避免要面对贝纳塞拉夫的语义难题，即如何为数学与科学提供一种一致的语义学。这意味着，我们应当立足于数学与科学的实践，为数学的本质提供一种恰当的解释，它既可以说明数学自身的真理性，还可以充分揭示数学不可思议的有效性。

参考文献

［1］Hellman G. Three varieties of mathematical structuralism. Philosophia Mathematica，2001，9（3）：184-211.

［2］徐涤非 . 经典数学的逻辑基础 . 哲学研究，2012，（3）：98-104.

［3］Burgess J. Synthetic mechanics. Journal of Philosophical Logic，1984，（13）：379-395.

［4］Cocchiarella N. On the primary and secondary semantics of logical necessity. Journal of Philosophical Logic，1975（4）：13-27.

［5］Goodman N. Fact, Fiction, and Forecast. Cambridge：Harvard University Press，1955.

［6］Hale B. Mathematics without numbers：Towards a modal-structural interpretation. The Philosophical Review，1992，（10）：919-921.

［7］Hellman G. Mathematics Without Numbers：Towards a Modal-Structural Interpretation. Oxford，New York：Clarendon Press, Oxford University Press，1989.

［8］Kripke S. Semantical considerations on modal logics. Acta Philosophica Fennica：Modal and Many-Valued Logics，1963，83-94.

［9］Montague R. Set Theory and Higher order logic// Crossley J, Dummett M. Formal Systems and Recursive Functions. Amsterdam：North Holland，1965：131-148.

［10］Putnam H. Mathematics without foundations. The Journal of Philosophy，1967，64（1）：5-22.

［11］Quine W V O. Philosophy of Logic. Englewoods Cliffs：Prentice-Hall，1970.

［12］Shapiro S. Second order languages and mathematical practice. Journal of Symbolic Logic ，1985，（50）：714-42.

［13］刘杰 . 理解数学：代数式的进路——访英国利物浦大学哲学系玛丽·兰博士 . 哲学动态，2007，（11）：36-42.

基因概念的意义分析 *

杨维恒

基因作为分子生物学中最重要的概念之一，已经经历了一个多世纪的发展。伴随着这一个多世纪中科学技术突飞猛进的发展，人们对基因结构和功能的研究也取得了重大的成果。然而，基因究竟是什么，人们到底应该如何定义基因，却在这些不断出现的成果面前变为一个大难题。

正如迈尔（E.Mayr）所言，"学习一门学科的历史是理解其概念的最佳途径。只有仔细研究这些概念产生的艰难历程，即研究清楚早期的必须逐个加以否定的一切错误假定，也就是说弄清楚过去的一切失误——才能有希望真正彻底而又正确地理解这些概念"[1]。因此，文章首先分析了日常概念下，大众科学对基因概念理解的误区。之后，重点讨论了基因概念语义变迁的发展史，尝试厘清基因概念发展过程中的语义变化，以期对基因概念本质的讨论有所帮助。

一、基因的日常概念——一种大众科学的误区

概念作为人类和客观世界相互作用的结果，是人类通向未知领域的桥梁和阶梯，它包含了人类思想的奥秘。任何一个概念都是我们对这个世界认识的结晶。虽然，概念已经是人类认识活动中十分稳定的结构，但是，所有的概念都仍随着人类认识的发展处在不断的变迁中。基因的概念也同样如此。

根据人类认识和实践活动领域的不同，概念的形成也有不同的途径。例如，有些概念来自于人类的日常生活，如声、光、力、生命等。有些概念直接来自于科学的创造，如电子、夸克、光合作用、基因等。前者通常是以对事物的外部特征或实用属性的概括为依据。起初，它只为解决人类生活的需求而产生。我们称其为日常概念。后者是人类在认识客观世界的科学活动中的结晶。它往往能反映事物的本质属性，是为了满足人类进一步认识客观世界的需求而形成的。我们称其为科学概念。然而，无论是哪种概念，都会随着科学技术的进步、人类对世界图景认识的转变及科学理论的发展而发生转变。

* 原文发表于《科学技术哲学研究》2015 年第 6 期。
　杨维恒，山西大学科学技术哲学研究中心讲师，研究方向为科学哲学。

基因的概念最初就来自于科学创造，它作为一个科学概念指称具有遗传特性的物质。而随着科学技术的发展及社会认识的进步，基因对于任何一个接受过初等教育的人来说，都是一个科学常识。基因又变为一个日常概念（陈嘉映并不认为这是科学概念转变成日常概念，而称其为多数人了解的科学概念，或者是日常话语借用了某些科学词汇）[2]。但是，显然基因这种日常概念的科学常识表述与现代遗传学中基因概念表述的意义是绝对不同的。"基因"在日常生活中是怎样被人们理解的，与当代遗传学中"基因"概念的内容和意义有什么区别？我认为，下面的几个问题应该是我们需要讨论的。

（一）基因——绝对的预言者

在日常生活中，当人们谈到基因时，它往往表示一种决定或控制某种性状的物质，它总是必然地限制生物的性状，并且生物所有的性状都被编码在基因中。当人们谈到"某某基因"（如犯罪基因等）时，其实就包含了某个基因作为一个独立的个体，并且相对应地决定了该种性状的意义。因此，当某一个体的某种性状或性能的表现超越了或未达到人们的某种期望时，我们就经常会说"某某基因优良"或"某某基因不优良"。这些都表明，在日常生活中，基因往往被看作是性状或性能的决定者。然而，在分子遗传学中，基因是否是独立的片段，单个的基因是否能够对应于某种特定的表现型？答案显然都不是肯定的。在分子遗传学中，当遗传学家谈到某个基因或把某种性状归因于某个特定的基因时，那也仅仅只是为了实验研究而采取的一种语言上的方便表述。在分子遗传学中，出现这种方便式的语言表述在于研究者们有专业的技能对这种方便表述的科学内涵进行区分。

正如上文所言，日常概念是以对事物的外部特征或使用属性的概括为依据的，是为了满足人类生活的需求而形成的。因此，日常生活概念就具有实用性和含糊性的特点[3]。基因的日常概念就以其实用特性来反映基因与日常生活相关的遗传属性，从而就产生了某种基因决定或控制某种特性的表述。日常概念实用性就自然地会带来其含糊性，对概念实用性的要求就必然会带来认识上的不精确。因此，基因的日常概念也就不要求其反映基因的本质属性，而只要求其与常识不相矛盾，便于使用即可。有时候对日常概念的精确定义，反而对其日常运用是有害的。

（二）基因与 DNA 相互混淆

究竟 DNA 或基因的化学本质是什么？基因是 DNA 的一部分，抑或基因是 DNA 上有遗传效应的功能片段？日常生活中，人们几乎不对其进行区分，往往是将其混为一谈。人们只会谈论"种瓜得瓜，种豆得豆"的生物界遗传规律。但遗传物质的本质属性是什么的问题已经超越了日常概念的范畴。例如，进行亲子鉴定时，我们可称其为"DNA 检测"，又可称其为"基因检测"。究竟检测的是 DNA 核苷酸的序列，还是 DNA 上有效片段的编码序列？日常生活中，我们从不精确其定义。也正是这种概念上的含糊性明确了其对遗传信息检测表述的实用性。

（三）对基因物质实体的忽视

日常概念的含糊性从来就不要求其对事物本质属性的反映。基因的日常概念同样如此。对于基因是否是连续的、独立的、线性排列的 DNA 片段，甚或是基因的化学成分是什么的问题都不在其日常概念的范畴内。即便是现在的中学教育，对基因实体的认识也仅限于其基本结构的化学本质。

通过以上的论述可以发现，虽然，基因概念最初来源于科学的创造，但是，伴随着社会认识图景的改变，基因概念经历了一个常识化的过程。然而，无论基因日常概念与科学概念二者之间的距离有多远，日常事物与科学事物之间的连续性，都要求我们使用相同的术语对其进行表述。这时候，理论越远离经验，基因日常概念在人们日常生活中实用性的描述作用反而越重要。

二、基因概念的语义变迁

遗传和变异是生命有机体的基本现象之一。长期以来，对遗传和变异机制的探讨和争执，一直为人们所关注。究竟是从什么时候开始，人类就意识到性状特征世代相传和遗传的问题，这无史可查。但是，史前期人类对家禽、家畜的驯养，就说明从那时起人类已经开始有意识或无意识地注意性状选择。直到古希腊时期，人类就已经很明确地意识到进化和遗传的问题。

在这里我们主要讨论基因语义变迁过程中的三个阶段：①古希腊时期人们对遗传问题的主要观点和认识；② 19 世纪 60 年代后颗粒遗传学说的提出到 DNA 双螺旋结构发现过程之间的 5 个经典案例；③ DNA 双螺旋结构发现之后，当代分子生物学中基因概念语义的发展。

（一）古希腊时期人们对遗传问题的主要观点和认识

古代关于遗传概念的意义与现代是完全不同的。遗传只是指生育具有相同特性或相似特性的同类后代。这是无法用现代生物学的词句来解释的。古希腊初期，遗传的概念包括了体质和精神这两方面的特征。到了希波克拉底、亚里士多德及他们之后，人们注意到特性、畸形和疾病等的遗传问题。在古希腊哲学中，这类问题是同生殖及男女双方在生儿育女中所起作用等臆想紧密结合在一起的。但是随着医学，特别是解剖学的发展，逐渐澄清了关于男女在生殖、受精中所起作用的这类观点，以及性分泌物对新个体生成的重要性的观点。古希腊人就试图对这种现象给予哲学的说明。其中最具代表性及影响力的是希波克拉底学派的泛生理论及亚里士多德的内在目的论的论题。

希波克拉底和他学派中的许多人提出了一个原理，即生殖物质来自于身体的每一个部分。这一新的原理为研究遗传问题提出了许多完全不同的方法。他们着重强调生理活性液体（体液）是遗传性状的负荷者。例如，在《论生育》中就有写道"男性精液是由体内所有体液形成的"。"精液是从身体的硬的和软的各个部分中抽取出来的，是从体内各种体液中抽取出来的。体液有四种：血液、黏液、黄胆和黑胆，它们都是与生俱来的。它们是疾病的来源。"[4] 从以上的文字就可以看出，当时人们认为体液可以把双亲的性质传递给发育的孩子。同时，他们还提出了与早期学说相反的一个观点——男子和妇女都有参与男女性别形成的生殖物质。两种性别在功能上相等，它们以同样的方法对精液的形成起作用。

可以看出，当时的这些说法已经很接近当代遗传学中关于性别决定的两种根本性见解：生殖物质和性别决定因子，具有发育成任何一种性别的潜力。更重要的是从这些说法中，我们可以看到，在公元前 500~ 前 400 年，希腊人关于科学思想发方法已经发生了明显变化。他们从最初的哲学猜测，逐渐发展到对科学定律的认识。遗传物质的概念也由最初的完全臆想，发展到精液将双亲的可遗传特征传递给下代。

亚里士多德是第一个对泛生说提出批判的思想家。他认为泛生理论不能解释上几代比如祖父母的特征也可以遗传下来，也不能解释上下代之间在声音、指甲、毛发和行走姿态方面的相似等。他根据自己的经验和观察提出了内在目的论的论题，并强调用辩证的术语进行概念分析。他强调一个个体的内在本性决定了这个个体的发育途径，而不是发育途径决定了个体的本性。也就是说，个体的天性是在先天赋有规律决定的发育过程中实现的。他把支配一个个体的本性的动力原理称为"形式因"。正是这个形式因在发育过程中控制了物质，并使物质成型。柏拉图假定一个超自然的存在，有一个主宰宇宙的万能上帝。但是，与柏拉图的外在目的论不同，亚里士多德认为，自然是具有内在目的的，宇宙是一个有机的统一整体，它的一切创造物是合目的性的。例如，燕子做窝、蜘蛛结网、植物长叶子等，可能无意图也可能有目的[5]。

通过对亚里士多德的分析，我们可以发现，他提出的"先天赋有的规律"或"形式因"，本质上已经很类似于现代遗传学中的 DNA 指导蛋白质合成的遗传程序——胚胎包含生物体各个部分的发育程序，并控制着各个部分的生长发育。这一点是亚里士多德与他的先驱者所不同的。之前的人们只是注意性别的区分和子代与亲代相似的程度，而亚里士多德已经开始注意特殊性状和一般性状的遗传本性，并试图用精液传送的运动成分所固有的不同结合力来加以解释。

　　亚里士多德对遗传理论的另一个创新是，他首次将先天的、能动的运动归因于母亲月经血中所含的物质。在此之前，月经血仅仅是被动得到的和接受形式的本原，精液才是能动地起作用的、赋予形式的本原。这样一来，形式因和物质之间的对立就变得模糊了。

　　总而言之，亚里士多德对遗传问题的主要贡献是收集了他那个时代关于生殖和遗传的各种看法，并按目的论的思路做了系统阐述。将遗传的概念由最初的只关注于生殖物质和性别决定因子，推进到尝试对遗传程序进行思考。

（二）从泛生论到 DNA 双螺旋结构

　　自古希腊之后，人们对遗传问题讨论的重点一直没有离开弄清楚人和动物精液的来源，以及性在生殖、受精和遗传方面的作用。随着解剖学和外科学的发展，17 世纪的哈维发现血液循环的动力学，扩展了人类关于生理学的知识，促进了人类对胚胎的认识；随着显微镜技术的发展，一些生物学家提出了遗传机制的预成论和渐成论假说等。这些认识及假说在人类认识遗传物质及遗传机制的过程中都曾起到过积极的作用。但是，所有的这些讨论都没有脱离形而上学的意念层面。直到 19 世纪 60 年代，生物学家和遗传学家从各自工作的立场出发，提出了颗粒遗传学说，使得人类对遗传问题的认识实现了突破。我们主要通过表 1 中的 5 个案例来讨论这一阶段中基因概念的语义变迁。当然，在这一时期中，还有许多重要的实验和理论都为基因概念的发展做出了不小的贡献。但是，表 1 中的 5 个关键案例，突出地反映了当时基因概念的语义特点。

表 1　从达尔文到 DNA 双螺旋模型建立期间，基因概念的语义变迁

学说	提出者	对象	主要内容	意义
遗传变异和进化因果关系解说的特设性假说——泛生论	达尔文	芽球	有机体细胞能释放出微粒——芽球，它散布于整个有机体之中；芽球从有机体系统的各个部分汇集起来形成"生殖物要素"，它们在下一代发育成个体；芽球的数量、活力、亲和力等导致了生物的遗传变异	①芽球用来表达一种思辨的产物，不具有可检验性。②芽球以一种微粒或粒子的形式遗传。③遗传的过程不是简单的融合过程。④芽球在遗传中世代相传。虽然，混合遗传的解释是错误的。但是，它第一次用芽球的概念肯定了生物体内有特定的物质负责生物性状的遗传和变异
粒子性遗传的先潮——"种质连续性"假说	魏斯曼	种质	种质是生殖细胞的核物质；它包含生物个体的全部性状，在世代的连续传递中保持不变；物质的变异不是受环境变化的影响，而是双亲"种质""融合"的结果	①种质成为遗传和发育的基本单位。②种质连续性传递。③种质的组合和改变导致生物变异——重组和突变的单位。种质的概念虽然也是思辨的产物，但是，种质连续性假说已经包含了部分合理的内核。种质的某些意义与现代遗传学中的基因概念的特性已经有了很强的相似性

学说	提出者	对象	主要内容	意义
"遗传因子"概念的建立——豌豆杂交实验	孟德尔	遗传因子	物种表现性状由生殖细胞中的遗传因子所决定；物种的稳定性状是同种因子结合的结果，杂种性状是不同种因子结合的结果；遗传因子在体内成对存在，当形成配子时，它们相互分离，二者各自对生物性状发育起着不同作用，其中显性性状对隐性性状起决定性作用；各种雌雄配子的结合是随机的	①确定了显性和隐性概念的实在性；②明确了遗传的粒子性——"遗传因子"；③用A、B、a、b等字母形式化地表达遗传因子；④建立遗传因子的分离和自由组合定律，使得对遗传物质的讨论虽然还在思辨的层面上，但是却有了可检验的科学内涵
基因和染色体关系的确立——果蝇实验	摩尔根	基因	基因论认为个体上的种种性状都起源于生殖质内成对的要素（基因），这些基因互相联合，组成一定数目的连锁群；认为生殖细胞成熟时，每一对的两个基因依孟德尔第一定律而彼此分离，于是每个生殖细胞只含有一组基因；认为不同连锁群内的基因依孟德尔第二定律而自由组合；认为两个相对连锁群的基因之间有时也发生有秩序的交换；并且认为交换频率证明了每个连锁群内诸要素的直线排列，也证明了诸要素的相对位置	①基因具有染色体的重要特性，能自我复制，相对稳定，在有丝分裂和减数分裂时有规律地进行分配，是遗传的结构单位；②基因不可分割，是交换的最小单位，亲代性状在子代重新组合时，它是重组单位；③基因是以整体进行突变的，因此，在解释新性状时，它是突变单位。基因是集功能单位、结构单位、重组单位和突变单位为一体
基因结构的确立——DNA双螺旋结构模型	沃森、克里克	DNA	DNA是遗传的物质基础；它是由两条链反向盘旋成双螺旋结构，脱氧核糖核苷酸和磷酸交替连接，排列在外侧构成基本骨架；碱基通过氢键连接成碱基对排列在内侧，并遵循碱基互补的配对原则；DNA在复制时满足半保留复制机制；DNA指导蛋白质的合成，DNA上核苷酸的顺序决定了蛋白质的结构；基因突变的分子基础是DNA核苷酸序列发生变化	基因只是DNA分子上的多核苷酸片段，不再是不可分割的最小单位；突变的最小单位为突变子；重组的最小单位为重组子；功能的最小单位为顺反子。遗传的结构单位不是基因，而是核苷酸。但基因仍是一个功能单位

由表1可以看出，随着生物学纵向理论的发展，基因从假定的"泛生子"和承担专一遗传作用的"种质"，到孟德尔实验中推导出的遗传因子，再到摩尔根通过果蝇杂交后代中出现的重组频率推导出基因重组的存在把基因落实到染色体上做直线排列的颗粒，最后到DNA双螺旋结构模型的建立，人们最终找到了遗传和发生变异的实在物，找到了生物遗传和变异的机制。

（三）当代分子生物学中基因概念的发展

通过上面的讨论可以看到，基因作为遗传学的基本概念经历了其自身的发展历程。从简单臆想到抽象假定，从对事物表面现象的狭隘归纳到对经验事实的统计概括，从约翰逊第一次提出基因的名词到双螺旋结构模型的发现，随着相关科学理论和技术的发展，基因概念的内容变得日益丰富化、具体化和纯化。直到 20 世纪 60 年代，基因由最初一个抽象的名词，成为一段具体的、可以编码蛋白质或 RNA 的双螺旋结构的 DNA 序列。虽然，1961 年雅克（F.Jacob）和莫诺（J.Monod）发现了有些 DNA 片段不编码任何产物，但是，当时的许多生物学家们都非常乐观地认为，基因已经被成功地还原到分子水平。虽然，还有一些具体的问题需要解决，但是，基因作为一个实体已经毋庸置疑，对生命的研究需要从基因入手。就像克里克曾认为：根据物理学和有机化学解释生物学将会是当代生物学运动的最终目标[6]。

但是这一段时期并没有持续太长时间。从 20 世纪 60 年代开始，跳跃基因、断裂基因、重叠基因、垃圾基因等相继被发现。这些分子生物学中的新发现，都对基因概念语义造成了挑战。如图 1 所示。

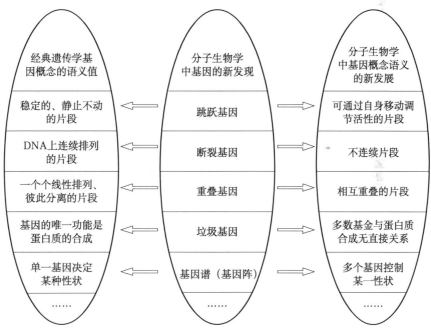

图1　分子生物学中基因概念的语义变化图

假基因：与功能基因具有相似的序列，但个别位点的突变导致失去了原有的功能；套装基因：一个基因包含于另一个基因的内含子之中；组装基因：不同的 DNA 序列在生物体生长发育的过程中重新组合成一个新的基因……

总而言之，人们对基因的结构和功能了解得越多，反而越不了解基因究竟是什么。基因不再是具有固定的位置，不再是连续的片段，不再是彼此分离的片段，也不再是具有独立确定的产物。相信，随着科学技术的发展，人们对基因的结构和功能还会有新的认识。那么，究竟我们该如何对待基因的概念？

有人提出，用其他的概念来取代基因的概念。例如，用基因组的概念代替基因。但是，这种整体主义的探讨方式只具有一种思辨的意义，对于遗传学具体的实验研究并没有实际的指导意义。因为，无论我们如何谈论基因组的概念，都无法避免我们对基因具体组成、结构和功能的分析研究。还有一些生物学家提出其他一些新的概念。例如，布罗希（J. Brosius）和古尔德（S. J. Gould）提出一个新的单位——纽恩（nuon），用它来代表任何具有结构或功能的 DNA 片段。同样，这些概念都无法替代基因在遗传学中的作用。

一个科学概念之所以有价值，是因为它有助于具体的研究。虽然，约翰逊提出基因概念的时候，并不承认基因的物质性。但是，他将基因作为一种计算或统计的单位，满足了表明遗传单位技术术语的要求。因此，基因一词通过常规化的过程很快地成为遗传学范式的基本要素。之后，随着人们对基因结构和功能的认识，基因的概念不断地得到丰富，也不断地受到挑战。但是，无论怎样，基因作为遗传学范式的基本要素，一直在被使用，也丝毫没有被摒弃的迹象。事实上，到目前为止，我们并不能根据 DNA 的序列确定其编码序列。再者，如上文所言，编码的序列也不是单一的、固定的。因此，我们还是只能由编码序列表达的产物来确定编码的序列。换句话说，不是通过基因来确定产物，而是通过产物来认定基因。这一点就很类似于摩尔根在 1993 年接受诺贝尔奖时所说的："在遗传学家当中，对基因是什么——它们是真实的还是纯粹虚构的——并无统一的意见，因为在遗传实验的水平上，不管基因是假想的单位，还是一种物质颗粒，并不会造成最轻微的差异。"[7]

也就是说，基因的概念由最初的理论构建又重新回到了最初的理论构建。然而，无论如何，基因概念都经历其自身的发展与进步。我们认为，这种发展和进步与基因概念解释语境的变化是无法分离的。

三、基因概念解释语境的变迁

纵观生物学历史的发展，生物学解释模式的多样性是其学科进步的一个重要因素。如果按照解释类型的划分，生物学中有适应解释、发生学解释、目的论解释或功能解释、因果解释等[8]。其中，适应解释是进化生物学家持有的模式。它关注个体性状与适应性的问题。如索伯所说："适应解释首先而且更重要的是一种研究纲领。适应主义的纲领应做如下理解：大多数种群中的大多数性状都可以通过一个在其中仅考虑选择因素而其他非选择因素被忽略的模型而得到解释。"[9]发生学解释又被称为历史解释。它通过对特定历史事件的具体分析，来论证特定的生物学理论。这种解释模式往往处于古生物学的研究传统中。目的论解释或功能解释是以整体论的思维特征为基础，通过对生命现象不同层次的分析，实现对生物体整体特征的解释。它属于生物学中博物学的研究传统。因果解释的模式强调因果决定的演绎特征，它关注不同层次理论间的逻辑演绎，认为解释就是从解释项中合规律地导出被解释项的一种逻辑关系。它是分子生物学的一种研究传统。

　　不难看出，不同的生物学解释模式是由研究者的专业领域，以及其所处的社会背景、历史背景、理论背景等因素限制的。生物学解释模式的多样性本质上是由生物学解释语境的多样性决定的。每一种解释模式都是在其特定的解释语境下，对其理论的语境性分析。同样，基因概念的发展也离不开其解释能力的进步。而这种解释能力的进步正是建立在其解释语境的变迁之上。

　　孟德尔通过豌豆杂交实验，实现了基因概念语境的确立。这个实验的成功主要在于其精密的实验设计及复杂的统计学定量分析。虽然，直到 20 世纪后，孟德尔遗传定律才被重新发现。但是，这种科学的实验方法却开了生物学研究转变的先河。在近代第一次科学革命时期，科学的实验方法进入了科学家及哲学家的视野。同时，化学和物理的方法进入生物学实验的研究中，奠定了这一阶段基因理论分析的语境基础。例如，缪勒（H. J. Muller）通过使用 X 射线对果蝇的照射发现了突变的性质。格里菲斯（F. Griffith）、艾弗里（O. Avery）等通过肺炎双球菌的体内、体外转化实验确定了核酸为遗传的物质基础。在这一阶段中，物理、化学的方法在生物学中的使用引发了生物学解释的突破。人们对基因的解释由最初归纳分析的模式进入了物理化学分析的解释模式。因此，当时的生物学家大多数都持有一种强烈的信念：只要将物理和化学的方法应用于最简单的生物体上，生命的原理就能得到解释。在当时，分子生物学也被定义为综合应用物理学、化学和遗传学研究生命过程的科学[10]。然而，由于当时认识水平的限制，人们对基因的解释并没有真正进入分子水平的因果解释模式。

　　孟德尔遗传因子的确立拉开了基因理论分析模式解释的序幕。但是，直到 DNA 双螺旋结构的确立才开启了基因理论分子水平因果解释模式的新时代。DNA 双螺旋结构的确立不但符合之前所有解释对基因的描述，成功地承袭了对基因已有的解释，同时还打开了生物学解释领域一扇新的大门。DNA 双螺旋结构确立之后，克里克在 1958 年提出了分子生物学的理论基础——中心法则。之后，生物学家用 A、T、C、G 四个字母表示 DNA 链上的四种碱基，并且在任意一段双链 DNA 上都满足 A+T=C+G，A=T、G=C。四种碱基可以以任意的序列排列。碱基排列的多样性及特异性决定生物体性状的多样性和特异性。与此同时，"遗传密码"的概念自然地被引入。每三个连续的核苷酸组成一个三联体，对应于蛋白质的一个氨基酸。并且，所有的生物都遵循同一套遗传密码。所有的这一切都为形式化的逻辑体系在基因研究中的成功引入奠定了基础。形式化逻辑体系在基因研究中的确立就使得生物学家可以通过对符号形式的分析研究解释微观的生命现象。DNA 芯片、PCR 技术、生物信息学等基因技术与理论都是在这种形式化逻辑体系的基础上存在和发展的。在这一阶段中，生物学家对基因的研究虽然早已进入了复杂性的阶段，对任意基因的研究都必须采用综合的手段。但是，还原主义的解释模式依然是这一阶段研究的基础。物理、化学的层次依旧被认为是解释的起点。

随着人们认识水平的进步，人们对基因结构和功能的认识也越来越透彻。例如，跳跃基因、断裂基因、重叠基因、垃圾 DNA、蛋白质修饰……一系列的新发现，早已使得基因与性状之间不再是一对一的关系，DNA 片段与 DNA 片段之间不再是独立的关系……随着对基因研究内容的深入和研究范围的扩大，之前实验室的研究模式已经被如今大规模集约型的研究模式替代。很多时候出现的都是多个实验团队之间合作的模式。此时，人们不仅提出了"基因组"的概念，甚至还提出了"后基因组时代"的概念。"'后基因组时代'并不意味着人们已经知道了所有生物种类的基因组序列，而是说应该在测定基因组序列'后'开展研究。"[11]在这一阶段中，生物学家对基因的研究已经从局部观发展到了整体观，由之前的逻辑演绎的线性思维发展到系统论的复杂性思维，从之前的注重还原分析的方法发展到分析综合相结合的方法。

综上所述，对基因的研究经历了归纳分析、化学分析、分子水平的解释模式、形式化的逻辑分析、分析与综合相结合的方法等阶段。通过分析，我们可以发现，在每一阶段中，生物学家对基因的研究都是在其特定解释范围的平台上展开的。特定解释范围的解释平台就构成了基因分析的解释语境。正是这种特定的解释语境规定着生物学家对基因的解释与描述。也正是在这种特定解释语境的变迁中实现了基因概念的发展。

参考文献

[1] 迈尔 E. 生物学思想发展的历史. 涂长晟，等译. 成都：四川教育出版社，2010：28

[2] 陈嘉映. 回应成素梅和郁振华. 哲学分析，2012，（4）：31

[3] 王天恩. 日常概念、哲学概念和科学概念. 江西社会科学，1992，（3）：48

[4] 亨斯·斯多倍. 遗传学史. 赵寿元译. 上海：上海科学技术出版社，1981：31-32

[5] 亚里士多德. 物理学. 北京：商务印书馆，1982：65

[6] Crick F. Of Molecules and Men. Seattle：University of Washington Press，1966：12

[7] 方舟子. 寻找生命的逻辑：生物学观念的发展. 上海：上海交通大学出版社，2007，06.

［8］李金辉.生物学解释模式的语境分析.自然辩证法通讯.2010,（3）：11

［9］Sober E. Philosophy of Biology. Boulder：Westview Press，1993：122

［10］霍格兰 M. 探索 DNA 的奥秘.彭秀玲译.上海：上海翻译出版公司，1986：34

［11］吴家睿.后基因组时代的思考.上海：上海科学技术出版社，2007：96

量子场论的语境论解释探析 *

李德新

　　"量子场论是关于物理世界的亚原子成分（夸克、轻子、规范玻色子、希格斯标量等）的描述，以及支配它们的定律和原理的强大语言。"[1]量子场论形式体系的建立应用了非常多的数学方法，量子场论是数学形式体系非常复杂而完善的物理理论，并且量子场论是描述量子粒子相互作用的物理理论，根据描述的相互作用力，逐渐形成了量子电动力学、电弱统一理论和量子色动力学。复杂的量子场论形式体系使得我们要想更好地得到其意义需要合理的科学解释方法。语境分析方法为我们提供了一个从整体的视角对量子场论进行科学解释的方法。

一、物理学理论解释与语境分析方法

　　随着物理学理论越来越数学化，且越来越远离我们的经验世界，物理学理论的科学解释越来越重要。因为远离我们经验世界的高度数学化的物理理论越来越抽象，越来越难理解，我们需要运用正确的分析方法对其进行理论解释。科学解释的目的就是要将抽象的形式语言解释为自然语言。那么，我们将以什么样的视角进行分析就显得特别重要。

　　首先，科学解释要注重文本的内容，对应于物理学理论的就是其数学形式体系。也就是说，要对抽象的物理学理论进行科学解释，我们必须要以物理学中的基本数学公式为研究对象，主要研究各个表征符号之间的结构关系及不同表征形式之间的结构关系。这里包括纯数学的关系，数学表征形式的不断扩展正是物理学进步的基础。没有形式语言的基础就没有物理学的发展，这些表征形式为我们研究物理学提供了语形基底。例如，在量子场论的发展过程中，不同的相互作用对应着不同的量子规范场，不同的量子规范场对应不同的数学形式体系。在量子场论的发展过程中，语形不断地变化，因为依赖于严谨的数学语言，所以语形的发展具有逻辑连续性。这些数学形式体系使量子场论这一抽象理论系统化、形式

---

*　原文发表于《科学技术哲学研究》2015 年第 6 期。
　　李德新，山西大学科学技术哲学研究中心讲师，研究方向为物理哲学。

化和精确化。这些数学语言是物理学最核心的形式语言，是物理理论世界和现实世界联结的纽带。正是因为物理学理论依赖于数学形式体系，物理学的发展也受到了数学成果的制约，没有数学工具的支持，物理学很难进一步发展，它们是相互制约、相互发展的关系。

其次，科学解释要注重文本内容的含义，对应于物理学理论的就是其数学形式体系的理论解释和物理意义。我们必须要弄清物理学中数学表征形式和表征世界之间的关联性，其实就是数学形式体系表示的物理意义。在研究其物理意义的过程中，要弄明白表征符号和表征符号所指之间的关系，也就是整个形式语言系统的语义内涵。这个过程就是对物理学的形式语言系统进行语义分析。语义分析并不是语言学和分析哲学所独有的内容，它是在整个科学建构和科学解释中一直存在着的方法，在科学模型的提出和完善过程中必然存在着语义分析的框架。科学理论的解释正是确定它的"意义"，其"意义"的分析和确定正是语义分析的目的。对于物理学理论而言，语义分析更加重要，我们可以通过语义分析方法从形式、结构和本质的统一上给出特定数学形式体系的动力学解释。

最后，科学解释不可避免地要考虑到主体的主观因素，对应于物理学理论的就是物理学家的理论背景、研究目的和物理信念等因素，具体表现就是物理学中形式语言的选取。这表现出很强的经验内容，不同的物理学家的理论认识结果是不同的，所以他们对数学结构的选择都有一定的差异性。正是这个原因，物理学往往会有不同的物理学派。正是物理学家和数学家经验上的不同使得物理学和数学成为完全不同的理论。物理学家对数学结构的选取过程正是研究者语用边界确定的过程，语用可以决定语形的选取。语用的本质是特定语词的语义与它的使用者之间的关系，具有很强的主体意向性特征。在物理学理论的建构和理论解释过程中，他们可能会预设一些概念或者理论来作为他们研究的概念或理论基础，他们所研究的内容可能都是建立在这样的一个预设中。正是建构和解释主体的意向活动将形式语言和客观世界联系起来。

所以，我们在对物理学理论进行科学解释时必须考虑到上面提到的三个方面。这三个方面是一个整体，我们不能只考虑到其中的一个或两个方面。如果我们只是关注理论的形式体系，那似乎成了数学理论了。只分析物理学的数学表征和符号表征不能为这些表征赋予物理意义，也不能为我们呈现出理论建构主体的研究目的。语义是联结语形和语用的桥梁，语义分析总是和认识主体密切相关。科学解释中的语义分析会表现出主体的意向性特征，这正是语义分析的重要特征。科学解释过程中既有语形分析，也有语义分析和语用分析。只有从语形、语义和语用等方面整体地对物理学理论进行分析才能很好地得到科学解释的结果。

这种语形、语义和语用相统一的语言分析方法正是语境分析方法。"语境分析作为语境论的最核心的研究方法，是语形、语义和语用分析方法的集合。"[2]30 语境分析方法是伴随着 20 世纪语言学转向、解释学转向和修辞学转向发展起来的语言分析方法。"'语言学转向'是在逻辑的基底上向语形学或语形分析的转向，它强调了公理化形式体系的完备性及其与经验证实的相关性，因此一个物理命题的真在于它的经验的可证实性。'解释学转向'是在科学共同体的基底上向语义学或语义分析的转向，它强调了科学概念和物理术语的约定性及其范式说明的可接受性，因而一个理论的合理性在于相关共同体对特定意义理解的一致性。'修辞学转向'是在科学实践的基底上向语用学或语用分析的转向，它强调了科学论述的劝导性、境遇性及发明性。"[3] 可以看出，语境分析方法可以很好地表现出"三大转向"的主要特征，是从语形、语义和语用三个方面整体且动态地进行语境分析。

二、量子场论的语境分析

量子场论是模型化、数学化和符号化程度非常高的科学理论，尤其是规范场理论的出现使得量子场论的形式语言越来越完善。然而，只有形式语言对于我们理解量子场论来说是远远不够的，我们需要对量子场论进行语言分析来找出形式语言和量子表征世界的关联性，并最终通过自然语言对其进行解释。当然，任何一种理论解释都与解释者的先存观念和先存知识有关，并不是对文本的纯客观解读。也就是说，科学理论解释都是在特定语境基底下进行的，所以，语境分析方法就成为科学理论解释非常有效的方法论原则。语境分析作为语境论的最核心的研究方法，是语形、语义和语用分析方法的集合。那么，对量子场论进行语境分析需从以下三个方面进行分析。

首先，一个逻辑完整和自治的物理理论，都需要有非常精确的数学形式体系。狭义相对论是在四维的闵可夫斯基空间下建立起来的物理理论；广义相对论则将物理空间看成是弯曲的时空，其数学基础就是黎曼几何；量子力学所对应的物理空间是无限维度的希尔伯特空间；量子场论形式体系下的规范场论则是拓扑学中纤维丛几何空间。所以，纤维丛几何空间为量子场论的公式化体系提供了背景空间。量子场论是狭义相对论和量子力学的结合，是高度数学化和符号化的物理理论，在这个背景空间下的表征符号和表征公式可以作为量子场论语境分析的语形基础。这些语形基础是量子场论与现实世界进行关联的桥梁。其中，狄拉克方程的洛伦兹协变式：

$$\frac{1}{i}\gamma^{\mu}\partial_{\mu}\psi + m\psi = 0$$

是量子场论建立初期最基本的方程，它是描述自由场的方程，是表示自由场量子化的方程。当然，狄拉克方程就可以作为量子场论最初的语形基础。然而，在真实世界中，自由场的情形非常少见，场和场或者粒子和粒子之间存在着相互作用。描述场的相互作用的一般方法就是在自由场的基础上引进拉氏量密度：

$$L = L_0 + L_1,$$

式中，L_0 是参与相互作用的场的自由拉氏量密度；L 则是整个相互作用系统的总拉氏量密度[4]。那么，L_1 就是相互作用的拉氏量密度，是由场的相互作用而产生的附加项。在不同的相互作用中，这三个字母所表示的数学形式是不一样的。这是表示场相互作用最基本的公式，这个数学公式就可以作为量子场论的语形基础，只有确定了语形才能对语形背后的物理解释进行分析。在量子场论中，取得成功的理论大多是规范对称理论，在规范对称理论的基础上建构的量子场论就是规范场理论。规范场理论有着非常完善的数学结构，这个场理论的统一的数学框架就是数学中的李群理论。根据群元是否可以交换，物理学将规范场理论分为阿贝尔规范场理论和非阿贝尔规范场理论。电磁场就属于 U（1）阿贝尔规范场，电磁相互作用就是 U（1）规范理论，其数学基础就是 U（1）阿贝尔规范群。杨振宁和米尔斯于 1954 年发表了题为"同位旋守恒和同位旋规范不变性"[5]的文章，通过与电磁相互作用的 U（1）规范理论进行类比，他们提出了非阿贝尔规范理论，这个理论为电磁相互作用、弱相互作用和强相互作用的统一提供了一个数学基础。其中，统一弱相互作用和电磁相互作用的温伯格 - 萨拉姆模型是一种具有自发破缺的定域 SU（2）×U（1）非阿贝尔规范理论，其数学基础就是 SU（2）×U（1）非阿贝尔规范群。当然还包括将上述三种力全部统一的标准模型，标准模型是一个 SU（3）×SU（2）×U（1）非阿贝尔规范理论，其数学基础是 SU（3）×SU（2）×U（1）非阿贝尔规范群。这些数学形式的规范群就是量子场论中的规范场理论的语形基础。这些数学工具的精确性使得量子场论形式体系的语形基础更加精确可行。

其次，在量子场论中，公式表征背后的理论解释及这些数学公式所表示的物理意义就是量子场论语境分析方法中的语义内涵。语义分析的规则为科学解释规定了意义框架，没有语义分析的语境是空洞的。在量子场论中，语义解释要揭示表征形式的逻辑结构，以形式演算为基底，辅以必要的自然语言以说明。狄拉克方程的理论解释就是其语义内涵，在狄拉克方程中的形式符号 Ψ 表示自旋为 1/2 的电子的波函数，通过对狄拉克方程进行分析预言了反粒子的存在。而反粒子的存在意味着量子场的存在，通过对狄拉克方程进行语义分析而最终得出了粒子是可以产生和湮灭的，粒子是量子场的激发。我们还可以通过对狄拉克方程的数学形式进行深入分析得到狄拉克方程具有空间反演不变性、时间反演不变性和其他洛伦兹变化的不变性。这些深层的物理意义都是通过对狄拉克方程这样的语形进行语义分析得到的，也就是说，语形决定了语义。对于前面提到的场相互作用的拉氏量密度公式而言，不同的相互作用，这三个字母所表示的数学形式就不一样，其语义内涵也是不同的。相互作用是通过传递粒子来传递能量的，只要将这些量子场中描述相互作用的数学形式确定下来，我们就可以对量子场相互作用进行理论解释和更深入的语义分析。我们就可以知道这种相互作用传递的粒子是什么，我们还可以得出相应量子场相互作用的其他性质和物理意义。对于规范场理论同样如此，不同的数学形式的规范群对应不同的相互作用，其数学形式决定了它们都具有的定域规范不变性。对规范理论的语义分析非常重要，规范理论决定了参加相互作用的规范粒子是无质量的。这个结论对于 U（1）规范理论是成立的，因为这时的规范粒子是无质量的光子，而对于电弱统一的规范理论则意义重大。因为，在弱电相互作用的非阿贝尔规范场的场量子是非阿贝尔规范玻色子，这个理论必须要求非阿贝尔玻色子的质量必须和光子一样为零。物理学家建构了自发对称性破缺理论来解决了这一难题，正是这一语义结果促进了量子场论的发展。可见，对量子场论形式体系进行语义分析是非常必要的，它可以使我们更好地理解量子场论，也可以使量子场论的解释更加完善，语义分析为静态的表征公式赋予了动态的物理意义。

最后，研究者的研究目的及其信念为量子场论形式体系的语形和语义分析设置了语用边界，语用边界为量子场论形式体系的科学解释限制了适用范围。在量子场论形式体系的数学形式上，可能存在着很多种引入相互作用项的可能性。那么，到底选择什么样的数学形式来表示相互作用项就要看解释主体的研究目的和预期了。他们会根据他们的现有知识和先存信念来选择，其中包括物理上的考虑来限制选择的范围。例如，"为了满足特殊相对论的要求，相互作用拉氏函数密度必须在正洛伦兹变换中具有不变性，因而它必须是一个标量或一个赝标量"[6]。除了这些物理考量，还存在着数学和方法的考量，他们会选择形式上比较简单且易于处理的相互作用拉氏函数密度。当然，并不存在先验的理由可以证明相互作用在数学形式上是简单的。这些都是量子场论形式体系建构者和解释者的语用考量，这些语用考量包括解释主体的意向性及其相关因素。再例如，物理学家采用 SU（2）×U（1）的数学形式是为了达到弱电相互作用统一的研究目的而提出的，这就是语形 SU（2）×U（1）的语用目的。

从上面的分析我们可以看出，将语境分析方法用于量子场论的形式体系的理论解释是可行的。并且，要想对量子场论的语境有一个整体的把握，我们必须从语形、语义和语用三个方面整体地去讨论。语形基础为量子场论形式体系的科学解释提供了形式化基底，语义内涵为量子场论形式体系的科学解释限定了意义框架，语用目的为量子场论形式体系的科学解释规定了适用范围和评价标准。语形、语义和语用的完美统一为我们整体地建构出量子场论形式体系科学解释的语境框架。通过量子场论的语境分析将量子场论的形式体系讲清楚，将量子场论的基本物理问题讲清楚，对量子场论进行语境分析是量子场论形式体系非常有效的科学解释方法。

三、量子场论语境分析的特征

（一）量子场论语境分析的必要性

对量子场论进行科学解释的目的就是要揭示出量子场论的意义，所以科学解释对于量子场论非常重要。然而，量子场论是在量子力学和狭义相对论的基础上发展起来的物理理论，具有非常严密而复杂的数学形式体系。作为高度数学化的物理理论，量子场论所涉及的都是远离我们经验世界的事物。所以，要想通过科学解释来揭示量子场论的意义，我们所选择的科学解释方法就很重要。

我们对量子场论进行科学解释需要注重文本的内容，对应的就是量子场论的数学形式体系。要对量子场论进行科学解释，我们需要以量子场论中的数学表征形式和符号表征形式为基础进行解释。我们需要揭示出表征符号之间的结构关系和数学形式体系的逻辑结构，我们还需要揭示出量子场论形式体系在建构过程中所用到的数学公式和数学技巧。以逻辑严密的数学形式体系为研究基底进行的科学解释具有逻辑连续性和科学合理性，这些都是由数学的逻辑特征决定的。现存的数学成果为量子场论形式体系的建构提供了语形空间，其中包括量子场论中的基本公设、定理、推论、数学程式和符号间的关系等。当然，正是因为量子场论形式体系的建构依赖于现存的数学成果，数学成果的局限性同样也制约着量子场论的发展。

在对量子场论进行科学解释的时候，我们还需注重数学表征和符号表征的物理内涵，对应的就是量子场论形式体系的理论解释和物理意义。我们需要揭示出数学表征及符号表征与对应的物理对象之间的关联性，其实就是表征符号和表征符号所指之间的关系。"语义分析方法的对象就是要为给定理论的语言做出'意义'解释，从而揭示特定语言与实在之间的本质联系。"[7]也就是说，对量子场论进行科学解释就是要确定它的"意义"，其"意义"的确定正是语义分析的目的。量子场论具有公理化的数学表征系统，对量子场论进行解释和说明关系到各个层面的意义分析。对量子场论中相互作用的本质进行科学解释是我们对量子场论进行科学解释时需要面对的一个难题，语义分析可以为我们清晰地给出相互作用和相互作用的数学表征之间的关系。所以，对量子场论形式体系进行语义分析是揭示量子场论意义的一种必然。我们可以通过语义分析方法从形式、结构和本质的统一上给出量子场论特定数学形式体系的动力学解释。

对量子场论的科学解释不可避免地要考虑到理论建构主体的主观因素，表现出理论建构主体的心理意向性特征。"不仅解释活动本身与心理意向性密切相关，而且与解释活动直接相关的理解、意义等概念本质上都以心理意向性为前提，都是由心理意向性赋予的。"[8] 500 量子场论的科学解释具有多样性，这是由物理学家的心理意向性决定的。量子场论形式体系建构过程中的心理意向性主要表现在物理学家根据自己的先存观念和先存知识来达到他们的研究目的。所以，理论建构主体的心理意向性决定了量子场论形式体系的结构，他们对于数学公式和数学方法的选择都受到主观因素的影响。量子场论之所以是物理理论而不是数学理论，就是因为物理学家的主观因素在理论建构中起到了关键的作用。物理学家和数学家对同样的数学形式会有不同的理解，就是因为他们的先存观念和研究目的是不同的。

我们前面提到的三个方面构成了量子场论的解释语境，其中包括理论的数学形式体系、理论解释，以及物理学家的信念和研究目的等因素。这三个方面对应的就是解释语境的语形基础、语义内涵和语用边界。在对物理学理论的意义分析中，整体性地从语境的角度讨论物理学的发展已经成为一种非常有前途的方法论趋向。"语形、语义、语用的统一完整地呈现出科学解释的语境结构"[9] 2，只考虑其中的一个或两个方面都是片面的。所以，只有从语形、语义和语用等方面整体地对量子场论进行分析才能更好地揭示出量子场论的意义。对量子场论进行语境分析是非常必要的，从语境论的视角整体地对量子场论进行分析具有必然性。

（二）量子场论语境分析的整体性

正如我们前面提到的，科学解释语境具有很强的制约功能，而制约功能正是体现在科学解释语境的整体性特征上。"科学解释不能单纯地局限于对形式化模型相关联因素的语形考量，必须引入语义密切性、合理性与自洽性的考量，更依赖于对解释主体及其意向性等相关因素的语用考量，同时包含了解释事件的社会形式乃至解释观的想象性或启示性内容。因此，科学解释的本质是语境化的，科学解释的背景问题主体及其意向性等语境要素在动态的过程中形成一定的语境结构。"[9] 5 解释语境中的语形语境、语义语境和语用语境不是彼此孤立的，它们是整体解释语境的一个有机组成部分。例如，量子电动力学解释语境的语形基础主要有 U（1）阿贝尔规范群、电磁相互作用的拉氏量密度、量子电动力学中的场方程和量子电动力学中的重整化理论。量子电动力学的科学解释需要我们对量子电动力学的形式体系进行深入分析，但是对量子电动力学的深层解释不能仅由数学表征和符号表征给出，我们必须要对其数学形式体系进行深层的语义分析，仅从数学的形式表征来进行科学解释具有片面性。我们需要对 U（1）阿贝尔规范群、电磁相互作用的拉氏量密度、量子电动力学中的场方程和量子电动力学中的重整化理论进行语义分析，得出这些数学表征和符号表征与真实物理对象之间的关系，并对这些形式体系进行物理诠释。此外，对量子电动力学解释语境进行语用分析是对量子场论进行科学解释所必须面对的。因为，量子电动力学的发展必然会掺杂着物理学家自身对电磁相互作用的理解。这些都体现了理论结构主体主观因素的重要性，物理学家的主观因素主要表现在他们根据自己的先存观念和先存知识来达到他们的研究目的。可见，量子电动力学的语境分析是从语形、语义和语用三个方面整体地对量子电动力学进行系统分析，语境分析具有整体性特征。

"纵观 20 世纪科学哲学的发展历程，科学解释研究大致经历两个阶段：第一阶段是亨普尔等人立足于逻辑实证主义的哲学架构，从语形和语义学层面建立科学解释的标准模型；第二阶段是范·弗拉森等人在哲学解释学转向和语用学转向的背景下建立了语用学的科学解释理论。"[8]497 然而，这两种科学解释方法都具有一定的局限性，它们都不能体现出科学理论的整体性、有机性和多层次性。在量子场论中，不管是仅从语形上把握意义，还是从语义上把握意义，都是非常片面的和局限的。虽然，"语用分析使科学解释问题彻底摆脱了逻辑实证主义的狭隘逻辑框架，从句法学和语义学伸展到语用学的广阔思想领域"[10]。当然，仅从语用上把握量子场论的意义同样也会使科学解释具有片面性。可见，将语形、语义和语用这三者结合成一个整体来分析量子场论是非常必要的。语境分析可以克服语形和语义分析的片面性和局限性，也可以克服从语用学的视角进行科学解释的缺陷。站在整体论的视角下，从各个语境因素及其相互关联中去看待量子场论的意义，使量子场论的意义更加丰富。语境分析方法"在科学实践中引入了历史的、社会的、文化的和心理的要素，吸收了语形、语义和语用分析的各自优点，借鉴了解释学和修辞学的方法论特征"[11]。

综上所述，要想对量子场论进行合理的科学解释，我们需要对其进行语形分析、语义分析和语用分析。语境分析方法的应用使得我们可以站在整体论的视角把语形分析、语义分析和语用分析综合起来，把静态分析与动态分析结合起来，为全面理解与解释量子场论提供一个合适的平台。对量子场论进行语境分析包括语形分析、语义分析和语用分析，"只有超越过去那种简单的分割论方法，站在整体论的立场上，才能真正合理地理解理论实体的本体性"[2]30。

（三）量子场论语境分析的动态性

量子场论是研究粒子间相互作用的数学框架。在量子场论的发展过程中，逐渐形成了描述电磁相互作用的量子电动力学、描述电弱相互作用的电弱统一理论和描述强相互作用的量子色动力学。我们分别对它们进行了语境分析，发现这三个理论的语境结构具有相似性，并且后者都是从前者的语境结构扩展而来的。也就是说，量子场论的发展是一个不断再语境化的过程，这体现了语境变化的动态性特征。在这个过程中，物理学家通过类比逐渐从旧理论中寻找数学或物理方法，再通过添加或修改原有数学或物理公式而建构出新的理论。在原有的语境结构中增加新的语境要素而实现语境扩张，这个语境扩张就是一个再语境化的过程。在这个再语境化的过程中，语形基础、语义内涵和语用边界同时扩张，在这个动态过程中仍保持着整体的统一性。

在量子电动力学到电弱统一理论的发展过程中，其语形基础中的对称群从 U（1）规范对称群扩张到规范对称群 SU（2）×U（1）。随着量子场论的发展，最终的标准模型的规范对称群为 SU（3）×SU（2）×U（1）。再例如，在电弱统一理论中，我们量子化规范场的方法是特霍夫特规范方法，这个方法就是在量子电动力学中量子化规范场的方法中扩展而来的。在对电弱统一理论中的规范场进行量子化的时候，我们还必须在原有拉氏量密度的基础上引进规范固定项和法捷耶夫 - 波波夫鬼项。由于有破缺的情况发生，我们需要对原有的某个场进行数学上的平移。这都体现了语境的动态性特征，并且在这个动态的语境扩张中，由于语形的扩张具有逻辑连续性，这保证了新的理论的精确性。

结　语

语境分析方法为我们提供了一种整体的视角，对量子场论进行语境分析不仅注重形式体系的结构分析，而且也注重形式体系的物理意义及理论建构主体的主观因素。这些都是科学解释需要关心的内容，因为科学解释的语境结构是由语形基础、语义规则和语用边界组成的。语境分析方法结合了语形的逻辑性、语义的解释性和语用的约束性这些优点，使得我们可以尽可能多地揭示出量子场论的意义。语境分析方法由于语形的逻辑性具有一定的客观性，又由于语用的约束性又具有一定的经验性，并且还能把静态分析与动态分析统一起来。对量子场论进行语境分析可以使我们从历史的角度揭示出量子场论形式体系的动态演化规则，这些动态演化规则为我们对其形式体系进行物理诠释提供了基础。当然，这些动态的演化规则和理论结构主体的心理意向性因素密切相关。可见，对量子场论进行语境分析在揭示量子场论的意义方面具有明显的优势。

参考文献

［1］Cao T Y. Conceptual foundations of quantum field theory. Cambridge：Cambridge University Press, 2004：1

［2］郭贵春 ."语境" 研究纲领与科学哲学的发展 . 中国社会科学, 2006,（6）：30.

［3］郭贵春. 语境分析的方法论意义. 山西大学学报（哲学社会科学版），2000,（3）：2.

［4］裴忠平. 现代量子场论导引. 武汉：华中师范大学出版社，1992：65.

［5］Yang C N, Mills R L. Conservation of isotopic spin and isotopic gauge invariance. Physical Review, 1954, 96（1）：191.

［6］朱洪元. 量子场论. 北京：科学出版社，1960：143.

［7］郭贵春. 语义分析方法的本质. 科学技术与辩证法，1990,（2）：1.

［8］刘高岑，郭贵春. 科学解释的语境：意向模型. 科学学研究，2006,（4）：497.

［9］郭贵春，安军. 科学解释的语境论基础. 科学技术哲学研究，2013,（1）：2.

［10］程瑞. 当代时空实在论研究. 山西大学博士学位论文，2010：166.

［11］贺天平. 量子力学模态解释及其方法论研究——兼议语言分析方法在量子力学中的应用. 山西大学博士学位论文，2006：144.

社会科学哲学

社会学研究的"复杂性转向"*

王亚男　殷　杰

自孔德（Auguste Comte）1838 年提出"社会学"这一范畴并初步建立起社会学的框架和构想开始，100 多年以来，社会学经历了古典社会学时期、帕森斯结构功能时期、反帕森斯时期及多元综合时期等多个发展阶段。虽然在这一历史进程中形成了各种理论流派，但学界对于社会学到底是一种单一范式还是多重范式构成的学科仍存争议。因此，社会学一直处于研究方法丰富、科学结论贫乏的矛盾中[1]。近年来，随着自然科学中新研究范式（主要是复杂性范式）的形成、其他社会科学学科（如经济学）中各种计量和建模方法的成熟，以及由此导致的学科边界的模糊化和跨学科研究的兴起，在社会学领域内逐渐掀起了对这些研究方法和趋势进行思考和回应的热潮。所谓的"社会学危机"在这一时代背景下也有了新的表现形式，在新的研究范式指导下消解这一"危机"对于社会学融入当代大科学体系，并取得长足进步而言变得十分迫切且必要。近年来，已经有部分社会学家把复杂性思维引入自己的研究中，并在概念和方法上对社会学的研究对象和进路给予了重新解释。但大部分社会学家对社会系统与自然系统之间传统二元对立的坚持，使得复杂性方法的应用仍然停留在主流社会学研究的外围。因此，本文试图通过消解实证主义方法论与反实证主义方法论之间的二元对立，来揭示所谓的"社会学危机"的本质，并在深入剖析复杂性系统观与社会系统论之间内在联系的基础上，明确 SACS（sociology and complexity science）研究的具体内涵和发展趋向，阐明复杂性方法带给社会学发展的契机及当代社会学研究的"复杂性转向"。

一　"社会学危机"及其本质

"社会学危机"在不同的历史时期和背景下有不同的内涵和表现。美国社会学家阿尔文·古德纳（Alvin Gouldner）早在 1970 年就在其《正在到来的西方

* 原文发表于《科学技术哲学研究》2015 年第 1 期。

　王亚男，山西大学科学技术哲学研究中心博士研究生，研究方向为科学哲学；殷杰，山西大学科学技术哲学研究中心教授、博士生导师，研究方向为科学哲学。

社会学危机》一书中明确提出了，当时在美国社会学界占统治地位的帕森斯主义与 20 世纪 60 年代后的美国社会现状之间存在较低的拟合度[2]。但是，"社会学危机"作为一个专门的研究主题得到重视，要始于 1994 年 6 月美国社会学期刊《社会学论坛》以"社会学危机"为主题展开的普遍讨论。主编斯蒂芬·科尔（Stephen Cole）在其《社会学出了什么问题》一文中指出：无论是从制度方面还是从智识方面来看，社会学都没有实现我们所期望的那种进步。前者大致包括社会学缺少应有的学科地位和声望等，后者则主要指社会学作为一门学科缺乏统一的研究范式和可用于经验研究的系统理论等[3]。进入 21 世纪以来，"社会学危机"又有了新的表现形式，主要体现为：社会学研究范围和边界日趋模糊化；社会学逐渐被文化研究、多元文化论、后女权主义、文学理论等代替[4]。因为这些新的研究形式和领域被认为更具创造性，更能适应后现代社会的要求。而作为现代主义研究文化的典型代表，在面对后现代社会中的各种"异常"和突现现象时，社会学传统的认知思维和研究方法的不恰当性日益凸显。虽然在不同的历史阶段和文化环境中，"社会学危机"的具体表现不同，但通过对各个时期"社会学危机"具体内涵的把握就会发现，大部分"社会学危机"都主要是由方法论上的经验不适当性造成的。这本质上与社会学发展史中一直存在的方法论取向上的内在分裂有关，正是对这些传统二元对立的坚持，导致社会学家在具体研究方法的选择上存在一定的片面性和极端性，因而在很大程度上阻碍了多元方法论的形成和发展。

实证主义与反实证主义的冲突和博弈是社会学方法论二元对立和内部分裂的典型体现。实证主义社会学是西方社会学中诞生最早并长期占有统治地位的一个思想流派。自社会学创立之初，即从孔德尝试建立一门所谓的"社会物理学"开始，社会学就已经开始模仿自然科学方法来研究社会现象。不论是以孔德、斯宾塞（Herbert Spencer）为代表的早期实证主义社会学，还是杜尔克姆（Emile Durkheim）、帕累托（Vilfredo Pareto）所开启的真正意义上趋于成熟的实证主义社会学，或者是包含帕森斯（Talcott Parsons）结构功能主义和行为主义等的新实证主义社会学，都或多或少强调了社会现象与自然现象之间的同质性，以及自然科学方法应用于社会学研究的必要性和适用性。[①] 其基本的方法论原则是生物进化论和机械决定论。然而，随着实证主义方法在解释具体社会问题中的局限性

---

① 霍布斯（Thomas Hobbes）、密尔（John Stuart Mill）、洛克（John Locke）等都在其关于国家和社会的论著中依靠现代物理力学的确定性来寻找灵感和例证，由此形成了很多决定论的历史规律；圣西门（Saint-Simon）的空想社会主义及其技术统治论信条，创造了一门被称为"社会生理学"的知识；孔德和帕森斯从机械隐喻和热隐喻中获得概念支持来描述社会动力学；斯宾塞也与物理学、特别是生物力学对话，来揭示有机体的复杂性会逐渐增加这一事实；马克思，社会学最重要的创始人之一，其很多解释都受到牛顿力学范式霸权及其对自然和宇宙的机械论综合的影响——社会和国家被比作一个精确的机制，服从于将历史组织起来的规律和动力；杜尔克姆把社会学与热力学、生物化学和电学等整合起来，在其社会理论中，将社会反常视为既不符合规则也不符合规律的社会状态，是人类必需品无限扩张的结果，参见 Gilson L. Sociology in Complexity Sociologias, 2006, 2（15）：136-181。

得到普遍认识,各种反帕森斯主义理论逐渐形成,并在社会学领域内引起了方法论反思的浪潮。以狄尔泰(Wilhelm Dilthey)为代表的反实证主义社会学正是在与实证主义社会学的矛盾和对立中发展起来的。它批判实证主义社会学的统一科学观、机械决定论和价值中立原则,强调主体在社会认知过程中的作用。从狄尔泰到新康德主义弗赖堡学派,再到韦伯(Max Weber)及其他各种反实证主义社会学流派,都强调社会现象与自然现象之间的本质对立,反对用自然科学方法对社会现象进行实证的、定量的研究,强调对文化意义和价值的理解。因此,理解(interpretation)构成了反实证主义社会学方法论的核心。

很多社会学家在其具体的方法论定位过程中有意无意地把实证主义与反实证主义之间的对立等同于个体主义与整体主义、自然主义与反自然主义之间的对立,这不仅不能消解二者之间的对立,反而在一定程度上强化了它们之间的不相容。事实上,实证主义方法论和反实证主义方法论的对立源于两种不同的社会本体论观点:社会唯实论与社会唯名论。社会唯实论认为,社会是一个由各种制度和规范构成的有机整体,社会外在于个人并对个人具有强制性;社会唯名论则认为,个人是实际存在的,社会只是单纯的名称,个人行为及其调节才是社会学的研究对象。在某种程度上可以说,实证主义方法论和反实证主义方法论之间的对立正是这两种社会本体论立场在方法论领域逻辑推演的结果,各个社会学研究流派和范式之间的对立本质上也来源于这些不同的理论假设前提。因为在整个社会学认知过程中,主体目标的实现以对客体的充分认识为前提,研究方法和工具的选择也依赖于客体自身的结构和性质,研究成果的检验同样以是否准确反映和解释客体为标准。因此,本体论定位是方法论定位的前提和基础。

然而,社会唯实论和社会唯名论之间的对立并不是绝对的,很多社会学家在其具体的研究中通常把它们融合在一起。斯宾塞既强调个体主义,社会服务于个人;又强调个人应该相互依赖以维持作为一个有机整体存在的社会。作为一个唯名论者,韦伯对社会学的认识是与孔德、斯宾塞及杜尔克姆所倡导的建立在进化论基础上的有机体社会学相对立的,因此他希望背离社会学研究的宏观立场,对社会行动进行解释性理解;但另一方面他又在其《经济与社会》一书中表达了对社会结构和规范秩序的高度关注[5]。齐美尔(Georg Simmel)则明确反对任何纯粹的唯实论或唯名论的社会观,他希望以互动和交往概念为基础来调和二者之间的冲突。其核心思想是,由个人组成的社会和社会化的个人之间保持着一种双重关系:个人既内在于社会,又外在于社会;个人既为社会存在,又为自己存在[6]。吉登斯(Anthony Giddens)的结构化理论也以调和围绕社会和个人之间关系的问题所产生的各种二元对立为目标。在其结构化理论中,互动者在相互依存的背景中运用规则和资源,正是这些规则和资源构成了日常生活中的社会结构;同时,互动者又通过自己的行为生产和再生产出结构的资源和规则[7]。他希望以此来消解主体与客体、行动与结构、唯实论和唯名论之间的二元对立。当然，这些社会学家的努力并未就此终结唯实论与唯名论之间的争论，但至少在一定程度上揭示了实证主义方法论与反实证主义方法论对立的来源及内部冲突的本质，并证明了在具体的社会学研究问题中消解冲突和尝试融合的可能性。

从社会科学哲学的层面上来讲，实证主义与反实证主义之间的二元对立反映了整个社会科学领域内方法论问题上一直存在着的两种对立的倾向：方法论一元论和方法论二元论或多元论。发轫于量子力学和相对论的物理学革命颠覆了牛顿－笛卡儿范式在自然科学研究中的统治地位，自然科学研究中强调非线性、复杂性和不确定性等特征的新方法推翻了作为科学发现程序和验证标准之唯一基础的归纳逻辑，也在一定程度上消解了因对待自然科学方法论的不同态度而引起的社会学方法论上的二元对立。因此，实证主义方法论与反实证主义方法论之间的对立随着自然科学范式的转移而逐渐被消解，当下社会学研究面临的新"危机"本质上只是在正统牛顿范式崩塌之时社会学暂时处于"失范"状态的表现。随着具体自然科学对各种复杂性问题的关注日益增长，在物理和生物化学世界中逐渐发现了那些传统上被认为是人类和社会关系所特有的性质，如自组织、自生成、自我指涉等，如此，物理、生物和社会世界之间的边界就变得越来越模糊了。这就为新的自然科学研究范式——复杂性思维和方法进入社会学领域打开了通道。从这个意义上讲，所谓的"危机"对于社会学研究来说反而成了一种进步的契机。

二、社会系统论思想的发展演化

社会科学和文化科学在过去几十年中发生了一些重大转向，其中包括 20 世纪 70 年代的马克思主义转向、80 年代的语言学和后现代主义转向、90 年代的述行（performative）和全球文化转向，以及近年来的复杂性转向。复杂性转向是社会科学开始的新的转向。这个转向的出现得益于过去几十年中物理学、生物学、数学、生态学、化学和经济学等学科中取得的一些实质性进展，社会思想中新生机论（neo-vitalism）的复兴及"知觉的复杂结构"的突现[8]1。伴随着整个社会科学领域内的"复杂性转向"这一大趋势，从 20 世纪 90 年代开始，社会学中的复杂性问题也逐渐成为一个专门的研究论题。这主要是基于大部分社会学家的一个共识——社会正变得越来越复杂、易变且互联。实际上，与其说社会本身复杂性的不断增加是社会学家对复杂性方法感兴趣的主要原因，不如说是因为现在关注到了复杂性才引起他们对复杂性理论和方法的重视。因为社会从来就不是简单的或同质的。

复杂性是社会过程的基本特征之一，社会学家关于社会过程的描述和解释在某种程度上与复杂性科学的具体理论有许多契合之处，从而给复杂性方法介入社会学研究提供了基础和平台。

第一，作为复杂性科学的前身，一般系统论强调系统存在的客观性和对复杂系统进行研究的必要性。同样，以系统为单位进行社会学研究的社会系统论思想也贯穿于整个社会学发展史中。社会学的"系统思想"传统分为三个阶段。

（1）经典社会学时期，以孔德、马克思（Karl Marx）、帕累托和杜尔克姆等为代表。这些社会学家倾向于把社会和社会现象作为社会系统来分析。尽管他们的具体思想之间存在一些关键性差异，但因为这个共同的参照标准，以及对社会行为的宏观或聚合层次的关注，这些学者被统称为系统思考者，且他们的研究可以概念化和理论化为对现代西方社会不断增加的复杂性的回应。孔德把社会作为一个经历了特定演化阶段的社会系统来分析；马克思把阶级结构和社会发展视为唯物主义经济基础变化的结果；帕累托考察了现代社会如何会倾向于维持不平等结构；杜尔克姆则主要研究导致社会复杂性不断增加的系统内部分化过程，在这些过程中，同质的群体和组织被异质的、专门化的、相互连接的组织取代。这些社会学家的系统思想可以说是社会系统论的雏形，同时也为社会学重视系统整体及其演化的研究趋向奠定了基础。

（2）结构功能主义时期，主要包括帕森斯的行动系统论和默顿（Robert Merton）的中层理论等。虽然进化论和系统论的影响在20世纪前半叶逐渐弱化，但帕森斯及其结构功能主义改变了这一状况。帕森斯强调系统化理论对于任何科学的重要性，因此，他认为，作为社会学之基础的理论体系必须是关于社会系统的理论，必须符合"结构－功能"的分析模式，且理论体系的建构必须限制在"行动"这一参考框架内。帕森斯在其关于行动理论的研究中继承了早期社会学家的思想，并把这些观点整合进其行动系统论中。他认为，社会系统就是由行动者互动构成的系统，行动者之间的关系结构就是社会系统的基本结构。社会行动是一个庞大的系统，包含四个子系统——行为有机体系统、人格系统、社会系统和文化系统。它们分别具有适应功能、目标达成功能、整合功能和潜在模式维系功能。社会系统要维持其存在和有效性也必须满足这四个功能，这就是著名的AGIL功能模式。总之，帕森斯的社会系统论思想以高度抽象的概念体系说明了行动系统的结构和过程，其特别之处在于，它不仅代表了一种新的系统思维，而且涉及控制论和系统科学这些全新的领域，而这些领域是复杂性科学的知识先驱[9]235。但是到20世纪60年代，结构功能主义的保守趋势——集中研究复制、秩序和一致性，而非反抗、冲突和社会变化，导致其系统论思想遭到了广泛拒斥。在接下来的几十年中，默顿的中层理论进一步探讨了一般系统思维与社会系统理论之间的协同发展，并填补了宏观社会理论与微观社会现象之间的鸿沟，但最终并没有形成科学完善的社会系统观。

（3）多元综合时期和 SACS 时期。多元综合时期的社会系统思想是在批判行动与结构、个体与整体、微观与宏观等传统二元对立的基础上发展起来的，吉登斯的结构化理论是典型代表。这一理论认为，行动和结构之间的互动构成了社会系统的再生产，社会结构既对人的行动具有制约作用，又以行动为前提和中介。行动者的行动既维持着系统的结构，又改变着系统的结构。行动与结构之间的这种辩证关系存在于社会实践中。社会系统的结构性特征，既是其不断组织起来的社会实践的前提，又是这些社会实践的结果。这个时期的社会系统思想的最大贡献在于，在一定程度上解决了社会学理论中一直存在的主体与结构之间、个人与社会之间的关系问题。到 SACS 时期，社会学逐渐形成了比较成熟完善的社会系统观，社会系统的自主性、开放性、非平衡性及协同发展等特征在社会学研究中逐渐得到重视，并与复杂适应系统概念联系起来。这一时期系统观的典型特征是，认识到系统要素之间的交互作用会导致难以实现线性分解的系统结构的突现，因此系统特征不能仅通过构成要素的简单聚合得到理解。这个时期的社会学家逐渐开始依靠复杂性方法来认识宏观社会系统的属性：沃勒斯坦（Immanuel Wallerstein）将普里高津（Ilya Prigogine）的研究引入自己的世界系统论中；阿尔伯特（Andrew Abbott）把分形、自相似和混沌应用于社会科学的结构和动力学中；卢曼（Niklas Luhmann）在社会自生成概念的基础上构建了现代社会理论；卡斯特尔斯（Manuel Castells）则用网络概念发展了全球化理论[9]viii。

第二，社会复杂性及其突现属性是贯穿社会思想和社会变迁研究的核心主题，一些社会学家对社会复杂性的认识与复杂性科学的核心观念存在一定的内在关联。斯宾塞的社会进化论和社会有机体论预示了霍兰（John Holland）所阐释的突现概念的某些内核[10]；帕累托的二八法则对于理解大型复杂网络的结构而言至关重要；杜尔克姆的系统分化概念与复杂性科学的系统分叉和奇异吸引子等概念直接相关；厄里（John Urry）引用了马克思的资本主义具有似规律的矛盾趋势这一观点来例证复杂性分析；伯恩（David Byrne）提出的在新科学中发挥重要作用的整体系统属性恰恰与杜尔克姆的社会事实概念相对应[11]。

事实上，社会复杂性观点产生于早期社会学家的历史-比较法。因为复杂社会系统有大量构成要素且要素之间存在很多可能的联系，所以适当的方法论是由特定的研究分析层次所决定的，而这些特定的研究分析层次则是由研究者根据研究假设所需要的描述或解释层次分化出来的。在较宏观的分析层次上，民族志研究方法、参与式或非参与式观察抑或其他定性研究方法可能就是恰当的。但要解释系统内部复杂的非线性交互作用及其突现属性，则要借助一些高度复杂化的定量研究方法。社会学理论的早期创立者，如滕尼斯（Ferdinand Tonnies）、杜尔克姆、韦伯、帕累托及齐美尔等，都考察了社会接触和交往的指数增长及不断增强的相互关联性，这种对社会关系的相互联结性和社会内新的突现属性的强调存在于很多社会领域的理论思考中。到 20 世纪 90 年代，卢曼开始借鉴自然科学中对系统复杂性的认识来思考复杂社会行为，并揭示出社会系统中要素之间的强相关会导致诸如自生成和自组织等行为的出现。因此，分叉图、网络分析、非线性模型，以及元胞自动机编程、社会控制论和其他社会模拟方法等计算模型逐渐被引入社会系统分析中。

沃比（Sylvia Walby）认为，尽管社会理论避开了一般系统论的概念和术语，但它使用了很多其他术语来表征社会整体或集体的系统性，如社会关系、社会制度、网络、话语等[12]。因此，社会概念不是静止的，而是一个持续演化且具有突现属性的功能上分化的系统。在某种程度上可以说为系统论奠定了基础，是复杂性理论发展的一部分[13]。

三、社会学与复杂性科学

尽管社会本身及社会学研究过程具有内在的复杂性已成为普遍共识，但是，到目前为止，复杂性方法的应用仍然停留在主流社会学的外围。造成这种状况的主要原因在于如下两方面。一方面，一些社会学家认为，复杂性方法来自于自然科学学科，而这些学科基本上是还原论的，因此复杂社会系统的非还原论特征不能得到充分的认识和发展。事实上，牛顿力学范式霸权地位的动摇挑战了自然科学机械还原论的定位。虽然在大部分自然科学研究中还原方法的使用是必不可少的，但这并不能证明这些学科从根本上就是还原论的。耗散结构理论、超循环理论和自组织理论已经证明了自然系统本质上的不可还原性和不可预测性。另一方面，对很多社会学家来说，复杂性方法适用于分析自然系统而不是社会系统，而社会系统与自然系统之间存在一些本质差异：自然系统通常包含遵循规律和因果力的要素，这些要素至少可以以某种方式得到独立地观察和描述；社会系统则由复杂的人类要素构成，这些要素是创造性的，在这些系统中，诸如个体性、感觉、主观性、知觉和知识等是高度相关的。诚然，社会系统与自然系统存在一些本质上的差异，但在很多具体的社会学研究中，方法的应用并不必然与这些差异有关[13]，指导我们进行方法选择的应该是我们的研究目的，以及相关目标系统的类型和属性。

近年来，社会学正发生着一些关键性的变化。社会学研究的几个主要参照点，如结构、位置、意识形态、自我等逐渐被"瓦解"了，转而更偏向一些不确定的形态，如运动、阈限、主观性，以及一些终端术语，如历史的终结、社会的灭亡和"社会学理论"本身的终结等[4]。这提醒我们社会学这门学科正处于更加不稳定的制度环境中，而传统社会学研究方法所存在的内在缺陷是导致这一问题的根本原因：作为复杂社会系统基础的概念和动力学与传统社会学方法所要求的假定之间不相容。线性方法不能解释社会系统中的交互作用如何会导致反馈过程和阈值效应，因此，假定一种线性实在并把社会视为服从线性因果关系的决定论系统，就会使我们很难理解大量不符合线性动力学的社会现象。正如萨耶尔（Andrew Sayer）所说，还原论或者说复杂性贫乏，是社会学这门学科目前存在的核心问题[14]。

鉴于此，依靠计算机技术的发展，借助于复杂性科学的视角、理论和方法，将社会学理论与复杂性科学整合起来就变得很有必要。厄里指出，社会生活复杂性的不断增加迫切要求适当地修正社会学的理论和方法，而可以提供这种修正所需的知识工具和结构框架的就是复杂性科学[8]。近年来，系统地把社会学与复杂性科学结合起来进行研究并取得显著成就的学者当属卡斯特拉尼（Brian Castellani）和哈佛提（Frederic William Hafferty），他们的《社会学与复杂性科学：一个新的研究领域》一书在详细考察社会学与复杂性科学各自的知识传统、方法论传统和主要研究主题（详见表1）的基础上，将复杂性科学分为五个研究领域：复杂社会网络分析、计算社会学、卢曼复杂性学派、社会控制论及英国复杂性学派[9]84-86。对这五个研究领域的深入剖析有助于阐明从复杂性视角进行社会学研究已取得的一些成果、可能存在的一些问题及未来的发展趋向。

表1　社会学与复杂性科学在三个层面上的差异

项目	社会学	复杂性科学
知识传统	系统思维、结构主义、交换理论、理性选择论、符号互动论和冲突理论等	控制论和系统科学
方法论传统	数学社会学、社会网络分析及后来的历史编纂学	基于主体的建模，特别是计算机模拟和数据挖掘
主要主题	社会、城市、正式组织及各种类型的社会网络	突现和网络动力学、自组织和自生成

其一，复杂社会网络分析（complex social network analysis，CSNA）的主要目标是研究大型复杂网络（如因特网、全球化疾病和合作交互作用等）的动力学。这一领域使用社会网络分析、基于主体的建模、理论物理学及现代数学（特别是图论和分形几何）中的主要概念和方法，来揭示个体在网络中如何被连接起来及网络结构如何影响系统属性。因此，这一研究领域推动了对社会系统的动力学与结构的定量认识。

其二，计算社会学（computational sociology）是复杂性科学方法的一个缩影，这个领域的研究重点也是复杂性科学方法的重点，即社会模拟和数据挖掘。
社会模拟是通过计算机创建人工实验室来研究复杂社会系统，数据挖掘则是使用
机器智能来寻找规模宏大、信息复杂的真实世界数据库中新的关系模式。这一领
域受到一些微观社会学研究、宏观系统科学及系统思维传统的影响，这有助于计
算社会学形成自下而上的、基于主体的建模方法。

其三，卢曼复杂性学派（Luhmanns school of complexity，LSC）在认识论和
方法论上完全不同于前两个研究领域。这一流派建立在卢曼社会学研究的基础
上，主张把社会作为复杂社会系统来研究，依靠系统科学和控制论的最新成果来
整合社会学与认知科学，进而形成新的社会系统论。复杂性和社会分化是卢曼社
会系统理论的核心，这一新的社会系统论思想超越了帕森斯结构功能主义以自我
平衡为特征的系统模型的局限性。

其四，社会控制论（sociocy bernetics）的主要目标是把社会学、二阶控制论、
卢曼的系统思想及复杂性科学的最新成果整合起来。社会系统被视为高度复杂的
多阶控制系统，系统的宏观调节和控制依靠各层次之间的双向信息流联系。社会
控制论强调系统结构的协变、子系统结构的协同及子系统行为之间的互补。因
此，其核心思想基本上是概念上的，只有很少一部分是方法论上的或经验上的。

其五，英国复杂性学派（British-based school of complexity，BBC）的代
表人物主要有厄里、伯恩等，其主要目的是改进社会学理解与复杂性方法的使
用。该学派主张把复杂性科学与一种后社会（post-society）的、后学科（post-
disciplinary）的、移动社会（mobile-society）的社会学整合起来，以期创造一种
从系统视角进行整体社会学研究的有力模型。如此一来，社会学家在社会系统研
究中就可以处于认识论、方法论和组织问题的前沿。

通过对复杂性科学所包含的五个研究领域的具体内涵进行深入剖析，可以看
到它们之间存在的具体差异和内在联系。从外部发展方向上来讲，这五个研究领
域可以被分为老学派系统思维和新学派系统思维（详见表 2）[9] 87-88。从内部应
用层次上来讲，这五个研究领域基本上都涉及两个主要方向：①把来自复杂性理
论的概念整合进社会学理论中；②把来自复杂性理论的方法应用于社会现象的研
究。

第一个方向涉及很多领域，如社会运动理论，把混沌理论与社会学结合起来
进行的研究，以及把全球化与全球复杂性结合起来进行的研究。第二个方向则主
要涉及各种基于计算机的方法，包括元胞自动机（被用来分析一个晶格中要素之
间局部交互作用的结果）、人工神经网络（可以说是大脑的简化表示，被用来想
象分析等）、博弈论（一种被用来分析理性主体之间交互作用结果的数学工具）、
社会网络分析（关注产生于网络结构而不是主体行为的系统属性），以及基于主
体的模型（作为一种具有广泛定义的计算方法，包括几乎所有建立在根据规则行

事的交互作用主体基础上的模拟）。这些方法借助于计算机技术的发展，使得分析异质群体中的交互作用链成为可能[13]。

表 2　复杂性科学在认识方法论和发展方向上的划分

项目	认识论	方法论	学习方向	发展阶段
LSC	结构主义	历史、定性方法	更多地学习人文科学和科学哲学	老学派系统思维
社会控制论				
CSNA	批判实在主义	计算、统计方法	更多地学习自然科学	新学派系统思维
计算社会学				
BBC				

注：当然，新旧学派之间不存在完全的分立，而是有一定的融合。例如，新学派中也存在一些学者更倾向于人文科学而不是自然科学的方法，这些学者使用历史方法和动态系统论研究全球化问题，是后学科社会学（post-disciplinary sociology）的主要支持者，代表人物是阿尔伯特（Andrew Abbott）和厄里。而那些在研究复杂社会网络时更倾向于新学派视角的学者，使用数学挖掘和社会模拟来支持一种更为跨学科的社会学，代表人物是伯恩·瓦特（Duncan Watts）和吉尔伯特（Nigel Gilbert）等

综上所述，复杂性科学系统地展示了社会学与复杂性科学互动的广度和深度，为社会学提供了一种新的研究路径。在 21 世纪的第一个十年中，随着更多复杂性方法的形成，这一研究领域不断拓展，涉及包括社会合作、社会运动、社会不平等、社会政策分析、社会变迁等在内的众多研究主题。这进一步推动了社会学研究的"复杂性转向"。同时，我们也要注意到，目前从复杂性视角进行社会学研究存在的一个显著问题是，复杂性科学研究与现有的社会学理论的联系并不是十分紧密，这就导致做出的假定和得出的结论与已有的社会学研究没有明显的关联性。因此或多或少会产生一种质疑，即我们形成的是一个新的研究领域，而不是对该领域现有研究的丰富和扩展。在实践中，这意味着复杂性方法不是被作为传统社会学方法的一个补充或完善，而是被当作对现有社会学知识和结论的一种替代。这是我们在今后的复杂性科学研究中需要进一步改进的问题。

参考文献

[1] Henri P. Science and Method. Francis Maitland Translator. New York：Cosimo Classics，2009：19-20.

[2] Alvin G. The Coming Crisis of Western Sociology. New York：Basic Books，Inc.，1970：159-162.

[3] Stephen C. Introduction：What's wrong with sociology? Sociology Forum，1994，9（2）：129-131.

[4] Gregor M. Sociology's Complexity. Sociology，2003，37（3）：548.

[5] Max W. Economy and Society：An Outline of Interpretive Sociology. California：University of

California Press, 1978: 22-26.

[6] Lewis C. Masters of Sociological Thought: Ideas in Historical and Social Context. New York: Harcourt Brace Jovanovich, Inc., 1977: 184.

[7] Jonathan T. The Structure of Sociological Theory. Chicago: The Dorsey Press, 1986: 458.

[8] John U. The complexity turn theory. Culture & Society, 2005, 22 (5) 1-14.

[9] Brian C, Frederic W H. Sociology and Complexity Science: A New Field of Inquiry. Berlin: Springer, 2009.

[10] John H. Emergence: From Chaos to Order. Oxford: Oxford University Press, 1998: 1.

[11] David B. Complexity Theory and Social Research.Guildford: University of Surrey, 1997: 3.

[12] Sylvia W. Complexity theory, system theory, and multiple intersecting social inequalities. Philosophy of the Social Sciences, 2007, 37 (4): 455.

[13] Anton T. Using Complexity Theory Methods for Sociological Theory Development: With a Case Study on Socio-Technical Transitions. https: //gupea.ub.gu.se/handle/2077/26536 [2014-01-13] .

[14] Andrew S. For Postdisciplinary Studies: Sociology and the Curse of Disciplinary Parochialism and Imperialism//Eldridge J E T et.al. For Sociology: Legacies and Prospects. Durham: The Sociology Press, 2000: 86.

逻辑经验主义社会科学哲学的历史发展 *

张海燕　殷杰

逻辑经验主义关于社会科学的认识和反思，进而形成的社会科学哲学，通常较少受到人们的关注，因为"在许多人眼里，社会科学哲学不大可能是一个逻辑经验主义在其中可以取得巨大成功的领域"。但是，"如果用正确方式理解的话，逻辑经验主义者的社会科学哲学还是相当可观的"[1]。本文之目的，正是要通过考察逻辑经验主义对于社会科学的理性重建、社会科学解释模式、社会科学的规律等核心问题的探讨，梳理逻辑经验主义对社会科学认识上的变化和特点。在发现其社会科学哲学基础上，我们勾画出了逻辑经验主义基本纲领和立场的弱化，并呈现融合欧陆哲学和分析哲学的走向和轨迹，"这是在尝试着逾越大陆和分析哲学学派之间的二元主义方法论的沟壑，是一种新的哲学立场"[2]。

一、社会科学的理性重建：物理主义和统一科学

从历史上看，社会科学哲学一直在围绕社会知识的科学地位而进行松散探究，社会科学的本质是什么，社会科学到底该如何定位？这也是逻辑经验主义关于社会科学的首要思考问题。逻辑经验主义认为，社会科学的定位实质上是对社会科学的理性重建。在早期逻辑经验主义的社会科学研究中，认为应该将自然科学所取得的成功方法、规律和观念，引入社会科学的相同问题域中，并且和"社会科学的快速发展契合在一起，这样能够提升社会科学学科的'科学地位'"[3]，这也成为 20 世纪前半期社会科学哲学的基本目标定位。其主要表现在以纽拉特（Otto Neurath）、卡尔纳普（Rudolf Carnap）等人为代表的"物理主义"和"统一科学"思想中。

纽拉特是"物理主义"和"统一科学"思想的主要代表。他认为，自然科学和社会科学的二元论区分，归根到底是形而上学的残余，一切科学都应该还原为物理学，自然科学和社会科学领域都要使用物理语言，将社会学概念还原为物

---

* 原文发表于《科学技术哲学》2015 年第 6 期。
　张海燕，山西大学科学技术哲学研究中心博士研究生，太原科技大学哲学研究所讲师，研究方向为科学哲学；
　殷杰，山西大学科学技术哲学研究中心教授、博士生导师，研究方向为科学哲学。

理学概念，将社会学规律还原为物理学规律，从而消除自然科学和社会科学的差异，实现科学的统一。在此，纽拉特着重强调了自然科学和心理学与社会定律之间并无基础性差异，其主要理由是人类个体和社会不是别的，就是复杂的物理系统。他将一个活着的人表述得更加精确："个体细胞在一个小的空间里展现出的是大规模电子的潜在差异，而在脑和身体之间的温度差异表现出的是明确的波动。"[4]另外，纽拉特认为，社会科学不是"精神科学"，也不是"心灵科学"，与其他某些科学相比较而言，它属于自然科学，但是作为社会行为主义社会学，它是统一科学的组成部分。

与纽拉特类似，卡尔纳普的物理主义观点，同样坚持所有科学术语都可以用物理术语来定义，所有不同学科的语言都可以翻译成物理学语言，对于任何经验科学的句子来讲，在物理语言中都能找到一个对应的句子，这种翻译并不总是单独的以逻辑的或者分析的真理为基础，而是主要依赖于经验定律。也就是说，只要能够在时空中表达，即使是心理学的句子也可以转化成物理句子。

到了逻辑经验主义中期，统一科学和物理主义观点表现出了宽容性或者弱化的趋向。

首先，在心理学句子的意义的认同及物理转化的认同的问题上，亨普尔认为，这种物理转化的认同是在根据外在事件观察句子所表达认同的真理－标准的范围基础上产生的，"人类有动机的行为事实上是意向行为，我们不能将心理属性理解为严格的物理的或者行为主义的意向"[5]。因此，这种有意向性的心理术语并不能还原成物理术语。

其次，卡尔纳普接受了亨普尔的思想，认识到对于心理学和社会学术语来讲，最初将所有科学语言都应完全翻译为物理学语言的要求过于狭隘，因此卡尔纳普放弃了将所有科学术语转化为物理主义定义，也拒绝了在物理学语言中所有的科学陈述的可译性，形成了最终的物理主义思想。

最后，纽拉特接受了卡尔纳普对于还原论的放宽，这主要体现为"社会学、政治经济学、历史学中的社会行为主义"[6]。对于纽拉特来讲，行为主义仅仅意味着物理学陈述的界限，即发生在时空中的人类活动陈述的界限，而且他自己的科学陈述论明显地参照了使用"语言思维""思维的人"之类的短语来表达意向性现象，纽拉特曾写到"在原则上，物理主义可能根据人们的计划和意向在一定程度上预测未来的人类行为，但是个体行为主义和社会行为主义的实践表明，如果人们不过度地依赖这些产生于'自我观察'的因素，而是依靠我们用不同方式所观察到的其他大量的资料，我们就可以实现更远的和更好的预测"[7]。由此可见，纽拉特并没有要求社会科学像自然科学一样运行，统一科学的纲领并不是把物理学看作其他所有科学的典范，社会科学拥有与众不同的说明原则，"社会科学通过物理学而达到标准化的观点是错误的，忽视社会科学的独特性将会给一般的科学理论带来严重的后果"[6]，纽拉特多次反对还原论，这反映了他对方法论多元主义的认可。

在逻辑经验主义后期，考夫曼（Kaufmann）对物理主义和统一科学则有新的思考。类似于卡尔纳普和纽拉特，考夫曼的社会科学主要是在行为主义和物理主义之间展开，但与前者有所不同。

首先，考夫曼认为，心理学句子不能转化成物理学句子，其主要原因在于"物理主义像行为主义一样，由于'内省经验'不能进行外部观察，是主体间不可控制的和非科学的"[5]，具体来讲，物理事实和外部经验是相对应的，心理事实和内部经验是相对应的，然而，外部和内部经验总体上并不是孤立的，而是彼此紧密联系的。内部经验的内容是外部的事实或者一个人自己身体的（感情的）事实，比如记忆和幻想，通过预先假定对象的认同和差异，外部经验预先假定了内部经验。那些通过心理断定而可以控制的陈述并非只是物理主义的陈述，即有关物体行为的陈述，因此，通过将心理学的句子翻译成物理句子，心理学的句子并不能从科学的命题的体系中被消除。

其次，考夫曼将经验的概念和行为主义的观点联系起来，即在经验的语境下可以感知观察的、物理的和心理－物理的（社会的）事实，"在处理物理对象和心理对象之间的关系问题时，需要加入关于'经验的社会阶层'及它们的联合的含义的分析"[5]。

最后，考夫曼将"理解"（verstehen）的概念放置到他的方法论分析的框架下。考夫曼虽然反对将心理的和社会的事实的句子还原成物理的事实，但是他承认心理事实和物理事实之间有规则性的关联，对于心理－物理句子来讲，心理事实和社会事实都是必要的，并且需要"理解"将二者联系起来，这既接近维也纳学派的精神，也没有疏远当代舒茨（Alfred Schutz）的"现象的社会学"追随者。考夫曼试图以现象学为原则为哲学奠基，并以胡塞尔的"生活世界"和"主体间性"作为自己的出发点，"追溯社会科学的根底，直指意识生活的基本事实"[5]，这些都确保了社会科学有一个坚实的哲学基础。

二、社会科学规律的多元化认识

社会科学是否存在规律一直是社会科学哲学研究的重要问题之一，社会科学的解释必须建立在发现规律的基础之上。在逻辑经验主义早期，认为社会科学存在规律，在社会科学领域中能够概括和表述出具有经验内容的普遍规律，并且社会科学中的普遍规律正如自然科学中那样具有同样的职能。这主要体现在亨普尔和纽拉特对社会科学规律的认识上。

亨普尔是典型的自然主义代表，他主张社会现象也和其他自然现象一样，可由普遍规律和先决条件来解释，社会科学的主要目标之一就是发现规律，并做出解释和预测。亨普尔认为，在社会科学和自然科学中，"普遍规律具有非常相似的作用，他们成为历史社会研究的一个不可或缺的工具，他们甚至构成了常被认为是与各门自然科学不同的具有社会科学特点的各种研究方法的共同基础"[8]。亨普尔论证了规律在社会科学和自然科学中具有相似的作用，社会科学中存在着规律，指出我们应该通过探求社会现象的规律以便对社会发展做出某种预测。

纽拉特则认为，社会科学规律并不一定还原成物理学规律。尽管纽拉特也主张统一的科学观，认为"社会规律可以作为狭隘的特定社会领域里的规律，可以根据物理规律来构造社会规律"[9]。但是与亨普尔所不同的是，他拒绝将社会科学规律还原为物理学规律，也就是拒绝把社会科学的单个术语还原为物理学术语的模仿，纽拉特最终得出结论是："社会学定律是依赖于狭义的物理学定律建立起来的，但是可能会根据后来发现的物理结构的增加而改变。"[9]也就是说，"根据物理主义，社会学规律并不是应用于社会学机构的物理规律，把它还原到原子结构的规律是可能的"[9]。

到了逻辑经验主义中期，齐塞尔（Zilsel Edgar）认为科学统一应该有规律性的基础，只有找到能够将所有社会科学整合进自然科学的实实在在的规律，才是真正的科学统一。对于齐塞尔来说，"历史－社会学规律像气体定律一样都是'宏观规律'，它们都不符合描述单个分子运动的微观规律。它们都是统计性的并可以和历史规律或社会学规律相吻合。而且这些'规律'都是不完全的，所有的这些历史规律只能算作是可能的断言"[10]。这样看来，似乎是与纽拉特达成了广泛的一致。当纽拉特谈论缩减社会科学规律的范围时，齐塞尔却说"较小群体的普遍统计规律是缺乏精确性的"[11]。

而对社会定律和物理定律，考夫曼则有着自己独特的观点。第一，社会定律的等级分层没有物理定律那么完美，但是也存在等级结构。第二，社会定律是严格的普遍命题。考夫曼认为物理学的基本定律在时间和空间中是不受限制的，然而由于和人的行为有关，社会科学的基础性定律是受限的。如果在不同的社会科学的接受定律的时间和空间范围内做出假设，那么社会定律被认为是严格的普遍命题。第三，社会定律没有物理定律精确，但是精确程度的不同并不能作为社会科学和自然科学之间基础的方法论差异，许多使用物理定律的数学形式在社会领域的事件也可以精准地预测。

到了逻辑经验主义后期，对社会科学规律的争论依旧存在，没有形成统一的定论，但不再是早期发展中所认为的社会科学规律和物理规律之间的相似问题，而是表现出新的发展特征，这主要表现在波普尔关于社会科学规律的思考，即反对社会科学规律就是历史规律，认为不存在唯一普遍有效的社会规律。

波普尔反对"社会科学规律就是历史规律"，认为"规律是严密的普遍性命题，具有不受时间和场所限制的普遍的妥当性。那些主张社会规律对历史有依赖性的人，只不过是错误地理解了规律，把规律当作随着某种场所或者在某种期间之内而成立的趋势或倾向"[12]。波普尔认为社会历史领域如同其他领域一样，不存在唯一普遍有效的社会规律，一切都处在变化和发展的过程中，而不是某种恒定不变的虚假规律在起支配作用，也没有一种与社会结构变化相一致的基本趋向。"真正能够做到的就是，大胆地尝试详细陈述构成社会发展基础的一般性过程的假说，以便人们能够通过从这些规律中推论出的预言，调节自己适应随时可能发生的变化。"[12]由此可见，历史决定论者所谓连续不断的规律，只不过是单一事件或者过程的单称假说，它并不具有普遍性。

三、社会科学解释模式的演变

早期的逻辑经验主义在统一科学的基础上提出了对社会科学的解释模式，强调自然科学和社会科学方法论的统一，认为社会科学的进步需要汲取自然科学的方法和标准，我们必须通过因果证明、普遍规则和经验观察来说明人类行为，倾向于将自然科学中的演绎规则的说明模型应用到社会科学中。其中最有代表性的就是亨普尔，他几乎最完善地阐述了逻辑经验主义的立场，亨普尔认为，科学解释就是运用科学规律，对现象进行论证和解释，他将这种科学解释模型称为覆盖率解释模型，并且将其解释模型应用到社会科学领域中。几乎任何关于社会科学方法论的处理方法都显示出：亨普尔的"演绎－推理法则"（也称覆盖法则）模型所代表的是通向社会科学和人文科学的最成功的自然主义途径。对于亨普尔来讲，这个一般的模式对所有的经验科学来说都是相同的，并且在经验科学（例如历史学和心理学）的说明中，这个一般的模式得到例证。

但是，亨普尔的定律解释也受到反自然主义者的批评，这些反自然主义哲学家认为，这个模型对涉及意义和意图的人类行为领域是不适用的，的确我们承认亨普尔的解释模型确实有它不完善的地方，但是，在今天社会科学走向科学化的大趋势下，探讨这种科学化的解释模型对于社会科学的解释还是有着其特殊的意义。

到了逻辑经验主义中期，逻辑经验主义对社会科学的认识和解释不再局限于自然主义的解释模式，有了多元化融合的趋向，主要表现是考夫曼的社会科学解释。考夫曼对社会科学的解释参照了马克斯·韦伯（Max Weber）的观点，即将狄尔泰（Wilhelm Dilthey）的解释路径和孔德（Auguste Comte）的实证路径做了协调，把它们结合在一起，"既强调自然科学方法在揭示社会事件之原因方面的作用，又强调解释学方法对理解社会事件的意义的重要性"[13]。主要体现在以下三个方面。

首先，在强调社会科学和自然科学中的解释模式的相似性时，考夫曼的观点和亨普尔的观点是相似的，二者都同意韦伯的观点："社会规律（即解释的方案）的操作，类似于自然科学中对理想定律的操作，需要考虑的是，是否将社会规律应用到现实中，也就是说如何使用社会规律来做出预测，并且社会规律是否需要补充。"[14]

其次，考夫曼将社会的概念定义为"一个社会关系解释所应用的领域"[14]，马克斯·韦伯引入一个人与人之间的社会关系的概念，充分地确认将要发生的一种特定的社会行动。在重新组织这个概念时，考夫曼再一次将对现象的关注结合到解释和真理－标准预测的经验主义问题中，通过解释，物理的行为变成一种行动，即在一个经验的语境下的结合："在这种相互定向的存在的假设下，有问题的行为能够恰当地被解释，而合适的解释的最重要的标准是预测基于这种解释的未来行为过程。"[14]

最后，当纽拉特拒绝"理解"作为一个方法时，考夫曼摆出了事实并且用形式重新表示了"理解"，对于考夫曼来讲，定律是推断的规则，并不能被应用到社会事实中。而考夫曼定律的原型是韦伯的理想类型，韦伯的理想典型的解释模式是"对有意义的、可理解的行为的合理建构"。因此，考夫曼在宣扬"统一科学"立场的同时认为，应该修改科学统一的方式，声称"理解"和"解释"的相似性。"意义－解释的所有的形式预先假设了人的存在，对于思想的理解也预先假设了人的存在，但是理解的具体的证据并不能为有关社会事实的科学的句子提供一个真理－标准。"[14]因而，"理解"和"解释"的基础应该合并到经验的普遍语境的事实中，如果没有一个对事实的"解释"，就没有对社会事实的"理解"。

到了逻辑经验主义后期，随着社会科学解释模式的多元化发展，许多社会科学家拒绝任何在自然科学的基础上给社会科学建模的尝试，并且建议放弃普遍解释的研究，社会科学家希望对社会事件有独特的说明。而解释学的方式或者诠释学的方式很明显在社会调查中占有一席之地，在社会科学的范围之内，有一些普遍解释力量的社会模型开始重建，波普尔的情境分析便是其一。波普尔不再一直捍卫社会科学的科学还原主义的观点，而是开始探讨解释学和人文社会科学的问题，其中最有代表性的就是波普尔的情境分析解释方式。波普尔第一次明确地将情境分析应用到他的三个世界的本体论中，希望通过断定"解释带来属于第三世界的对象的理解，而对诠释学做出贡献"，这标志着对诠释学的传统的理解的"激进的分离"[15]。

　　传统的诠释学认为："理解的对象主要属于第二世界，他们在任何情况下使用心理学的术语来解释。"[16] 而波普尔认为"理解并不在于揭露一个人的主要的心理状态，而在于说明阐述，也就是解释一个人所遇到的世界 3 的实体，而这样的世界 3 实体将包括理论、标准、观点、猜测及语言自身"[16]。

　　波普尔认为，与处于情境分析模型中行动者有关的是对世界 3 的环境的一个描述。这意味着社会科学家将不得不解释属于模型的一部分的世界 3 实体。当模型被检验时，也就是当社会科学家试着证伪模型时，主要关注世界 3 的环境。威廉·A. 戈登（William A. Gorton）在《波普尔和社会科学》中"假定一个世界 3 的目标的特殊的意义，但是并没有通过检验自己的理论来反对一个独立的、外部的和客观的现实。相反，通过在意义网络上的其他世界 3 对象的整体一致性，评价推测意义的有效性，通过建立一致性来服从于所谓的诠释学的学派"[28]。也就是说，世界 3 对象的意义将取决于它的组成部分，而个体部分的意义将取决于整体的意义。举个例子说明：为了理解在文本中的特殊的一页，我们必须理解整个文本的普遍的意义。但是为了理解整个文本，我们必须理解构成它的每一页。为了寻求一个对文本的完全的理解，我们也可能争取纳入意义更广泛的网络中，比如说，一个传统或者社会实践。因此，"这里并没有反对检验意义的理论的超文本（在文本的更加广泛的意义上理解），而是在判断理论中的这种差异"[17]。

　　波普尔承认诠释学派的存在，但是他从来没有明确地描绘出诠释学的含义来检验世界 3 问题情境的推测的重建。

　　另外，波普尔的情境模型提供一种将解释和说明结合起来的方法。情境分析不仅可以对于形成人类行动的制度、信念、标准、传统和习惯进行充分的说明，也可以用来解释特殊的社会事件，用来加强我们对典型的社会现象和社会制度的理解，比如革命、经济周期、选举、腐败、政党及大学，揭示如何通过行动者的相互作用来产生某些典型的现象，比如意料之外的结果等。

结　语

　　综上所述，通过对逻辑经验主义社会科学哲学思想的研究，我们可以发现，早期逻辑经验主义对于社会科学的观点主要是单纯地分析哲学传统，到了中后期，逻辑经验主义基本纲领和立场有了弱化的趋向，并且在朝着分析哲学和欧陆哲学融合的方向前行。这主要体现在三个方面。

　　（1）从逻辑经验主义对社会科学的理性重建来看，早期是纯粹的物理主义观点，到中后期出现了宽泛化的发展趋向。早期，逻辑经验主义和科学统一运动掀起了高潮，这与社会科学的迅速扩张处于同一时期，逻辑经验主义给科学知识的本质问题提供了答案，并把这些结果应用于社会科学，"在那个社会科学急切想成为科学的时代里，逻辑经验主义中关于社会科学哲学思想的论述被认为是社会科学能否成为科学的方法论的关键"[18]。到了逻辑经验主义发展后期的考夫曼的物理主义观点，试图以现象学为原则为哲学奠基，并且将"理解"的概念放置到他的方法论分析的框架下，更是看到分析哲学的"说明"方法和解释学的"理解"方法之间并不仅仅是对立的，二者也是辩证统一的。

（2）从逻辑经验主义对社会科学规律观点的发展来看，逻辑经验主义发展的早期、中期、晚期对社会科学规律各执一词，没有形成一致性的看法，而对于社会科学是否存在规律，社会科学的规律具有何种特征，至今仍在争论，从整体上来看，逻辑经验主义对于社会科学规律的争论并没有随着科学与人文的融合趋势而消解，但是经历了弱化其基本纲领的过程，并表现出多元化的趋向：齐塞尔认为历史－社会学规律像气体定律一样都是"宏观规律"，但是纽拉特认为不能简单地将社会科学定律还原为物理定律。这实际上表明是在放宽物理主义的界限。亨普尔在《普遍规则在历史中的应用》中指出，"客观性并不是取决于移情，而是对自然科学方法论的应用。一个事件或行为是可以解释的，只有遵循普遍的规则性假设来描述它"。但事实上这种社会科学中的解释学说明仅仅是说明纲领，并不是分析哲学严格的演绎说明。波普尔则反对自然主义历史论者的"社会科学规律就是历史规律"，认为社会领域同其他领域一样，不存在唯一普遍有效的社会规律，社会规律更不会是物理定律，这表明波普尔在社会科学规律问题上，已经超越了分析哲学思考问题模式的界限。

（3）从逻辑经验主义对社会科学的解释模式来看，早期仍是纯粹的自然主义解释模式，到了中期，考夫曼将"理解"融入社会科学解释，用现象学的理论和方法作为基本的准则和手段对社会科学进行研究，形成了独特的社会科学理论观点，这丰富了现象学本身，也丰富了社会科学的研究，为社会科学哲学提供了一条发展路径。后期，波普尔的情境分析在坚持解释学方法对分析哲学中的科学逻辑的作用的同时，强调解释学方法的客观性特征，从而使二者形成一种辩证的中介。情境分析法不仅提供了一个能够增加我们对社会世界理解的真正满意的解释，也为社会研究提供了一种高度暗示的方法，更提供了一种良好的方式来逾越社会研究解释方式和自然科学模型化之间的分裂。情境分析不仅适用于人文科学，而且适用于自然科学，不仅适用于人类行为，而且适用于科学理论，这也突破了当代主流的哲学释义学仅以文本为研究对象的局限，为西方社会科学方法论、西方释义学及西方行为理论的发展做出了巨大的贡献。

总的来看，逻辑经验主义对于社会科学哲学思想，早期主要受制于实证主义社会科学观，是纯粹的自然主义模式，是以科学理性为基点的英美分析的科学哲学传统，到中后期的发展逐渐表现出反实证主义的意识，有了以人文理性为核心的欧洲大陆科学哲学传统的影子。事实上，社会科学哲学的兴起实际上就是后一类传统介入前一类传统的一种表现。从某种意义上来讲，逻辑经验主义的社会科学思想中所发现的英美哲学传统和欧洲大陆哲学传统之间的碰撞，为后期库恩的科学革命的提出奠定了一定的基础，也为后经验主义社会科学哲学的发展提供了更好的工具和概念。因为，"一旦科学哲学家接受了科学哲学研究的历史－文化转向，从社会的视角来理解和阐述科学家的活动，实质上意味着两大传统正在趋向于殊途同归的发展方向，这也充分说明了科学哲学本身思维的连贯性和逻辑的一致性"[19]。逻辑经验主义寻找统一性之处，正是社会科学哲学新理论发现复杂性之处所在；逻辑经验主义寻找理想化的社会科学观点，正是社会科学哲学新理论真正的实践之所在。

参考文献

[1] 尤贝尔. 早期逻辑经验主义中的社会科学哲学思想. 殷杰译. 世界哲学，2011，（5）：140.

[2] Stadler F. European Philosophy of Science-Philosophy of Science in Europe and the Viennese Heritage. Chambridge：Springer, 2014：28.

[3] Turner S P, Roth P A. Philosophy of the Social Sciences. London：Blackwell Publishing Ltd., 2003：3.

[4] Hempel C. Logical positivism and the social science//Fetzer J H. The philosophy of Carl G. Hempel：Studies in Science, Explanation and Rationality. Oxford：Oxford University Press, 2001：255-259.

[5] Cohen R S, Helling I K. Felix Kaufmann's Theory and Method in the Social Sciences. Heidelberg：Springer, 2014：8-10.

[6] Uebel T. Philosophy of social science in early logical empiricism：the case of radical physicalism // Richardson A, Uebel T. The cambridge companion to Logic Empiricism. Cambridge：Cambridge University Press, 2008：256, 259.

[7] Neurath O. Sociology in the framework of physicalism//Cohen R S, Neurath M. Philosophical Papers 1913—1946 in Neutath Otto. New York：D. Reidel Publishing Company, 1983：58-90.

[8] Hempel C G. Aspects of Scientific Explanation and Other Essays in the philosophy of Science. New York：The Free Press. 1965：231-244.

[9] Neurath O. Foundations of Social Sciences. Chicago：The University of Chicago Press, 1944：48.

[10] Zilsel E. Physics and the problem of historical-Sociological laws. Philosophy of Science 1941, 8（4）：567-579.

[11] Zilsel E. The social origins of modern science//Raven D, Krohn W, Cohen R S. Boston Studies in the Philosophy and History of Science. Dordrecht, Boston：Kluwer Academic Publishers,

2000：59.

[12] Popper K. The Poverty of Historicism. London：Routledge，1961：11-12.

[13] Bishop R. The Philosophy of Social Science. London：Continuum International Publishing Group. 2007：31-39.

[14] Felix K. Methodology of the Social Sciences. Oxford：Oxford University Press，1958：229，207，191.

[15] Gorton W A. Karl Popper and the social Sciences. New York：New York University Press，2006：66-68.

[16] Oakely A. Popper's ontology of situated human action. Philosophy of the Social Sciences，2002，32（4）：455-486.

[17] Taylor C. Philosophy and the Human Sciences：Philosophical Paper1. Cambridge：Cambridge University Press，1985：17-18.

[18] 斯蒂芬·P. 特纳，保罗·A. 罗思. 社会科学哲学. 杨富斌译. 北京：中国人民大学出版社，2009：76.

[19] 殷杰. 当代西方的社会科学哲学研究现状、趋势和意义. 中国社会科学，2006，（3）：30.

论科学知识的社会表征*

魏屹东　管云波

　　科学知识的表征一直是科学哲学和科学知识社会学（SSK）共同关注的问题。SSK 的产生，颠覆了一直以来科学知识所享有的特殊地位，因为它把科学知识的产生理解为科学共同体集体的表征，而不仅仅是科学家对客观事实的真实描述过程。同一时期产生的社会表征理论，将社会、文化、心理等因素纳入科学知识的表征中，强调这些因素在知识形成、表达和描述过程中的重要作用。纵观科学知识的发展历史，我们发现，对科学知识的描述经历了从个体知识表征到集体知识表征再到社会知识表征的转变。这种转变不仅与所处的社会发展背景有关，也体现了科学由"小科学"向"大科学"的转变。

一、个体知识与个体表征

　　对知识本性的探讨在哲学史上一直占有十分重要的地位。从亚里士多德到培根、洛克、休谟、康德、穆勒等，他们都把知识作为反思的对象，通过对知识的探索来研究认识论问题。近代科学革命以来，特别是 18 世纪启蒙运动后，科学知识受到特别重视，知识体系被分为"纯知识"和"非纯知识"。前者是指不受社会因素影响和历史条件制约的客观知识；后者则是受社会因素影响和历史条件制约的主观知识[1]。这种"二分法"的直接后果是把科学知识看作具有某种优越性的特殊知识，这不仅对以后的逻辑实证或经验主义、证伪主义或批判理性主义的科学哲学产生了深远影响，还对曼海姆的知识社会学、默顿的功能主义科学社会学对知识的表征产生了深刻影响。

　　在科学哲学中，20 世纪初兴起的逻辑实证或经验主义对科学知识的本性做了系统的解释：科学知识是实证的、客观的，观察独立于理论，观察陈述与理论陈述严格区分，经验事实被看作是判断知识是否科学的唯一标准。可以说，逻辑实证主义对科学知识本性的解释，是当时乃至其后很长一段时期的标准解释，这

* 原文发表于《人文杂志》2015 年第 5 期。
　　魏屹东，山西大学科学技术哲学研究中心／哲学社会学学院教授、博士生导师，研究方向为科学哲学与认知哲学；管云波，山西大学哲学社会学学院博士研究生，研究方向为外国哲学。

种科学合理性理论也被称为"标准科学合理性理论"[2]。此后出现的证伪主义，虽然在理论上对逻辑经验主义做了批判，但它仍然主张一种与数理逻辑结合的、静态的科学知识结构分析。因此，无论是逻辑经验主义还是证伪主义，都表达了这样的科学观："科学知识是已证明了的知识。科学理论是严格地从用观察和实验得来的经验事实中推导出来的。……个人的意见、偏好和思辨的想象在科学中完全没有地位，科学是客观的。"[3]可见，在早期的科学哲学家看来，科学知识作为一种标准科学被看作是一种对自然的精确表征，是一种去情境化的、没有任何"杂质"的理论。

在社会学领域，曼海姆的知识社会学也区分了两类知识，"知识"被认为是社会科学知识，是主观的、社会决定的，这与早期科学哲学家反对知识的社会化有所不同。虽然曼海姆克服了自己对知识普遍一致性的盲从，但其思想仍然徘徊于二分法的传统中，强调自然科学知识享有特权，免于社会学解释。这种对科学知识的非对称解释在默顿的功能主义科学社会学中得以延续。默顿的功能主义秉承了逻辑经验主义的"标准科学观"，它虽然以科学知识为研究对象，却是科学建构化的社会学，仍局限于科学知识的外在社会现象的研究，不涉及科学知识的内容及其深层本质，其实质是一种"黑箱式"功能主义社会学，反而为科学圣殿围铸了一层更为坚实的保护墙。

无论是逻辑经验主义，还是知识社会学及科学社会学，都对近代以来认识论一直在致力回答的最核心问题——知识何以可能，认识主体怎样才能获得客观真理和各种信念，做了近乎一致的解释。它们坚信，科学的目标是建构一个按照逻辑规则且不受主观制约的世界图景，强调通过实践检验来判定知识的真假，科学知识因此是特殊的、享有某种优越性的客观知识体系，它是科学家个人对客观世界的主观表征。

显然，在对科学知识的不同理解中，知识社会学虽然考虑到了情境、社会因素，但真正做到彻底的却是 SSK。在 SSK 之前，对科学知识的研究几乎都是从个体的、微观的角度进行的，所得知识是科学家个人对科学研究的程序、结构、逻辑进行的一种静态研究的结果。科学知识是一种理性因素的积累与重建，高度崇尚逻辑理性，完全排除非理性的因素。SSK 完全反对这种做法，"同原有的认为不同，它脱离了以笛卡儿、康德为代表的研究传统，并不是从认识个体这个角度来研究知识，而是强调对知识进行现象学的考察，直接研究知识的内容与社会因素的关系"[4]。

我们把科学家个体研究得出的科学知识叫作个体科学知识。这种知识所对应的知识表征形式就是个体表征，也即从微观角度揭示个体认知过程的内部心理机制——信息是如何获得、储存、加工和使用的。个体表征也因此被称为心理表征，它是信息或者知识在大脑中的呈现和记载方式。当人们对外部信息进行加工——输入、编码、转换、存储和提取时，这些信息就以表征的方式显现在大脑中。因此表征一方面反映了客观实在，另一方面又是心理活动要加工的对象。

传统的个体科学知识是关于科学方法的合理重建及概念命题的逻辑分析，强调对分析、还原和逻辑方法的运用，使科学知识成为一门精密的学科，而不以科学家的个人品质和社会属性为转移。用孔德的实证主义术语讲，自知识从神学阶段、形而上学阶段进入实证阶段后，知识被认为只有建立在经验观察基础上才是科学的，科学家创造知识的过程就是个体的认知过程，这种个体知识是科学家头脑中所具有的信息总和，属于个体表征。这种流行的科学主义看法在当时乃至其后相当一段时间都具有众多的拥护者。

然而，这种个体表征的科学知识是有局限的。科学家在形成这种知识表征的过程中完全排除历史、社会、个人心理等因素，而寻求一种高度精密的、价值中立的科学知识，这显然是不可能实现的。科学家在生产知识的过程中完全是一种静态的、理性的、个人的状态，忽视了知识要为社会所接受、受社会规范和社会标准所影响的状态。这种所谓客观的、标准的科学知识具有某些主观虚妄性，因为在科学知识的生产过程中，从问题的产生、假设的解决，都渗透着研究者的判断、设想、想象和直觉，"在一项探究活动中，心灵的两种功能从头到尾都在联合地发生作用。一种是想象力的刻意的主动力量，另一种是我们称作直觉的自发的整合过程"[5]。因而，个体表征知识在一定程度上并不完善，势必要求一种把社会、环境、文化等综合因素都考虑进去的集体或社会的科学知识观。

二、集体意识与集体表征

个体表征的科学知识是小科学时期科学家个人凭借自己的兴趣及主观努力实现的。随着科学与社会的结合越来越紧密，个体知识表征的局限越来越明显，科学知识需要更加宏观、复杂的社会解释，在这种情形下，"集体表征"则不可避免地出现了。

集体表征是迪尔凯姆在《个人表征与社会表征》中提出的。他虽然没有对"集体表征"进行明确定义，但由于致力于推动社会学成为独立学科，主张社会学应该以客观的社会现象为研究对象，从而划清社会学与心理学的界限。在他看来，心理学微观地探讨和研究个体及其心理现象，割裂了个人与社会的联系；个体表征是心理学的范畴与概念，集体表征则是社会学的范畴与概念，知识就是一种集体表征。

集体表征概念意味着，我们所得知识一般都源于社会，知识因此既是一种集体意识，又是一种社会现象，它不过是人对社会的一种符号表征，以及对社会组织与自然环境之间关系的一种认知描述；知识离不开人的社会存在，它只不过是这种集体意识的不同方面，其基础就是社会形式本身。因此，只有将知识作为一种集体表征来分析和考察，才能对社会进行研究。

迪尔凯姆的集体表征主要围绕宗教认知展开。在他看来，宗教是以集体表征方式突现出的知识现象，是前科学知识，并非只是观念系统；宗教仪式也并非只是信仰的附带物，宗教源于实际的、现实的社会，但由于社会须将自身保持为一个连续性的概念，它就以一种"意识形态"的方式表现出来[6]。因此，迪尔凯姆解决知识的社会条件问题是借助对宗教的分析来完成的。这种知识便是一种集体表征，它既不是经验的也不是先验的，而是社会的、强制的和权威的。

迪尔凯姆还认为，集体表征是一种静态的表达方式，它缩小了主体及其心理方面的作用，以保证社会因果关系的客观性。也就是说，集体表征是事先建构的，一旦建立便不受个体表征的任何影响，这就是表征的强制性。因此，"表征就是与集体相等的并且是与没有其他表征存在的群体相关联，这就导致表征的静态特点并与封闭的社会联系在一起"[7]。

从个人与社会的二元关系来讲，由于迪尔凯姆致力于知识社会学的建立，他认为个人与社会是一种不对称关系，社会凌驾于个人之上，集体表征优于个体表征，个体表征也是由于社会传递给个体成员才形成的，这样就会导致集体表征所包含的意义过于宏大、不具体，忽视个体表征反而失去了意义[8]。在迪尔凯姆的具体分析中，尽管他讨论的是关于知识的社会条件问题，但他的宗教知识社会学关注的仍然是古代的、原始的社会和知识形态，这并不完全符合当代社会的发展背景及科学发展的需求。

当代科学发展已由近代时期以科学家个体研究为主的小科学时代，进入当代需要科学家共同体或科学组织之间共同协作的大科学时代。科学知识的解释也需要综合考虑当代社会的各种因素。在当代，社会分工日益细化，社会结构更加复杂，不同的社会分工与社会类别交叉存在，导致人们生活在多重文化的环境中并担任多重社会角色，信息的流动日益频繁，这就会导致文化之间的交流与碰撞，所以不能用一种既定的结构框架解决先存的问题。作为个体表征与社会表征之间过渡阶段的集体表征，虽然反对从个体的角度解释知识的产生，但也不符合当代社会的背景，不能描述当代社会及文化现象，因此，当代科学知识的表征应该表现为与当代社会相适应的社会表征。

需要指出的是，尽管"社会的"和"集体的"这两个概念在人类语言系统中并没有明显的差异，但"社会表征"和"集体表征"却大不相同。"社会表征"是为了描述社会与个体之间关系所存在和显现的共同领域，它反对偏重于社会或个人的最终结果，认为个体心理与社会文化之间是一种对称、对等的关系，不存在凌驾关系。一旦将个体的具体性与集体性相分离，人们将从这二者的冲突关系中脱离出来。同时，"社会表征"强调现代社会的异质性、动态性、多样性及社会中群体成员的共识性，强调社会文化与个体心理间的相互依赖、共同发展，它是一种动态结构，是由社会成员构建的，不是与生俱来的，个体创造与社会之间是一种动态的相互作用的关系。它更关注现代社会中集体观念的变化和对差异的探索，正是因为集体观念中存在差异，才导致社会内部同质性的缺乏，而恰是异质性的存在才会使一种文化状态存在压力甚至分裂，这就会导致新的社会表征的出现。因此，用社会表征理论解释科学知识的产生就是可理解的了。

三、社会共识与社会表征

法国心理学家莫斯科维奇（S. Moscovoci）1961 年发现，当代社会心理学中的意向、态度、刻板印象等概念无力整合心理、社会与文化，而意识形态、世界观、意图等概念又过于宽泛，无法解释社会知识的文化特异性，于是便继承并发展了迪尔凯姆的"集体表征"概念，在《精神分析的公众表象》中首次提出了"社会表征"的概念[9]，并将它定义为"某一群体所共享的价值、观念及实践系统，并认为其兼有两种功能，其一是为个体在特定生活世界中的生存进行定向，其二则是提供可借以进行社会交流，以及对现实世界与个体、群体历史进行明晰分类的符号，使人际沟通得以实现"[10]。

这样一来，社会表征就构成了集体成员的共有观念、意图、思想和知识。这种共有理念和知识是由社会产生并通过交流而形成的。也就是说，作为社会表征的共有知识，它被共同体的所有成员共有，并成为成员之间沟通的基础。因此，共有知识既源于人们的社会经验与体验，也源于人们凭借传统、习俗、教育、文化和社会交往与交流而接收和传递的信息及知识。总之，社会表征蕴含了一种社会共识。对于同一共同体来说，社会共识构成了其成员理解生活在其中的世界的认知构架，也即将人和事物置于一种熟悉的语境中给予习俗化。

从对莫斯科维奇的社会表征概念的分析，我们发现社会文化的主体间性和社会认知的异质性这两个特征，前者是指同一文化共同体成员间共享一定的观念、思想、意象和知识，也即关于特定客体的表征，后者即是不同共同体对同一客体彼此不同的表征，这两个特征深刻揭示了文化与认知互构互生的辩证联系。而强调社会成员的交流互动构成了社会表征，社会表征反过来又对社会成员有规约作用。这可以解释 SSK 中科学知识的集体间性。

社会表征理论把个人、社会及其互动纳入心理学的研究，用以解释一些社会群体及社会问题。传统科学哲学给予科学知识的特殊地位，也因此招致了越来越多的批评。20 世纪 70 年代初，受库恩范式革命思想的影响，英国科学社会学家巴恩斯（B. Barnes）和布鲁尔（D. Bloor）借鉴知识社会学对默顿的科学社会学和维特根斯坦的哲学进行了批判，建立了 SSK。SSK 的产生改变了这种认知和现状，将科学社会学研究引向科学共同体的认知层面，对长期以来享有免于社会学解释的科学知识特权提出挑战。他们重新对科学知识的本性进行深层反思，认为所有知识"不论是经验科学知识，还是数学知识都应该对其进行彻底的研究……没有什么特殊的界限存在于科学知识的本身的绝对的、先验的或存在于合理合法的、真理的或客观的特殊本质之中"[11]。可以看出，SSK 学家们不满足于对科学知识的纯客观解释，认为只将非理性的、失败的信念和知识状态作社会学解释，是一种不对称立场的外在表现，因此致力于对科学知识的社会学解释。

当然，在 SSK 产生之前，就有对这种不对称解释的异议。库恩的"范式"理论是典型代表，它认为不同科学共同体有其专门的研究范式，在范式的选择过程中，只能诉诸科学共同体的非理性因素，如爱好、兴趣、专业背景等；范式之间不可通约，科学的合理性及科学知识的意义只拘泥于范式的合理性，由所选择的范式决定。库恩探讨了社会和心理因素对理论选择的影响，彰显了非理性因素在科学进步中的积极作用，促使了相对主义方法论的流行，对科学的客观性、理性形成了真正的挑战，打破了以往关于科学知识具有普遍性和经验检验性的观点，对 SSK 的形成产生了直接影响。波普的证伪主义、汉森的观察渗透理论都对逻辑经验主义的知识观进行了批判，强调理论与观察不是独立的，情景因素对科学家观察实验及实验结论有重要影响，否认科学知识是一种天然产物。费耶阿本德认为科学知识并不是区别于宗教、艺术的理性知识，而是一种与宗教、艺术、文化、音乐等相互联系的文化系统。

不难看出，无论是库恩、汉森还是费耶阿本德，在对待科学知识的问题上都反对对科学知识做不对称解释，他们要把科学知识从黑箱中解救出来，并对其做社会学的解释。SSK 更是把科学共同体自身、社会、文化等因素都纳入科学知识的解释中，并对科学知识做对称解释。从起初的"强纲领"到后来的建构主义，都否认自然界在科学知识产生中的决定作用，认为科学知识在本质上是建构的，从而试图消解自然科学与人文科学之间的鸿沟，把科学与文化、宗教等平等看待，科学不再具备任何优越性。

总之，SSK 对科学知识的重新理解，冲击了传统科学知识的特殊地位，指出了个体表征的缺陷，更重要的是，通过对科学知识的重新理解，SSK 体现了一种新的认识论——社会认识论。在这种认识论中，知识共同体是科学认知的相关单元，强调"知识共同体"的社会认知的突出地位。这是以往无论是知识社会学还是科学社会学都没有体现的，它们仅仅体现的是科学家个体的活动，这实际上完全忽视了集体认知的效应，忽视了将科学看作"重要的公共知识的社会生产"的观念，科学知识的产生就成为科学共同体集体表征的产物。这与社会表征理论的产生有着相似性，对社会表征的理解有助于全面理解科学知识的产生及其客观性，因此，我们主张用这一范式重新解释科学知识的表征问题。

四、科学知识的社会表征

对科学知识的个体表征做了彻底否定的 SSK 重新定义的科学知识是科学共同体的社会表征吗？社会表征理论又能否解释这种科学知识的产生呢？

第一，SSK 把科学知识的形成看作集体认可的信念。巴恩斯、布鲁尔和柯林斯（H. Colins）等的"强纲领"思想，从因果关系上对科学知识进行社会学的解释，在消解其科学合理性合法地位的同时，也坚持经验知识是渗透于理论的，但是理论又受制于科学共同体所信奉的特定范式，理论的选择是科学共同体之间磋商、解释和争论的社会过程和结果，因为个人体验、寻求的东西不一定能成为人们共享的东西，科学共同体的专业背景、学派等不同都会对理论产生影响，这需要集体的协商才能决定，从而强调"看待科学知识的本性，不能对孤立的个体行为和信念进行哲学分析，因为科学知识是社会文化的产品，是文化选择和社会协商的结果"[12]。这是由原来的个人认知，向一种由科学共同体构成的集体或社会认知的转变，因为科学共同体是知识产生的主体甚至是决定者，它因此是遵守同一科学规范的科学家群体，也就是说，科学家们在同一科学规范的约束和自我认同下工作，其成员掌握大体相同的文献，接受大体相同的理论，有着共同的探索目标。而知识的产生则是科学共同体与社会环境、社会文化、专家的背景之间主体间性化的结果。

第二，根据莫斯科维奇的社会表征理论，知识表征是通过"锚定"（anchoring）和"具化"（objectifying）这两个概念来实现的。"锚定"意指负责整合原有的知识、内容和意义，将其变成新系统的一个认知过程，并对不熟悉的事物和现象进行命名，明确其指称，也即用熟悉的名词和概念来解释和定义不熟悉的事物和现象，使其获得解释和沟通的过程[13]。或者说，"锚定"是一种规约化、习俗化和约定化的认知过程，它是用已有概念、术语、名称或规则及方法，让新发现的事物和新事实很快地被人们熟悉起来，让人们以熟悉的事物或客体作为图式或框架，来理解、掌握新奇的和陌生的事物或客体，以化解我们无法应对新奇概念、现象和事物所产生的不安和烦恼，或是消解或降低因缺乏相关知识和学科背景而产生的威胁之感受和体验[14]。因此，锚定过程是基于熟悉的事物的认知储存，是对新异和陌生事物进行分类和命名的认知过程，或者说，它将新异的事物归入已知的类别或者类型，并将其转化为自身所熟悉的范式和模式，而且，锚定过程在熟悉的类别语境中赋予了社会文化信息更多的内容和意义，使我们在语境化过程中建立起自己的群－己关系，之后产生行为、行动和思考的倾向，并形成对路径的敏感和依赖，进而形成强势和主流的价值观[15]。"具化"是指将各种元素（规范、价值、行为、意图、理念）形成社会框架和文化框架，在沟通过程中将它们整合到表征的不同元素中，并使那些模糊和抽象的观念变得具体化和具象化。而拟人化（personification）和比喻（figuration）则是具化过程的两种路径。进一步说，具化是锚定机制的延续和扩展，它将其隐含的抽象事物和不可见现象，具体化为可见、可触和可控的现实事物和实在现象，以便我们能够理解一般常识和特殊科学知识之间的关系，特别是理解从新异事物到熟悉社会现象和人类经验的过程。通过锚定机制，我们将不熟悉的事物置于现实的社会生活中而使其具有内涵和意义，再运用具化机制将抽象的概念、态度和关系，通过编码、解码转化为具体的事物或者客体。因此，社会表征就成为一种变化、动态和发展的过程，它首先通过一种内在引导机制，将新奇观念或事物置于熟悉的语境中而赋予其内涵与意义，进而指明社会行动的方向和道路，而后再通过一种外在引导机制，将相应的事物或者现象转化为具体的、客观的社会共识物而投放到我们外部的世界之中，从而使其成为现实社会安排和设置的组成部分。

第三，科学知识的产生和承认需要共同体内部的沟通和磋商。一方面，个体的认知产生和评价要成为大家所共识的、集体承认的知识，需要共同体内部的沟通。认知个体遵守行为的共同准则，他们在相互作用中通过交流与沟通，调整已有的认知表征，以与共同体所要求的行为准则一致，逐渐形成科学共同体的社会表征这种共识，所以"事实是被集体界定的，任何知识体系由于其制度特征，必然只包含集体认可的陈述"[16]。另一方面，科学知识的产生不仅是一种合乎逻辑而连贯的认知过程，也是一种与社会态度相关的思维运作过程，通过分类与命名新异事物，我们不仅可以认识它，也可对它做正面或负面评价。而且，SSK学者都认为科学知识并不是绝对的，它的产生带有偶然性，因为科学知识本身就带有利益和社会磋商形成的偶然性。实验室结果必须得到不同文化、教育、道德和科学训练的科学家的评价和认可，才能最终融入公共知识体系。因此，科学中的每一个新发现或新结论，都是一个自然推论，它并不是运用规则推理的结果，而是偶然使用特殊仪器、特殊材料和特殊语言的结果，更是实验人员之间，以及同实验室外的人们之间相互协商的结果。只是在将发现结果写出来发表时，科学家才把自己的活动编成故事，其中强调理性，去除导致这种发现的偶然性和社会磋商[17]。

第四，科学知识的产生还受制于科学共同体的价值观、兴趣、利益选择等，其形成不仅是对共同体语境，个人和集体的社会、历史、文化语境的理解，也是对科学家感受他们所相信的那些"无形且不可见"的东西组成的客观世界的理解[18]。因此，科学活动中的协商和共识，比自然界的裁决更重要，甚至连自然规律本身也是科学家集体发现和创造的产物。因此，科学知识，从本质上讲，是已被共同体"接受的信念"，而非"正确的信念"。拉图尔（B. Latour）、谢廷娜（K. Cetina）通过对处于科学中心的国家或地区的实验室进行观察，揭示了科学知识的社会构建特征。在他们看来，科学知识是人类创造的，自然而然地具有社会性，它们不是对给定的、不依赖人的自然秩序的解释，而是用可获得材料和社会、经济、文化资源创造的。在谢廷娜看来，科学活动存在资源的分配问题，科学实验就是认知文化的试验场，其中的人员之间的交流和协商体现了一种交换关系。这表明：虽然科学知识是共同体内部共同协商的结果，但设计科学实验时，共同体会将自己的爱好、价值观、偏好等因素考虑进去，从而导致最终结果是共同体与主观情感、环境之间张力的体现，这表明科学知识是符合共同体本身的利益和需求的。

第五，在科学知识的产生中，"信任"和"权威"能使科学共同体在创造、研究、探索、实验中最终得出大家所接受、认可的结果。"信任"和"权威"深深嵌套于社会互动和探究外部客观世界的活动中。作为一项集体事业的科学，其共同体成员之间的相互认信与依赖，科学家个人的经验陈述与可靠、合理的主张，只有被置于科学共同体的体制化过程中才能建立起来。科学知识不只是通过集体行为获得的，更是通过集体行为保存和认可的。在知识的获得与交流中，交流关系由于包含"信任"和"权威"而具有道德属性。也就是说，科学知识的获得和认可，是由科学共同体的普遍道德秩序支撑的。因而科学共同体不只是个体的集合，还包括它们之间的道德关系以及"权威"和"信任"。这种对科学知识的认识是基于不同时空的个体认知者的集体认知。

结　语

科学知识的产生体现着科学共同体内部的相互作用，与传统微观的个人认知过程有所不同，它从宏观意义上体现着一种社会知识表征。社会表征理论重返人文主义话语形态，凸显了特定文化共同体的社会表征，会因新事物的突现而发生重构，揭示了社会表征在变革社会中的自我调节机制。在我们看来，社会表征主要还是一种语境预设，也即个体的存在与认同植根于一种集体性并为社会所塑造。社会表征概念本身也有两个缺陷：一是偏重表征的内容和结构，忽视了社会性表达，因为表征在现实社会中通常不是中立的，而是与种种权利纠葛在一起的；二是重视社会、历史、文化的主体间性，但未触及个人层面动态和多元化的认知过程。尽管这样，社会表征对解释 SSK 对科学知识的重新定义和重新解释有重要意义。

参考文献

［1］浦根祥.科学知识本性的哲学与社会学解释之争初探.自然辩证法研究,1996,（10）：88.

［2］贺建琴.从科学知识的不同解释模式解析科学知识社会学的发展.山东科技大学学报,2006,（3）：19.

［3］查尔默斯.科学究竟是什么——对科学的性质和地位及其方法的评价.查汝强译.北京：商务印书馆,1982：10.

［4］顾正林.从个体认识论到社会认识论——当代认识论的另一个转向.科学技术与辩证法,2007,（6）：53.

［5］Polanyi M. Science, Faith and Society. Chicago：The University of Chicago Press , 1964：29.

［6］张秀琴.表征、情境与视角——古典知识社会学视野中的知识、社会与意识形态.辽宁大学学报,2004,（3）：90 .

［7］Moscovici S. Presenting social representations：A conversation. Culture and Psychology, 1998, 4（3）：219.

［8］Moscovici S. The origin of social representations：A response to michael. New Ideas in Psychology, 1990, 8（3）：386.

［9］张曙光.社会表征理论述评——一种旨在整合心理与社会的理论视角.国外社会科学,2008,（5）：21.

［10］Moscovici S. La Psychanalyse, Son Image et Son Public. Paris：Presses Universitaires de France, 1976：103.

［11］布鲁尔.知识与社会意向.北京：东方出版社,2001：7.

［12］郭启贵,高文武.爱丁堡学派科学知识社会建构论批判.河南科技大学学报.2012,（1）：42.

［13］Moscovici, S. Social Representations：Explorations in Social Psychology. Bristol：Polity Press, 2000：177.

［14］管健.社会表征理论及其发展.南京师大学报,2007,（1）：94.

［15］杨宜音.关系化还是类别化：中国人我们概念形成的社会心理机制探讨.中国社会科学,2008,（4）：157.

［16］巴里·巴恩斯.科学知识与社会理论.鲁旭东译.北京：东方出版社,2001：24.

［17］诺尔一塞蒂纳,卡林.制造知识：建构主义与科学的与境性.北京：东方出版社,2001：88.

［18］巴恩斯,布鲁尔等.科学知识：一种社会学分析.南京：南京大学出版社,2004：101.

认知与心理学哲学

萨宾语境论心理学思想探析 *

殷 杰 张玉帅

西奥多·萨宾（Theodore Sarbin）的心理学研究涉及催眠现象、犯罪心理等具体问题，其心理学理论有角色理论，在此基础上发展的叙事原则，包括叙事的语言和叙事的功能，以及对影响人类心理、行为的时间、地点等具体语境因素的论述组成。萨宾的心理学思想，借鉴和体现了语境论世界观，将人类心理、行为置于整体语境中考察，通过叙事充分融合各种语境因素对人的影响，理解人类心理现象和行为，并将之应用于心理学实践领域。本文通过考察萨宾语境论的心理学思想的产生和发展渊源，阐明其语境论世界观下的心理学思想内容，探寻萨宾语境论的心理学思想的意义和价值。

一、萨宾语境论心理学思想的渊源

史蒂文·佩珀（Stephen Pepper）在其富有开创性的著作《世界假设》（*World Hypotheses*）一书中区分并详细论述了四种世界假设。追溯形而上学历史，任何世界假设都产生于某个基本的"根隐喻"。根隐喻是人们面对新奇事物时借助的基本模型，围绕该基本模型而产生的概念与运行原理构成该模型解释此新奇事物的相关理论，这就是佩珀的"根隐喻"理论。事实上，正是根隐喻为探寻自然世界和社会生活提供认识框架，为观察、解读活动提供哲学模型或科学模型。《世界假设》中详细说明了形式论、有机论、机械论、语境论四种世界假设。

长期以来，以机器为根隐喻的"机械论世界观在西方文明中占有统治地位"[1]。包括心理学在内的现代科学将这种世界观看作形而上学的基础。机械论世界观及其产生的心理学研究模型追求直接原因。"行为主义……是机械论世界观在心理学学科内的典型方法。"[1]

萨宾最初正是这样一名坚持机械论世界观的传统行为主义者。他从机械论向语境论世界观的转向经历了漫长的过程，大致分为两个阶段：首先，在其自身教

* 原文发表于《山西大学学报（哲学社会科学版）》2015年第1期。

殷杰，山西大学科学技术哲学研究中心教授、博士生导师，研究方向为科学哲学；张玉帅，山西大学科学技术哲学研究中心博士研究生，研究方向为科学哲学。

学和心理咨询的经验，以及其导师坎特（J. R. Kantor）影响下，萨宾发觉机械论心理学研究方法的局限性，迫切想要寻找一种适合心理学特点的世界观方法；其次，在诺曼·卡梅隆（Norman Cameron）、米德（George Herbert Mead）、布鲁纳（Jerome Bruner）思想的启发下发展角色理论、叙事理论，并在最终接触佩珀的世界假设理论后，将其原本的心理学理论同语境论世界观相结合，完成"从机械论形而上学到语境论的转变"[2]，提出自己语境论的心理学思想。

　　最初，在萨宾尚未取得博士学位的时候，遵循教科书的指导，他是一名传统的行为主义者。但他的导师坎特，主张范围广泛的行为主义。研究对象的广泛性和研究方法的相对多样化，使得萨宾逐渐看到心理主义的贫乏，并逐渐相信符号语言研究的中心性。加之作为一线教学人员和心理咨询师，萨宾在工作过程中深感机械论指导下的研究方法和治疗方法在研究人类心理、行为过程中的局限性。行为主义以行为为研究对象，将人体原理与机器类比，认为行为不过是生物体肌肉收缩和腺体分泌的产物。然而人类毕竟不是机器。心理学也不是纯粹无偏见的理想过程。机械论引导下的实验、假设演绎的传统方法，忽略了行为是行为个体身体状况、心理状态、社会环境、时代背景等多种复杂因素交织而成的结果，而不仅仅是生物体收缩和腺体分泌的产物。使用简单的"刺激－反应"模型，用这种力图只包含关键因素的方法来实现排除偶然环境因素而得到的实验结果，无法合理有效解释人类行为，更难以在心理学应用中发挥引导、治愈的作用。

　　上述发现为萨宾摆脱机械论而逐渐选择语境论提供了必要前提。后来，由于工作原因，萨宾遭遇了卡梅隆在探讨偏执狂这种心理问题时提出的"不适当的角色承担"（inept role taking）理论及米德的"角色承担"（role taking）理论。这两种理论的共同点在于，认为人在行为过程中承担着某种角色。这个观点使萨宾深受启发，开始思考和关注影响人心理和行为的外部因素，特别是社会、文化因素。借助"角色承担"及其扩展概念，以及莎士比亚的名言"世界是舞台，而所有的男人和女人仅仅是表演者"[3]这个比喻，萨宾提出了角色理论（role theory）。

　　之后，布鲁纳对传统心理学研究方法与叙事心理学方法的区分，使得萨宾进一步思考人在扮演角色的过程中涉及的语境因素。传统的心理学研究方法总是根据实验数据中的多数而得出结论。例如，在条件 R 下，当数据显示有 56% 的主体表现为 A 行为，44% 的主体表现为其他类型行为，结论为：在 R 条件下，主体会做出 A 行为。这是传统实验追求恒定性而导致的必然结果，即忽略比例高达 44% 的其他主体的表现。但叙事的研究方法则不然，它追求逼真性，关注每个行为主体的特殊性，这就使得研究者必须充分考虑影响其行为的各种语境因素。萨宾认同布鲁纳的观点，并结合角色理论，即在戏剧中，表演者的表现、特定场景、时间和空间、观众的及时反馈、剧本、道具等因素共同构成了一出戏剧，而戏剧只是众多叙事形式的一种。借此萨宾完善并扩展了角色理论，提出自己的叙事心理学理论。

但是，尽管有了具体的研究方法，萨宾的思想始终缺乏世界观根基。佩珀对根隐喻方法的论述，以及在此基础上四种世界假设的区分和描述，让萨宾意识到"自己一直以来都是个语境论者而不自知"[4]。因为在萨宾看来，叙事同语境论的根隐喻同根同源，可以相互取代，而"角色理论是心理学方法体现语境论世界观的典范"[1]。

《世界假设》一书中提到，语境论的根隐喻是"历史性的行为"。为了证明"叙事"能够完全代表"历史性的行为"，萨宾考察了二者的语义结构。形容词"历史性"的含义被包含在其名词"历史"中。而"历史"并不仅仅是搜集过去和当下事件的材料、数据，而是历史学家们通过时间顺序对原始材料的叙事重构。这种工作的实质同小说家并无差别，小说家是在现实世界的背景语境下书写关于主人公的故事，而历史学家则通过想象对推测的人物、事件进行重构。由于史料通常都是残缺不完整的，小说家与历史学家的工作都需要借助"事实"和"虚构"。"'叙事'完全能够代表'历史性的行为'"[4]，因此，语境论的根隐喻是叙事（narrative）。

为了强化将"历史性的行为"重新定义为"叙事"，萨宾参考了葛根（Gergen）《作为历史的社会心理学》一文。该文提到，社会行为的理论其实就是对当代历史的反射。一旦研究结果被发布，人们就会对结果做出反应。人们作为能动的主体，会做出反对、肯定或者忽略该研究结果的表现，也就是说，社会心理学是历史。因此，同机械论相比，将历史性的行为作为根隐喻的语境论，将会引导心理学家对人类处境做出更加深刻的理解。

把"社会心理学是历史"作为大前提，"历史是叙事"作为小前提，我们不难得到"社会心理学是叙事"的结论。结合上述"语境论的根隐喻是叙事"，萨宾就此将"角色理论、叙事和语境论结合在一起"[4]，提出了语境论的心理学思想，并"从那时起，成为一名坚定的语境论者"[4]。

二、萨宾语境论心理学思想的内容

人类作为单独个体在社会中的生存涉及自己同其他个体的社会关系，以及由时间、地点、传统、文化等多种因素交织而成的社会背景，并不是孤独的存在。确定"自我身份"（self-identity）是个体生存面临的首要任务。不确定自我身份，就丧失了生活在社会中的一切社会关系与个体身份的内涵。不知道自己来自哪里，经历过什么，肩负怎样的责任与使命，就不知道自己将要去向何方，该做什么。简言之，不知道自己的过去，便难以过好现在，定位未来。萨宾的语境论心理学思想从自我身份的认定出发，讨论了影响人心理和行为的时间（temporality）、空间（place）、情节（plot）三类语境因素。

首先，个体身份的确定涉及"我是什么"与"我是谁"两个方面。在涉及这两个问题的心理学调查中，对第一个问题的回答全部关于人类的基本生理特征，诸如"我是哺乳动物""我是有四肢的人类"等。而第二个问题的答案则纷繁多样，涉及答题者与时间、地点、他人的关系等，诸如"我是 80 后""我是中国人""我是山西大学的学生""我是妈妈的女儿"等。这些答案说明，"我是什么"可以通过生物学研究得出确定答案，而"我是谁"则"总是依赖语境"[5]的，回答这个问题需要确定问题所处的具体语境，如果提问者是想要获取国籍信息的海关工作人员，那么回答可能涉及回答者的国籍；如果提问者需要获知回答者与另外一人的关系，那么答案也必将与之相关。因此，正是这些涉及众多具体语境因素的答案规定着个体身份的内涵。

其次，个体身份确定的过程说明：个体生活在社会中，自我身份的形成与行为的发生受到多种语境因素的影响并与之产生互动。每个人都只是自身所处语境的一部分。你站在桥上看风景，看风景的人在楼上看你。人们的行为不只关乎自己，自身的行为方式受到所处时间、地点的影响，以及记忆中储存情节的引导。

第一，地点具有功能性和象征性两个特征，对个体的影响表现在制约观念、行为，定位身份两个方面。"建筑环境引导人们建构各种形式的人类戏剧。人类戏剧会被某些特定地点的功能性特征和象征性特征影响。"[6]

每个空间都有其特定功能。功能即物品的使用价值，一件物品理应按照其本来的功能发挥作用，这是人们潜意识里接受的约定俗成的道理。因此，如果已知某物品的功能，人们期待它发挥本来的作用，或者配合其发生。空间亦是如此，厨房是处理与烹饪相关的空间，餐厅用来吃饭。如此，身处某特定空间的人的身份与行为方式通常与该地点的功能特征匹配。

此外，比功能性更深层次的是地点的象征意义。每个地点由其功能和历史的差异，常被赋予各样的意义。一旦地点被赋予某种象征意义，这种意义就会潜移默化地影响人们的观念与行为。例如，"研究表明，大多数孩子使用一些富含情感的词汇，诸如'舒服''安逸''安全'等词汇来描述'住宅'"[7]，由此孩子在家里总是显得顽皮淘气，无法无天。古时家乡在陕西的男子，离家多年，途经黄河时激动的涕泗横流。因为奔腾不息的黄河勾起了他内心关于家乡的记忆，而这些记忆在他的心里代表着多年未见的亲人和儿时伙伴，于是情难自已。上述两个事例证明了地点的象征意义对个体行为的作用显著。

第二，时间是影响个体的另一个重要语境因素，它不仅仅为行为的先后顺序提供排列方式，更为行为、事件之所以有意义提供线索。过去发生过的与当下正在发生的，决定了未来行为的走向与整个行为的意义。当我提笔在纸上写下"句号应当被放在……"，尽管句子尚未结束，"句末"两个字虽然尚未被书写，其意义已经被传达了[7]。这个例子说明，时间不是分离的、相互无涉的点状存在，而是前后意义密切相关的线性存在，是不可分割的整体。

更深入地说，过去的回忆是通过影响现在行为的表现方式与个体对未来的预期来影响行为的发展与意义的。大卫·卡尔（David Carr）说"当我们遇到它们，即使是在我们最为被动的时候，事件也充满我们的回忆在（通往过去）与预期（通向未来）中得到的意义……我们明确参阅过去的经验，想象未来，并且把现在当作两者间的过渡。我们在经验中遭遇到的任何东西都对我们的计划、期待和希望起促进或者阻碍的作用"[8]。个体身处某种际遇的时候，会不自觉地获得它同过去的关联意义，从而对未来的走向或即将到来的后果产生期待。

因此，语境论心理学中的时间，不再是单纯排列先后顺序的数字概念，它的每个时间点都充满意义，这些意义在行为、经验或事件的负载下扑面而来，对人类的行为或对未来的预期产生影响。当下仅仅是连接过去与未来的一个环节，无法孤立存在，也不能被孤立研究，身处其中的行为与事件亦如此。

第三，影响人们心理现象、行为的除地点、时间这样直接的语境因素外，还包含影响和引导心理现象、行为的深层次原因，即情节。人是有思想的动物，其行为不会总是对所处时间、地点的直接反应，多数行为，特别是持续时间较长的行为通常都是被某种原因驱使，遵循某种线索。这种原因或线索就是情节。情节以叙事的方式呈现，所使用的语言需要具备时间维度和伦理意义两个特征，包括神话、童话、民间传说等形式。情节，或者说叙事，通过两种方式引导行为：一是通过将人们曾经的经验通过叙事的方式整理、存储于记忆中，对人们发生引导作用；二是通过文学作品或耳闻的故事中的情节潜移默化地影响人们的思想，从而引导行为。这便涉及叙事的两个功能。

（1）将经验情节化。人们在生活中总会遭遇各种各样的事件，这些事件并不是以一帧帧画面的形式存储于我们的大脑中的，而是被转化成了叙事的语言，因为叙事结构为建构意义提供框架，我们天然有这样的本事，将自己或别人的经验用讲故事的方式说明、记忆。海德尔（Heider）和齐美尔（Simmel）的实验说明了这点：当他们让一群被观察者观看一幅由一个大三角形、一个小三角形、一个小圆、部分时而开合的长方形组成的动图时，在未被告知任何信息的情况下，被测试的观察者无一例外地使用叙事的语言呈现了自己所见，有些甚至采用了主线情节和支线情节，构造了三角恋情冲突的情节。面对冷冰冰的实验图像尚且如此，我们的日常经验、白日梦更是是被故事化的。同故事一样，拥有开头、过渡和结尾。在适当的时候，被想起和使用，对我们的心理和行为产生作用。经验的重要作用是通过叙事实现的。一朝被蛇咬，十年怕井绳。曾经社会上出现老人当街摔倒，行人络绎不绝却无人上前救助的现象。该现象正是之前媒体披露老年人讹诈救助人事件的结果。这些具有负面意义的情节被存储在人们的记忆中，阻止了某些人救助老年人的行为。

（2）通过曾经阅读或听说的故事。"堂吉诃德原则"（Quixotic principle），该原则最初被文学家哈利·莱文（Harry Levin）提出，被用来表示小说等文学作品形式中主人公的身份发展、经历等深刻影响读者的诸多实例，由于西班牙文学作品《堂吉诃德》是这类实例中的典范，所以以此命名。在萨宾的语境论思想中，堂吉诃德原则指某个特定故事的情节作为引导人们行为的中心环节。18世纪欧洲青少年自杀率的显著升高佐证了这一原则。1774年歌德的小说《少年维特之烦恼》在欧洲出版，故事讲述一个多愁善感少年单恋而后自杀的故事。之后，整个欧洲青少年自杀率大幅上升。社会学家认为，歌德为少年维特被拒绝后的挣扎与其最终自杀的行为赋予了高贵和英雄主义的色彩，引得很多青年人仿效。"整个欧洲，大量自杀的青年手中握着或者口袋里装着这本书。"[9]

同时，历史学家的研究也提供了有力证明：亚美尼亚曾经恐怖主义盛行，政治动机和精神动力不足以解释亚美尼亚少数族裔制造恐怖事件，历史学家说，其动机基础早在15世纪之前就已经由神话铺就。公元5世纪，波斯人试图将亚美尼亚人从基督教转变为拜火教。亚美尼亚首领瓦尔坦（Vartan）拒绝放弃自身的文化认同，与超过1000名追随者为此战死沙场。自此，基督教亚美尼亚文化中充满了关于瓦尔坦牺牲精神的各种叙事，包括诗歌、民间传说、儿童故事等。这些文学形式赞颂瓦尔坦的牺牲，赋予他荣誉和尊敬。此外，在其文化中"牺牲"及其同义词，以及"被俘后的死亡是不道德的"等观念被频繁提及。这样的文化熏陶塑造了通过牺牲生命来解决问题的社会氛围，传达了对暴死情节的支持与赞同。因此，对暴死不加怀疑的接受成为该文化熏陶下成员观念的一个本质特征。历史学家得出结论"在亚美尼亚这样的文化中，恐怖主义不是个人异化的产物，而是使某人成为社会眼中的讽刺中心的愿望的显现"[10]。正是这种通过牺牲、暴死来实现个人目标的文化氛围，推动了或者说煽动了其国内的恐怖主义事件的产生。这个例子表明，叙事情节的作用不仅仅在于引导个人行为，其影响的范围之广使之成为某种涉及道德法则的力量，传达着意识形态和道德准则，提供集体行为和信念的合理性。

三、萨宾语境论心理学思想的意义

萨宾的语境论心理学思想坚持语境论世界观，明确提出理解人类最好的方法是去理解他的故事,通过叙事充分融合各种语境因素,而非通过传统实验的方法。其思想建立在米德、布鲁纳、佩珀等人理论的基础上,并将之延伸、发展,具有重要的意义和价值。

首先,萨宾的语境论心理学思想顺应了心理学内部后现代思潮的兴起,促进了心理学研究方法的多样化。不同于传统的心理学所采用法则式的、图标的、还原的、定量的分析方法。语境论心理学思想认为心理现象和行为是不能孤立存在的,与其所处语境是统一整体,要求通过充分融合具体心理现象、行为发生的地点、时间等物理语境因素,其象征意义所组成的社会语境因素和由情节产生的文化语境因素,将行为与主体置于完整的语境环境中理解,倡导一种系统的、整体的视角和定性的研究方法。这种特性要求语境论心理学的研究更加注重对意义的追求、整体描述的策略和情境敏感性。随着心理学研究中定量研究方法困境的加深,语境论心理学思想引起的定性研究方法的螺旋式回归促进了心理学研究方法的多样化。

其次,萨宾的语境论心理学思想在催眠、心理咨询等心理学实践领域具有重要价值。

萨宾从语境论者的角度重新解读了催眠现象。长期以来,心理学认为被催眠是人的一种特殊心理状态,在这种心理学状态下,被催眠的人会做出一些反常行为。这一观点难以解释为什么有的人可以轻易被催眠,但有的人却几乎不能拥有这样一种特殊的心理状态。从语境论心理学思想的角度出发,萨宾认为,催眠产生的反常行为是人们充分相信某个情节而沉浸其中,跟随情节的指引表现出的行为。这些行为虽然看似反常,却跟被催眠者相信的情节中的自然、社会、文化环境相符,因此只要了解被催眠者所相信的情节及相关语境因素,这些看似反常的行为就十分合理了[11]。但是,由于每个人想象力不同,对某些经验和传闻、故事中情节的相信程度不同,那些想象力特别丰富或者对某个故事特别沉迷的人更容易被催眠。萨宾的理论较好地解释了催眠现象的原理,开启了心理学研究催眠现象的新篇章。

此外,语境论心理学思想还在精神分析和心理咨询领域为人们解决实际问题。利用语境论心理学理论看待人类心理现象、行为,谢弗(Schafer)、斯宾塞(Spence)、怀亚特(Wyatt)在精神分析实践中推广并得出的共同结论,即通过为病人提供一个更加令人满意的自我身份的认定,或者为病人一直耿耿于怀的事件提供一个较合理的叙事情节,病人就能够放弃那些曾经困扰自己的前后矛盾、难以令人信服的版本。换言之,通过具体方法替换病人一直相信的叙事情节,心理咨询取了得良好效果。

最后,萨宾对语境论心理学合理性的论述为其他学科接纳语境论世界观提供了基础。萨宾认为"一切人文学者都应当是语境论者,因为只有这样他们才能恰当理解并进行研究。"[4]语境论在考古学和人类学中也早有应用。

但是，一直以来，自然科学研究被认为是纯粹的、客观的、无偏见的理想过程。事实上，科学实验的整个过程都由人操作，科研人员作为科学研究过程不可或缺的重要组成部分，如果其心理、行为受到地点、时间、情节等语境因素的影响，那么这些因素则通过科学家间接渗透了整个科研过程，包括科研成果呈现的方式，即单从心理学角度上来说，语境因素深刻影响着主导科学研究的工作人员，在现实条件的制约下，也深刻影响了科学研究的方式和走向。因此，要正确看待科研成果，就不得不考虑科学研究过程中，包括科研人员在内所涉及的诸多语境因素。

综上，萨宾以更好地理解、解读人类心理、行为，进行心理学研究为出发点，逐渐摸索和发展了语境论心理学思想。该思想坚持语境论世界观，以叙事为具体研究方法，综合了时间、地点、情节等各类语境因素，认为人的内涵和互动在社会语境和互动中被规定和形成。该思想应用于催眠、心理咨询等心理学实践领域，取得良好效果，并扩展至人类学、考古学等人文学科。萨宾对语境论心理学思想的详细论述，开阔了心理学家看待人类心理、行为的视野，挑战了机械论传统世界观引导下的行为主义研究方法，在心理学内部引起了视角和具体问题研究方法上的范式革新。

但与此同时，萨宾的语境论心理学思想部分地夸大了叙事的作用。萨宾的语境论心理学思想强调叙事的研究方法和原则及其在人类生活中的重要性。萨宾认为，叙事就是讲故事。没有故事，人类生活和行为就不能被解释，失去了发生的动机和原因。甚至于，流传的故事和神话传说能够塑型整个社会环境和民族氛围，据此，萨宾认为故事具有"本体状态"（ontological state）[12]。然而，萨宾对故事的"本体状态"既没有做哲学上的详细论述，也没有做本体论层面上的全面阐释。

一方面，如果萨宾故事的"本体状态"不是本体论假设，那么从萨宾的论述中，不难发现，萨宾认为正是流传的各种叙事形式塑造了社会氛围，进而形成了历史，换言之，正是叙事塑造了人类生活的社会环境，包括伦理道德、民族性格等。笔者认为，这点过分夸大了叙事的作用，或者说，过分削弱了人类生存的物理语境因素（physical context）及主体间性的作用，破坏了人类心理、行为的整体语境。另一方面，如果萨宾意在将故事提升至本体论层面，认为叙事通过情节的灌输潜在或直接决定人类思维方式和群体意识的形成，进而决定群体意识，则与语境论世界观不符。语境论由于不对世界的构成和本源做任何假定，而只关注事件和行为在其语境中的意义，所以是非本体论的世界假设。

不论是哪种情况，萨宾都夸大了叙事的作用。语境论世界观主张的是整体看待。萨宾对叙事的特别强调事实上是从整体语境中剥离出了这个特别的因素，并不断强化其对任何观念、行为的作用，甚至于上升至本体论层面。萨宾对叙事的过分偏爱可能使其心理学思想面临偏离心理学研究领域的危险。

参考文献

[1] Sarbin T R, The narrative as a root metaphor for psychology//Sarbin T R. Narrative Psychology. Westport, Conneticut, London: Praeger Press: 6

[2] Sarbin T R. The narrative as the root metaphor for contextualism//Hayes S C. Hayes L J, Reese H W, et al. Varieties of scientific contextualism . Reno: Context Press, 1993: 54.

[3] Hevern V W. Narrative, believed-in imaginings, and psychology's methods: An interview with Theodore R. Sarbin. Teaching of Psychology, 1999, 4: 301

[4] Hevern V W. Narrative, believed-in imaginings, and psychology's methods: An interview with Theodore R. Sarbin. Teaching of Psychology, 1999, 4: 303

[5] Sarbin T R. The poetics of identify. Theory Psychology, 1997, 7: 67

[6] Sarbin T R. If these walls could talk: Places as stages for human drama. Journal of Constructivist Psychology, 2005, 18: 206

[7] Pepper S C. World Hypotheses. Los Angeles: University Of California Press, 1970: 239.

[8] Carr D. The narrative quality of action. Theoretical & Philosophical Psychology, 1990, 2:61

[9] Sarbin T R. The narrative quality of action. Theoretical & Philosophical Psychology, 1990, 2: 55.

[10] Tololyan K. Cultural narrative and the motivation of the terrorist//Shotter J, Gergen K J. Texts of Identity. London: Sage, 1989: 111

[11] Coe W C, Sarbin T R. Hypnosis from the standpoint of a contexualist. Annals of New York Academy of Sciences, 1977: 2-13

[12] Hevern V W. Narrative, believed-in imaginings, and psychology's methods: An interview with Theodore R. Sarbin. Teaching of Psychology, 1999, 4: 305

心理学中的语境论解释探析 *

殷 杰 刘扬弃

佩珀（Pepper）认为世间所有充分的哲学体系都采用了某种相对适当的世界观，这种世界观可能是：形式论（formism）、机械论（mechanism）、语境论（contextualism）或者机体论（organicism）[1]141。其中，"语境论作为一种元理论，在四种元理论的交战中崭露头角"[2]125，这使得语境论进入了很多心理学家的视野。20世纪90年代，心理学家海耶斯明确表示"语境论正被看作是一种推动心理学进步的框架（framework），这种框架去除了多余的机械论和哲学上的不协调。"[3]11。当前，语境论已经在很多心理学的具体研究领域中凸显，这些心理学的子学科都是以语境论为世界观的心理学[4-6]，诸如社会建构论心理学、叙事心理学、生命全程发展心理学及后斯金纳行为分析学等都具体展现了这种趋势。因此，本文立足于科学哲学把语境论作为世界观的新的科学解释，从心理学的语境论解释这一重要视角展开研究，通过分析其形式体系和主要特征，描绘出当前语境论的心理学范式的具体图景。同时，文章从心理学视角，对比机械论解释，明确语境论解释的优势和重要性；从哲学视角，探讨语境论解释作为一种社会科学的科学哲学解释在本体论、认识论和方法论上的意义。

一、心理学中语境论解释的形式

大约从20世纪70年代早期开始，语境论在心理学界有了越来越多的支持者。这些心理学家按照他们的理解和实践，把语境论作为心理学研究的潜在世界观，构造出了适用于各自领域的语境论解释。语境论解释的形式主要分为描述语境论、发展语境论和功能语境论。

---

* 原文发表于《自然辩证法研究》2015年第8期。
　殷杰，山西大学科学技术哲学研究中心教授、博士生导师，研究方向为科学哲学；刘扬弃，山西大学科学技术哲学研究中心博士研究生，研究方向为科学哲学。

1. 描述语境论

描述语境论的主要代表人物有心理学家拉尔夫·罗斯诺（Ralph Rosnow）、西奥多·萨宾（Theodore Sarbin）及戴安·吉莱斯皮（Diane Gillespie）等。这些心理学家主要来自人格心理学、民俗心理学、认知心理学、社会心理学、教育心理学、文化心理学及语言心理学等研究领域。这些心理学家往往希望采用描述性质的方法研究心理学，因此，他们的语境论思想被认为是描述的语境论（descriptive contextualism）[3]21。描述语境论试图借助对事件的参与者和事件特征的考察，描绘整个事件的复杂性和丰富性。因为心理学研究必须注重接受新颖的事物及强调多层级决定性。描述语境论认为实验虽然可以描述特定的关系模式或者识别因果性，但却无法描述复杂的事件。因为，对复杂事件的解释需要额外的关于社会的、文化的、历史的语境知识。因而，实验在心理学中的作用必然是有限的，实验无法描述复杂事件的发展。于是，被归为这类的心理学家都在一定程度上排斥实验，希望用一些方法替代实验。

该理论的奠基者格根（Gergen）认为知识不能在通常的"科学"意义上得到积累，社会心理学的知识通常没有超越历史限制，因此"社会心理学是历史"[7]309。萨宾在格根的基础上明确提出"语境论是适用于现代心理学的世界观"[4]34-36，由于一切心理学都与社会紧密相关，所以萨宾认为心理学都是叙事。同时，叙事的结构等同于意义的框架。萨宾用"叙事的原则"把经验和故事等同起来，叙事的原则指导了个人的思想和行为。例如，我们把经验的事情描述成了具有开头、过渡和结尾的故事。因此，萨宾认为叙事抓住了语境论的本质，并且，萨宾把他的语境论心理学称为"叙事心理学"[8]57-58。吉莱斯皮认为"认知是情境化的，思想、行动及社会性以一种复杂的方式与经验交织在一起……随着情境和语境的变化，意义也会变化"[9]47。也就是说，事件所具有的整体的性质无法被还原为部分，因此，语境论是从复杂性和相关性切入对实在和心灵进行的研究。

2. 发展语境论

发展语境论的主要代表人物有心理学家唐纳德·福特（Donald Ford）、理查德·勒纳（Richard Lerner）及马乔里·考夫曼（Marjorie Kauffman）等。这些心理学家主要集中在生命全程发展心理学等发展心理学领域，因此他们的语境论思想被叫作发展的语境论（developmental contextualism）[10]301。发展语境论是关于人类发展的多层综合观点，其认为人类发展与个体生活的多重语境密不可分。发展语境论重视来自多个层级的变量，并且重视变量的层级间和层级内部的模式。因为，来自组织的多个层级的变量涉及人类生命和发展的各个方面。并且，发展语境论认为组织中的各个层级之间的关系具有同等的重要性，构成人类生命机体组织层级的那些变量之间存在双向关系。因此，来自于某一个层级的变量影响了来自其他层级的变量，同时也受到来自其他层级的变量的影响。具体来说，发展语境论考虑到发展中的各种因素和变化，因而，发展语境论是研究发展的综合理论，在发展语境论中，"个人和环境的关系被看作是相互影响的变量组织，这种组织是一种随着时间发生动态变化的因果场"。[10]303

在生命全程发展心理学研究中，关于多元的、多层级的组织动态地结合在一起。语境论是一种由机能主义延伸出的实用主义方法论，语境论能更好地说明发展的相对可塑性和多重方向性，有助于理解生命全程发展心理学，因此，一些发展心理学家从机械论模型转到语境论模型。因为，语境论的模型"给出了关于可塑性和多重方向性的，以及随着寿命发展变化的数据构造"[11]10。发展语境论者希望同时依据若干从属变量来研究独立变量的结果，这种方法为研究生命全程发展提供了不可或缺的信息来源。因此，心理学家乐观地认为"语境论明确地解答了一些问题，并且取得了方法论上的进步，此外，一些数据说明语境论视角在经验上的应用让我们对未来充满希望"[12]327。因此，语境论为生命全程发展心理学提供了一种更为动态的和全面的解释。

3. 功能语境论

功能语境论的主要代表人物有心理学家史蒂文·海耶斯（Steven Hayes）、爱德华·莫里斯（Edward Morris）、埃里克·福克斯（Eric Fox）等。这些心理学家的研究领域主要集中在行为分析学，强调语境论对行为预测的功能性，因此，他们的语境论思想被叫作功能的语境论（Functional Contextualism）[3]23。功能语境论既和语境论心理学一致又和机械论心理学一致。这是由于，一方面，功能语境论认为心理学研究处于历史和环境的语境中并且与历史和环境的语境相互作用，因此功能语境论者承认自己不能逃避个人历史的影响。持有这一观点的心理学家认为对行为的研究是基于很多相互作用的学科，并且这种研究既是个体的也是社会的。因此，这种语境论方法具有多层级的决定性。此外，功能语境论认为有机体是主动的而非被动的，并且假设了心理学研究的双向因果关系及非还原性。这些都体现了功能语境论的语境论性。另一方面，功能语境论和机械论同样都希望通过精确、全面、深入地使用基于经验的概念和规则的有组织系统，预测和影响事件和行为。功能语境论试图构建出一般的、抽象的并且不受时空限制的，就如同于科学原理一样的知识。所以，功能语境论接受实验。因为，测试行为改变原则的一般有效性的最好方法就是受控的实验。在这些方面，功能语境论和机械论心理学是一致的。

行为分析师莫里斯对此做出了说明，语境论可以理解时空中的个体和行为，通常的心理学是理解时空中的个体，行为主义心理学研究时空中的行为，它们具有相似之处，心理学所研究的个体和行为受到时空的限制，但是，时空的不同会导致个体的变化，却不会改变时空中的行为，因为，通常的心理学是研究个体的自然历史，行为主义是研究行为本身的自然科学，因此，行为科学的规律是不可更改的普遍规律。行为主义研究关于社会的、情感的或认知的行为。然而，虽然行为主义是自然科学，但是人们关于特定行为内容的分析是受时空限制的。行为内容是从整体的行为主义自然科学中分割出的个别的自然历史，它们是特定的时间地点的产物。于是，对行为内容的分析是对特定人群在特定历史和社会中（文化语境中）的行为的精确解释[13]152-154。因此，语境论为行为分析学提供了新的路径。

二、心理学中语境论解释的特征

根据对上述三种语境论解释形式的分析，我们发现，语境论解释的形式并不是完全相同的，在一些方面甚至是截然不同的。描述语境论采取了宽泛的语境标准，发展语境论采取了中性的语境标准，而功能语境论采取了严格的语境标准。因此，正是绝对语境概念的分化，造成了心理学中语境论解释的形式体系的分化、具体方法及适用领域的分化。因此，有必要对心理学中语境论解释的基本特征进行澄清。

1. 心理学中语境论解释的实用性

自从心理学的研究中心转移至美国，心理学研究就被打上了实用主义的烙印。语境论是"关于真理的操作理论"[1]268，心理学中的语境论解释正是继承了这一传统。在心理学中，"语境论、机能主义和实用主义在某种程度上是可相互替换的"[2]127。所以，语境论心理学可看作是机能主义和实用主义在心理学中的再次觉醒。语境论的解释更好地描述和说明了心理过程和心理特征，语境论心理学重视研究的目的和要达到的效果。描述语境论认为应该用叙事等异于传统的方法研究人的心理发展过程或者对其进行心理治疗，因为有关故事的叙述是人们表达自我或者认识世界的基础；在发展语境论中，语境论被看作是更适用于解释生命全程发展心理学的实用主义方法论；功能语境论强调语境对于预测和影响心理事件的重要性。因此，心理学中语境论解释的实用性，就体现在语境论解释对心理研究的功效和实用价值的实现。

2. 心理学中语境论解释的整体性

语境论本身就是一种关注整体的方法论，语境论是"综合的世界观"[17]142，因此，整体性是语境论的根本属性和根本特征。语境论要求人们在自然的、社会的、历史的语境下解答心理学问题。并且，由于认知活动与人在现实世界中的存在和作用密切相关，所以心理学问题不可能是简单的还原，语境论把多个层级的变量综合为一个整体。各种具有丰富特性的整体事件构成了经验，真理就潜藏在处理整体事件的过程中。根据描述语境论解释，在临床心理学研究中，患者被看成是一个面对复杂世界并且设法获得整体叙述的主体。临床医生需要根据患者的意图重新构造患者的自我叙述，让患者能够更加有效地应对复杂的环境[14]189；发展语境论认为人的器官系统与人内部和外在其他变量相互作用，这些变量形成了一个有机的整体系统；功能语境论中的关系框架理论也要求人们从整体的语境中理解人类如何在环境中习得语言[15]141-145。因此，心理学中语境论解释的整体性，就体现在语境论解释重视从事件和行为发生的整体语境理解和解释心理现象。

3. 心理学中语境论解释的层级性

人的心理过程和心理特征是由来自多个层级的变量决定的。当人们解释心理现象的时候，语境论能够增加独立变量，以及多重的层级和维度的数量。描述语境论认为应该从历史发展的不同层级和维度中理解人类行为，而人类的所有行为都是历史的和社会的，所以，对人类的历史行为的解释需要有关观察和语境的不同范畴；发展语境论认为应该从多元的和多层级的变量中理解人类发展。例如，人的器官系统与人内部和外在其他变量相互作用，所以，器官系统的改变会影响其他变量，同时器官系统也受到其他变量的影响；而功能语境论则是把心理学分成了宏观理解和微观理解、跨学科的、个人和社会的不同层级，当人们解释心理现象、说明特定的关系模式或者识别因果性质时，都需要关于其个体内部的、社会的、文化的、历史的语境知识和信息。因此，心理学中语境论解释的层级性，就体现在语境论解释重视从复杂的、多重的维度理解和解释心理现象。

4. 心理学中语境论解释的主动性

语境论解释的主动性是指语境论在本质上认为认知主体是主动的。心理学知识是在语境中形成的，这些知识是由认知主体和他们的环境相互作用产生的。语境论对语境的强调就是因为按照语境论的解释，认知主体更加积极地参与了知识的构建。在描述语境论中，教师只需要提出启发性的问题，由学生自己组成小组进行讨论，学生基于与外界环境的复杂关系，可能会得到比教师的标准答案更好的答案[16]46。发展语境论认为人本身就是主动的有机体，人的认知行为本身就是自发的和有机的活动。功能语境论的关系框架理论认为人类对语言的学习是基于环境的，这与人的内部刺激和外部语境层级都有关系，但是，人类具有主动把事物连接起来的能力[15]141-145。因此，心理学中语境论解释的主动性，就体现在语境论解释认为研究主体的主动性凸显在人的内部和外部的多重语境之上。

5. 心理学中语境论解释的动态性

人的心理过程和心理特征会在不同语境下产生动态的差异，这表现在人与人之间、人与环境之间，以及各种环境因素之间的双向交互动态影响。文化、社会和历史的语境动态地影响着人的外在活动和内在心理。按照描述语境论解释，在临床心理学研究中，患者描述自己的想法和问题，临床医生根据患者的叙述确定患者想要实现的目标。随后，临床医生根据患者的叙述重新构造出让患者能够更加有效地应对他或者她的环境的自我叙述[14]189。发展语境论认为，个人的有机体组织相关联的层级上的变量与其他语境层级的变量动态地相互作用。功能语境论强调动态控制产生行为的背景语境中的那些变量对预测和影响行为的重要作用。因此，心理学中语境论解释的动态性，就体现在语境论解释依据双向交互动态影响研究人的心理过程和心理特征。

6. 心理学中语境论解释的扩张性

"语境论的根隐喻是当前语境中正在进行的事件"[1]232，而事物永远处在发展与变化的过程中，所以语境论解释要求用开放的眼光研究心理学问题。随着层级和变量的变化，必将会出现新的层级和变量，与此同时，语境论的解释也在持续扩张。语境本身具有横向的宽度和纵向的深度，语境论解释是静态的和动态的解释在多个层级上的结合。所以在对心理过程和心理特征的解释中，语境论的解释在维度和层级上都是可扩张的。因此，心理学中语境论解释的扩张性就体现在语境论解释重视从多重的维度和复杂的层级上理解和解释心理现象，在这种多重的描述中包含了事件的复杂性、整体性和层级性。同时，语境论解释的整体性、层级性和动态性特征结合在一起引发了语境论解释的扩张性特征。

通过上述分析，我们发现，三种语境论解释形式的不同只是因为它们各自所设置的语境标准不同，这三种形式具有相同的主要特征。心理学中的语境论解释要求我们不但要坚持在语境论世界观的视角下解释心理学问题，而且要注重语境论的实用性、整体性、层级性、主动性、动态性及扩张性的方法论特征。

三、心理学中语境论解释的意义

对比心理学中的机械论解释，语境论解释的心理学范式在心理学的具体研究领域中显示出巨大的生命力和独特的魅力。语境论的心理学范式不仅是一种更加优越的理论范式，而且在世界观的层面上丰富了原有的心理学理论体系，是心理学元理论的突破和创新。

1. 语境论心理学是一种更加优越的心理学范式

首先，关注语境论的心理学家，通常在一开始都是把机械论作为其世界观的，由于机械论心理学研究的局限性，他们在具体研究中逐渐由机械论世界观转向语境论世界观。这些心理学家认为自己从语境论的角度开展的研究比目前统治心理学研究的机械论和还原论更加富有成效。因为，语境论心理学避免了孤立和单调，走向了整体和统一。正如萨宾所言，"我回顾这十五年来的心理学研究历程得出结论：我们现在对语境论的兴趣有一部分源自我们对由机械论世界观所指导的研究和实践结果的不满意"[8]54。

其次，在机械论中，有机体是消极的。在语境论中，有机体是积极的。因为，机械论的根隐喻是机器[1]186，就是说有机体会对外界的刺激做出反应，但是他们自身不会发起活动。因此，把有机体比作机器就是在本质上认为有机体是被动的。然而，语境论的根隐喻是正在进行的行为，并且这个行为是动态的主动的事件[1]232。因此，语境论是从动态的角度看待有机体的发展变化的。

再次，机械论具有单向的、线性的因果性。语境论具有双向的、交互的因果性。因为，机械论的解释模型只描述了原因和结果之间的单向关系。具体说，在机械论的心理学解释中，人们通常把心理现象还原为不同的部分，但是心理现象的研究不是简单的部分之和。然而，机械论心理学家"将会按照还原论的方式，根据某一个被认为是核心的或者基本的层级来研究或解释来自多个层级的各种变量"[10]301-302。相比之下，语境论的心理学解释则重视心理现象的整体性，因为，语境论认为来自不同组织层级的所有变量都具有同等的重要性。因此，语境论具有双向的、交互的因果性。

最后，语境论解释的心理学范式向传统的机械论心理学发起了挑战，语境论心理学是一种反传统的突破。试图通过一种新的更加实用的并且更加具有功效性的解释方式，作为一种替换方案，求解当前机械论心理学无法很好解答的一些心理学问题。机械论心理学认为人们通过实验能够获得适用于任意时间、任意地点、任意主体的普遍规律。然而，语境论心理学认为由于心理学本身的特殊性，机械论方法所谓的普遍规律不可能在分析所有心理学问题的时候都是普遍适用的。这些规律可能是特殊的、理想的、区域性的或者个别的。因为，人具有社会、历史、文化的多重属性，心理学研究的问题涉及广阔的范围。总之，语境论解释的心理学范式不但为心理学研究给出了选替的路径，而且在很多方面都是一种更加优越的理论体系。

2. 语境论心理学是心理学元理论的突破和创新

在本体论上，语境为心理学中的语境论解释提供了"本体论的构架"。首先，心理过程和状态的产生依赖于多重层级的语境结构，这些层级结构相互关联和影响，然后，在各个层级上显示出确定的知识。因而，语境论心理学中的语境是实在的。其次，语境的层级结构具有动态性，于是，语境的层级结构表现为动态的整体层级结构，因此，语境是动态的不可被还原的实在。最后，人的心理过程和心理特性受到社会的、历史的、文化的各种因素的影响，语境论重视从全部的层级中理解心理现象，在这种多重的结构中包含了事件的复杂性、整体性、时空性和层级性。因此，语境论是在具体语境限制下研究人的心理过程和心理特性，这本身就是对语境实在的具体化。总之，语境为心理学研究提供了本体论上的实在。

在认识论上，语境为心理学中的语境论解释提供了"认识论的路径"。首先，语言学转向使得人们开始关注语言和世界的关系问题。人类通过语言表述自身所认识到的结果或知识，语境就是人类认识心理过程和心理特性的前提和基础。人们在这种多层级的动态语境框架中形成了对心理现象的基本认识。因而，语境提供了人类认识心理现象的语境结构。其次，语境论的真理标准就是"质的确证假设"[1]275。也就是说，真理是假设与假设造成的可能影响之间的某种关系。科学和哲学中的各种关于自然结构的思考都是假设，有些假设是可直接证实的，有些不能。然而，我们可以确定所有这些假设的关系结构。因此，语境结构为认识提供了可能[1]278。总之，语境为心理学提供了可以达成一致的研究标准，为心理学理论的产生、心理学研究的进行提供了新的认识路经。

在方法论上，语境为心理学中的语境论解释提供了"方法论的视角"。语境论解释突出了复杂性、动态性、层级性等语境自身的鲜明方法论特征。语境解释的方法论特征决定了各种语境论的研究和分析方法在本质上都可被归为语形、语义和语用的综合分析模式。首先，在描述语境论中，萨宾用叙事作为心理学研究的基本方法，因为，人们通过故事描述世俗的行为、幻想的创造物、推理或构造出一些东西[8]57。其中，故事的句法形式体系构成了描述语境论解释的语形基础。关于句法形式的语境构架的语义分析就是对语形基础的语境构架给出进一步的语义学诠释。语用分析将焦点集中在语言主体的意向上，因为，在叙述过程中，语言主体主动地建构和解释了心理现象，并决定了心理学中语境论解释的认识范围。其次，在发展语境论中，生命发展被看作是多元的、多层级的组织动态地互动的过程。生命发展的多重复合层级的句法形式体系就是发展语境论解释的语形基础。语义分析就是对生命发展的句法形式体系的语境构架给出进一步的语义学说明。语用分析就是研究言说主体的认识活动。最后，在功能语境论中，关系框架理论认为人类对语言的学习是基于环境的，这与人的内部刺激和外部语境层级都有关系[15] 141-145。人的内部和外部的复杂语境层级就是功能语境论解释的语形基础。对人的内部和外部的复杂语境层级的句法形式体系的语境构架给出的语义学说明就是语义分析。语用分析就是主体的认识范围。总之，语境为语境论解释的心理学范式提供了本体论构架、认识论路径和方法论视角。

概而言之，在短短几十年中，语境论心理学已经在心理学中产生了一定的影响，这绝非是偶然的。首先，和机械论相比，语境论在解决心理学问题时具有明显的优势，并且，语境论能够得到心理学家和哲学家的认可，这本身就说明了语境论在解决具体科学问题时的优越性。其次，语境论可以作为一种科学哲学研究纲领，从动态的、综合的角度研究心理学。"在本体论上，语境可以使理论和流派之间做出有原则的改变和后退，有意识地弱化各自内在的规定性，从而使相互之间有融合的基底；在认识论上，语境可以使认识疆域获得有目的的扩张，脱离给定边界的狭义束缚，获得以问题为中心的重新组合，趋向于从一个视点上来透视整个哲学的所有基本问题；在方法论上，语境可以使科学方法论从给定的学科性质中解构出来，在形式上相互渗透和全面扩张，越来越成为核心的分析工具。"[17] 99 总之，语境论已经作为一种世界观渗透在了心理学研究中。

当然，我们也应该看到，语境论具有一定的局限性和缺陷，主要表现为：形式体系的多样化、绝对语境标准的分化及评价标准的相对化，这些都是由语境论本身的属性所造成的。采用语境论解释的心理学具体领域不同，必然会造成语境标准无法统一及评价标准的相对化；语境论关注特定时空的语境，必然不会给出定律之类的统一规律。然而，这些局限并不会影响语境论解释的实用性和有效性。"尽管语境论衍生出了多种形式体系，语境论确实能作为连贯的科学哲学。"[3] 11 因而，心理学中的语境论解释是相对完备的解释范式。并且，"语境论提供的新视角，撇开了心理学中的旧问题，对心理学给出了新的解释"[18] 125。

参考文献

［1］Pepper S C. World Hypothes. Berkeley：University of California Press，1942.

［2］Rosnow R L，Georgoudi M. Contextualism and Understanding in Behavioral Science：Implications for Research and Theory. New York：Praeger Publishers，1986.

［3］Hayes S C. Analytic goals and the varieties of scientific contextualism//Hayes S C，Hayes L J，Reese H W. Varieties of Scientific Contextualism. Reno：Context Press，1993：11-27.

［4］Sarbin T R. Contextualism：A world view for modern psychology// Landfield A W，1976 Nebraska symposium on motivation. Lincoln：University of Nebraska Press，1977：1-41.

［5］Hayes S C，Hayes L J，Reese H W. Varieties of Scientific Contextualism. Reno：Context Press，1993：iii-v.

[6] Morris E K. Contextualism: The world view of behavior analysis. Journal of Experimental Child Psychology, 1988, 46（3）: 289-323.

[7] Gergen K J. Social psychology as history. Journal of Personality and Social Psychology, 1973, 26（2）: 309-320.

[8] Sarbin T R. The narrative as root metaphor for contextualism// Hayes S C, Hayes L J, Reese H W. Varieties of Scientific Contextualism. Reno: Context Press, 1993: 51-65.

[9] Gillespie D. The Mind's We: Contextualism in Cognitive Psychology. Carbondale: SIU Press, 1992.

[10] Lener R M. Human development: A developmental contextual perspective// Hayes S C, Hayes L J, Reese H W. Varieties of Scientific Contextualism. Reno: Context Press, 1993: 301-316.

[11] Ford D H, Lerner R M. Developmental Systems Theory: An Integrative Approach. Newbury park: Sage Publications, Inc., 1992.

[12] Lerner R M, Kauffman M B. The concept of development in contextualism. Developmental Review, 1985, 5（4）: 309-333.

[13] Morris E K. Contextualism, historiography, and the history of behavior analysis// Hayes S C, Hayes L J, Reese H W. Varieties of Scientific Contextualism. Reno: Context Press, 1993: 137-165.

[14] Sarbin T R. The social construction of schizophrenia//Flack Jr. W F, Wiener M, Miller D R. What Is Schizophrenia? New York: Springer, 1991: 173-197.

[15] Hayes S C, Barnes-Holmes D, Roche B. Relational Frame Theory: A Post-Skinnerian Account of Human Language and Cognition. New York: Kluwer Academic Publishers, 2001.

[16] Prawat R S, Floden R E. Philosophical perspectives on constructivist views of learning. Educational Psychologist, 1994, 29（1）: 37-48.

[17] 殷杰. 语境主义世界观的特征. 哲学研究, 2006（5）: 94-99.

[18] Morris E K. The contextualism that is behaviour analysis: An alternative to cognitive psychology// Still A, Costall A. Against Cognitivism: Alternative foundations for cognitive psychology. Hempstead: Harvester Wheatsheaf, 1991: 123-149.

认知生成主义的方法论意义 *

魏屹东　武建峰

生成主义（enactivism）是心智生态学（ecology of mind）、认知生态学（cognitive ecology）和生成认知科学（enactive cognitive science）共同奉行的研究理念，目前已发展为一个能与认知主义和联结主义相抗衡的认知研究纲领。在方法论方面，它凸显了认知主体的经验性、客观性及其整合，我们从人称角度将其概括为第一人称方法论、第二人称方法论和第三人称方法论。

一、第一人称方法论：凸显人类经验

在认知科学中，"具身行动纲领"和"脑身经验结构纲领"突出了人类经验在认知研究中的不可或缺性及其在认知科学中的重要地位。相应地，生成主义提出了考察人类经验的第一人称方法论。所谓人类经验或"第一人称事件"是指"与认知和心理事件相关的生活经验"；它意味着"那种被研究的过程（如视觉、疼痛、记忆、想象等）的显现，对于能提供某种说明的'自我'或'主体'而言，都是相关的和明显的；它们具有一个'主体性'的方面"[[1]1]。这种与主体直接相关的"直接经验"被瓦雷拉（F. J. Varela）称作"基本的根基"或"意识经验的不可还原性"[2]。然而，正是由于直接经验的不可还原性，我们才无法通过第三人称视角获得。但是，在生成主义者看来，直接经验作为人类的生活经验，非但不是私人的或不可企及的，而且是平常的、可主体间获得和可供描述的。为此，它采取了两种以第一人称视角考察经验的方法：欧洲大陆的现象学方法和东方佛学的静心修持方法。

现象学是由胡塞尔创立，经海德格尔、萨特和梅洛庞蒂（M. Merleau-Ponty）等人发展的一套成熟且完整的哲学体系。汤普森（E. Thompson）将现象学的发展划分为静态的、发生的和生成的三个阶段[3]。生成主义主要援引的是后两个阶段的现象学。静态现象学主要研究意向结构，认为意识的这些形式结构及其对

* 原文发表于《自然辩证法通讯》2015年第2期。
魏屹东，山西大学科学技术哲学研究中心/哲学社会学学院教授、博士生导师，研究方向为科学哲学与认知哲学；武建峰，山西大学哲学社会学学院博士研究生，研究方向为认知哲学。

象都是既定的，并对此进行静态和共时性分析。而发生现象学则认为意向的结构和对象不是既定的，因此要对它们的涌现方式进行分析。它主要关注诸如情感、动机、注意和习惯之类的现象。生成现象学主要分析生活世界，即关于人类世界的文化的、历史的和主体间的构成。

生成主义采取现象学方法主要基于两个理由。一是任何关于心智的研究都不能脱离意识和主体性。因此，探讨思维、感知、行动和情感等在个体中是如何被体验到的就是必需的。而这恰好与现象学的目的相契合，即对直接体验到的现象进行描述、解析和说明。二是任何关于心智的研究都不能脱离"生活体"（lived body），因为心智的一切功能和作用都是通过生活体来实现的。人类的身体在其消亡之前总是一个生活体，这是一个不争的事实。而现象学就是关于生活体的哲学。

生成主义将现象学作为一种审视经验的方法主要表现在以下三个方面。

第一，对心智采取现象学态度。现象学既是一种思维方法，也是一种"特殊类型的反思或关于我们意识能力的态度"[2]334-335。生成主义不赞成那种对心智的未经反思和批判的"自然态度"，因为这种立场想当然地将世界看作独立于心智或认知，想当然地认为事物通常是其所显现的那个样子。因此，它主张对心智采取批判性的"现象学态度"，并对自然态度所包含的人类经验及其直接的"生活特质"进行审视。生成主义将"现象学还原"（现象学的一个重要程序）作为考察"事物是如何显现于我们"而不是"什么显现于我们"的方式。现象学还原的核心是胡塞尔所称作的悬置或"加括弧"，即那种使我们从对日常世界不加质疑的接受中解脱出来的方法。生成主义将"那些与我们经验相关的事物"进行悬搁，直指"我们主体性的关联结构和世界的显现或显露"[3]18。在它看来，"悬置"是一种"灵活的可训练的心理技能"，我们借此可以探寻那些真正可发现的和那些通常看不到的潜在东西。

第二，探究自我与世界的关系。现象学中的一些核心概念，如生活体、生活体的环境、客观身体、意向性、在世之在等，有助于说明人的生活体是如何与世界及与其自身相关联的。在现象学方法的引导下，生成主义宣称自我与世界的关系不是主客体的关系，而是"在世之在"，因此它反对关于心身或主客体的传统二元论看法。这种自我与世界的关系正如梅洛庞蒂所言，"世界与主体是不可分的，与之相分的不过是一个作为投射世界的主体；主体与世界是不可分的，与之相分的不过是一个作为主体自身投射的世界"[4]。另外，生成主义还将生活体的环境看作一个整体结构，并认为生活体与其环境，以及其他处于人类世界中的生活体是缠结在一起的，生活体的环境就是一个涌现于大脑、身体和环境之间的互惠的交互作用的（即生成认知科学所讲的"结构耦合"）整体结构。

第三，探究如何审视身体经验。这个问题是由汤普森提出的，他认为"既然人的身体是在世之在的媒介，又作为经验的一个可能性条件，那么它是如何或以什么样的方式被经验到的？”[5]410。生成主义的策略是采用现象学的"生活体"概念，借此表明：身体是我们直接存活的某个东西，"一切知识都必然涌现于我们的生活经验"[2]336。为了把握这一点，我们需要区分现象学中的两对概念：客观身体与生活体，身体意象与身体图式。胡塞尔和梅洛庞蒂对客观身体和生活体做了区分。在他们看来，客观身体是指那种可以被客体化的生命体，它在意识经验中作为属于我们自己的身体而显现，我们可以对它进行各种科学研究和观察。生活体是指那种生活着的用于支撑知觉行为、观察和分析的身体，它既存在于意识经验中，又"可缺席获得"①。生活体的这种"可缺席获得的"模式存在于个体意识的底层。客观身体显现于身体意象，生活体以身体图式运作。身体意象是身体显现于意识的东西，是一种我们所具有的关于自己身体的意识知觉、信念、态度或理解。身体图式是一个无意识运作的自主系统，具有自指意向性层次下面运作的前意识的感觉运动能力和习惯。这种"缺席可获得的身体图式比身体意象更为基本"[6]154，两者虽然存在诸多差别，但在功能上相互关联。理清身体意象和身体图式间的差别，以及身体在行动和认识行为中的作用，有助于理解我们如何把自己的身体经验为一个客体。

佛学静心修持方法是生成主义以第一人称视角考察经验的另一条进路。当今世界，佛学在西方得到了广泛而深远的传播，这为实现佛学心理学与认知科学间的对话奠定了深厚的基础。正如瓦雷拉所言，"佛学西渐，乃是西方文化史上的第二次文艺复兴，其对西方文化的重要性堪比欧洲文艺复兴时希腊思想的再发现"，西方的哲学理论不再占有"优先的、基础的地位"，佛学思想的引入恰恰能"拓宽我们的视野，囊括对经验反思的非西方传统"[7]18。如果说现象学方法只是在西方传统理论框架内为科学的心智与经验的心智搭建的第一座桥梁，那么佛学静心心理学则是在东西方文化对话的全球视域中为科学的心智与经验的心智搭建的第二座桥梁。生成主义引入现象学方法和佛学静心修持方法，无疑能以一种更加宽广的视野和前所未有的雄心，扎实推进对心智的更为全面、具体和深入的研究。

概括地讲，佛学具体考察经验的方法是"正念觉知"或"正念静心"[7]21-26。正念意味着"心智呈现在具身的日常经验中，正念的技巧设计就是用于引导心智从其理论和执著，从抽象态度返回到一个人经验自身的情境"，目的是"让心能够长时间处于当下状态，以便洞见心智的本性和机能"[7]18-20。正念被艾珀斯坦（M. Epstein）称作佛学中的一个"独特的注意策略"，它旨在"培育对变化中的知觉对象的时刻觉知"[8]。但是，正念不同于专注，专注不过是正念的初始阶段

---

① "可缺席获得"（absently available）是加拉格尔（S. Gallagher）的术语，用于说明生活体不是完全呈现于意识的，尽管它可以被呈现为客观身体。生活体的运作大都是隐晦和自发的。

和方便法门。用佛学的正统术语讲，正念觉知其实就是指禅定（或止观）的功夫和境界。生成主义的佛学心理学根基奠定了其"无我"和"非二元论"的信念基础。具体而言，佛学考察经验的静心修持法及其特征主要体现在三个方面。

第一，正念觉知是一种具身的开放性反思方法。梅洛庞蒂尖锐地指出胡塞尔的现象学还原仍是抽象理性的一种事后理论反思，尚未真正地把握和揭示意识经验的结构和本质，仍不能克服科学与经验之间的断裂，仍在其所要标榜悬置的"抽象态度"中打转。而佛学的静心修持法恰恰能弥补现象学这方面的不足和缺陷。静心修持让我们注意到，现象学所悬置的对心智的"抽象态度实际上就是一个人在非警觉时的日常生活的态度"，它是"厚重的宇航服，是习性和先见的填料，是一个人习惯地将自己与自身的经验隔离开的铠甲"[7]21。然而，胡塞尔的悬置只是观念态度上的、缺乏力度的空洞口号，而禅定的功夫修持却能达到真正意义上的悬搁，彻底转化心智的抽象态度（即心的习气或业气），空掉心的一切妄想杂念。如果我们换个角度来重新认识反思，那么正念觉知实际上也是一种经验的反思形式。不过，它不是抽象的、非具身的理论反思，而是"具身的、开放的反思"，反思"不仅仅是针对经验"，它自身也是"经验的一种形式"。正念觉知就是这种经验的反思形式。

需要说明的是，正念觉知这种反思形式不同于传统实验心理学中的"内省方法"。在瓦雷拉看来，"内省"仍然是胡塞尔所讲的抽象态度，因为内省心理学中的每一个实验都以某种理论为指导，而这种理论通常认为经验可分解为某些要素，并且被试被要求作为一个外在观察者来审视自己的经验，因此以这样的方式内省来的东西仍停留在抽象态度的范围内。所以说，内省方法与正念觉知是两种根本不同的方法。内省方法无法真正地把握到直接经验，更遑论洞见心智的本性。

第二，在心物关系方面，佛学心理学奉行的是心身一元论。它认为我们的心身原本是凝聚在一体的，心身是一体的两面，心身既可以分离也可以统一，两者是一而二、二而一的关系。当我们被心智的各种习性和成见（即抽象态度）主导时，我们的心身是分离的，心智常常处于漫游、散乱、游离的状态。静坐的初期体验告诉我们，即便是专注于最简单的呼吸活动也颇费工夫和定力，因为我们一起心动念就有八万四千烦恼袭来，我们常常很难达到心不他驰、万念俱绝的真心圆觉境界。但是，经过长期的禅定修持功夫，我们的心身会发生气质性的变化，心身会渐渐地融合，复归其原初的命蒂之根，达到"万物皆备于我""独与天地精神相往来"的三昧境界。这似乎以另外一种方式契合了现象学对心身问题的解答，它们本质上都是非二元论的立场。

第三，佛学心理学体现出鲜明的科学实证精神。譬如，"闻思修"是佛学修习的三个阶段，它不仅注重对佛学的"闻"和"思"（如参禅），更注重科学实践中的"修"和"证"（如禅修）。也就是说，佛学不是让人盲目地去信仰其所宣扬的教义和信条，它更注重对佛学教理的功夫实修和实践检验。佛学与其说是一种宗教式的信仰和膜拜，不如说是一种关于生命与认知的科学教化和浸润。只要褪去佛学的宗教神秘面纱，我们就会发现它实际上是一门名副其实的实证科学，它可以与当今的科学发展成果相互印证。

二、第三人称方法论：彰显客观世界

从方法论上讲，生成主义认识论纲领中的自主性、意义建构，以及互规定性和共涌现性纲领均是以第三人称视角探究认知主体，以及认知主体与其周遭环境间的关系。它们共享一个第三人称方法论的特征，秉持一个外在观察者的客观立场，其核心内容是与描述经验相关的第三人称描述或说明。这些第三人称数据都是通过一个外部观察者或实验者而收集的。与第一人称方法论相比，第三人称描述或说明尽管由人类行动者提供和产生，但它们"并不直接显现于人类行动者的经验－心理领域"[1]1，因此呈现出截然的客观性特征。这种方法论具体表现为生物学方法和动力学方法。

生物学方法体现在三方面。

第一，从生态学视角探究认知生态系统中诸要素间的关系。哈钦斯（E. Hutchins）认为，"认知生态学使用了一个明显的隐喻，即认知系统在某种程度上就像生物系统"[9]。为此，他将认知研究置于一个整体的包括大脑、身体和世界在内的认知生态系统中。在他看来，认知生态系统中的所有要素构成了一张关系紧密的依存之网，它们之间存在着丰富的交互联接性（interconnectivity），彼此发生着复杂的动力交互作用。知觉、行动和思维是一个相互联系的有机整体，心智或认知是涌现于这个认知生态系统的重要属性。

第二，从自创生理论视角探究认知系统的本质属性。自创生理论是马图拉纳（H. R. Maturana）和瓦雷拉从生命的原初形式探索心智奥秘的一个著名学说。他们将生命视作一个自创生系统，认为生命机体具有无限自生的属性，生命机体的一切活动都在于维持其自组织过程[10]。自创生不仅对于生命机体而言是必要的，对于认知而言也同样是不可或缺的，因为生命与心智之间存在连续性，认知始终是生命的认知，它不可能脱离生命而独立存在。另外，自创生概念从根本上讲是非客观主义的，本质上蕴含了认知系统的自主性原则——强调认知主体的主动性和自我构造性，认为生命机体的身份、构成成分，以及其自身所遵循的法则都由其特有的自创生活动产生，并且认知主体作为行动者与其周遭环境发生着持续的结构耦合作用。

　　第三，从进化论视角探究认知系统的演化发展规律。斯图尔特（J. Stewart）认为认知是生命机体的一个本质特征，认知现象是生命现象的最重要表现形式。故而，他主张遵循生命形式诞生的自然过程的方法论原则，试图透过探寻生命形式的演化规律来勾画认知形式的发展和演变过程。这样，围绕认知（或生命）如何演化这一主题，生成主义将认知科学中所有相关的学科和领域（如生物学、考古学、文化人类学、认知语言学等）整合在一起，共同探究认知系统的演化发展规律。在重建生命演化史方面，斯图尔特主张在生成主义框架内整合现有的三条进路：探寻生命形式的遗迹（如化石、古文化遗址、历史文献和碑文等），比较当代的生命形式（某些当代的生命形式相对是原始的，可看作是过去生命形式的代表），以及探寻个体发育（ontogeny）和系统发育（phylogeny）过程。通过对这三条进路的整合，斯图尔特为我们展现了一幅生命形式（或认知）演化的立体画面——包括生命源起、多细胞机体与个体发育、神经系统、交流、语言、技术与工具、意识、文字记录八个方面[11]。

　　动力学方法也体现在三方面。

　　第一，认知的动力学假设。认知的动力学假设是相对于认知的计算假设提出的。在认知科学哲学中，对计算假设最著名的表述是纽厄尔（A. Newell）和西蒙（H. A. Simon）的物理符号系统假设，即物理符号系统（计算机）对于智能行为而言既是必要的也是充分的。根据这个假设，自然认知系统如果是恰当种类的物理符号系统，那么它就是智能的。然而，物理符号系统假设却遭到了动力主义者的强烈反对，因为在他们看来，将自然认知系统看作计算机是成问题的，例如进化的生物学系统（人和动物）就不是计算机；计算主义的根本问题是忽略时间在认知过程中的重要作用，而认知过程及其语境恰恰是在实时（real time）中持续且同时展开的，认知本质上是一种时间性现象。因此，认知研究应以这样一个假设开始：认知过程在时间（实时）中发生。而动力学就是用数学框架来描述自然系统的过程如何在实时中展开的。基于此，动力主义者范·格尔德（T. van Gelder）和波特（R. Port）提出了认知的动力学假设："自然认知系统是动力系统，可以从动力学视角得到最好的理解。"[12]根据这个假设，认知系统不是一台计算机，而是一个动力系统，认知"作为一种自然发生的现象是一种恰当种类的系统的行为"[12]10；它不是一个内在的、被封装的大脑，而是一个包含不断演化和相互影响的神经系统、身体和环境在内的整个系统。

　　第二，动力学系统方法。动力学系统理论是对动力系统的一般性研究，它作为纯数学的一个分支，并不直接关注与自然现象有关的经验描述，而是关注抽象的数学结构。它的方法论核心是将动力学的数学工具应用到认知研究中，以几何学概念来描述系统演变的行为。动力学家关注的焦点是认知系统的行为如何在实时中展开，并对这种行为的时间过程进行描述和解释。他们强调认知系统的总态

（total state），认为系统的所有方面均是变化的，系统的行为就是系统的总态如何从一个时间点变化到另一个时间点。他们利用诸如状态空间、参数、轨迹、吸引子、稳定性、耦合等概念来描述认知系统的过程和行为，并试图利用微分方程组来刻画状态空间中认知主体的认知轨迹。

第三，建立动力学系统模型。动力主义者分别从定量和定性两个维度对认知现象进行建模[12]15-17。定量建模针对认知现象的某一方面进行定量建模，其构成成分是时序数据和数学模型，前者是某一认知现象在时间中展开的一个序列，后者是一组与状态空间相联系的等式。这一过程由四个步骤构成：提取被理解的现象、获取时序数据、建立一个模型，并把这个模型解释为捕获时序数据（建立存在于模型与数据中的数字序列间的联系），最终产生关于现有数据的精确描述和用于评价这一模型的预测。然而，并非所有的认知现象都适用于定量建模。对于那些我们很难获得其时序数据或数学模型的认知现象，我们可以采取定性建模的方法。当无法获得详尽的时序数据时，我们可以选取某一数学模型来研究，这个模型所展示的行为至少在性质上类似于被研究的现象。当没有确切的数学模型时，我们可以使用动力学语言来对在时序数据中被记录的认知现象进行性质上的动力学描述。

三、第二人称方法论：整合人类经验和客观世界

单纯的第一人称方法和单纯的第三人称方法都不足以揭示认知的本质，只有通过第二人称方法将二者进行整合，才能达到目的。之所以如此，是因为第一、第三人称整合具有逻辑必然性。瓦雷拉等人指出："新的心智科学需要拓展其视野，同时把人类的生活经验和内在于人类经验的转化的可能性囊括其中。另外，一般的日常经验必须拓宽视野，以求从心智科学已取得的清楚明确的洞见和所做的分析中获益。"[7]xvii 这一明确的基本信念不仅深刻地指出当前认知科学研究的问题，即传统认知科学忽视人类经验和心智研究的科学与经验维度的分裂，而且还极富创见地揭示出一个存在于科学与经验间的基本循环，提倡科学与经验间的相互交流、相互渗透和相互启发，主张在认知科学、现象学、分析哲学和佛学之间进行对话和沟通，实现彼此间的互惠增益。

在生成主义视域中，这一循环的本体论基础是非客观主义的激进建构论，在"生活世界"中表现为"认识与存在"的基本循环。生成主义将认知主体及其环境置于一个持续结构耦合的动力生成系统中，它们之间相互规定、相互约束和共同演化，而认知主体的心智及其所寓居的世界就是在这个结构耦合史中不断生成的。因此，我们在反思这个世界时就会发现"自己处在一个循环里：我们处于

一个似乎是在我们开始反思之前就在那里的世界中，但那个世界并不与我们分离"[7]3。这就要求我们既要关注"身体作为活生生的、经验的结构"，又要关注"身体作为认知机制的环境或语境"[7]xvii，并对这两方面进行有机整合。

另外，表现在生活世界中认识与存在的循环进一步揭示了人与自然的关系。我们对自然的一切认知和知识都有赖于自我心智的显现和生成，自然（或生活世界）是由认知主体生成的，无脱离认知主体的自然。另外，认知主体必然具身于自然之中，无脱离自然的认知主体。这在认识论上表现为生成主义的心物一元论，即心与身是不可分的，认知主体与世界相互依赖、相互依存。最后，基于以上对科学与经验基本循环的本体论和认识论分析，我们可以从方法论上逻辑地推出：心智研究应避免脱离经验的科学（或计算）认知和脱离科学的经验（或现象）认知，应切实有效沟通第一人称经验和第三人称说明，即实现一三人称整合的方法论。

要实现一三人称的整合我们需要注意三点：其一，必须破除主体与客体（或内部与外部）的对立划分。在瓦雷拉和希尔（J. Shear）看来，无论是第一人称的人类经验，还是第三人称的描述或说明，都绝非是纯主体或纯客体的，主体与客体（或内部与外部）是一种误导性的划分。显然，第一人称的人类经验是一种主体现象，因为它是与主体直接相关的不可还原的生活经验。但是，这种经验并非是纯私人和唯我论的，它本质上是可主体间证实和可公共确证的，所以呈现出一定的客体性。其二，必须重视主体的社会性。第三人称的客观描述虽不直接与人类行动者相联系，但具有一个隐藏在社会科学实践中的主体－社会维度，它通过这个维度（如科学沟通的模式、渗透在方法中的程序性和社会性规则等）与经验－心理领域发生间接联系。所以第三人称描述部分是主体的，因为它依赖于个体的观察和经验；部分是客体的，因为它受经验的自然现象的约束和控制[1]1-14。其三，必须正确看待主体经验现象。为此我们不能断然将第一人称说明视作通达经验的唯一通道，在逻辑上势必存在其他通道的可能性（如第二人称视角）；我们不能因为熟悉自己的主体生活就把主体经验看作是想当然的，必须通过某种训练有素的、开放的方法（如现象学方法和佛学静心修持法）对它进行持续检视；我们需要将心智研究指向一个整体或综合的视域。在这个视域中，无论是内在的主体经验还是外部机制都不是最终的，我们需要在第一人称与第三人称之间建立恰当联系来对主体经验进行约束和限制。

进一步讲，构建基于一三人称的第二人称方法论，我们需要把握三点。

第一，必须明确第二人称立场在一三人称方法论中的调节作用。第一人称方法论的一个显著特点是：对某种特殊方法的熟悉和训练需要某种调节——需要他人提供一个介于一三人称间的第二人称立场来发挥某种居间调节作用。这个调节者（即有丰富经验的指导者、教练、现象学家、禅师等）虽然偏离第一人称的直接经验，但仍占据着某个人的位置，一定程度上存在于那里，并提供一些暗示和进一步的训练。另外，调节者的立场不是中立的，他发挥着作为一名教练或助产士的作用。他十分敏感于与其对话的人的言词、身体语言和表达的细微暗示，并以此通达共同的经验领域。可以说，如果没有第二人称调节者的介入，那么我们将很难从第一人称方法论中获得第一手的经验数据。相比之下，第二人称立场在第三人称自然科学中的调节作用却没有那么明显。第三人称方法虽然历来被推崇为标准的科学研究方法，且极为强调主观与客观（或内在与外在）的泾渭分明的二元论，但是认知科学对这种纯形式的客观科学有一种内在的挑战，因为其研究的主题暗含了社会行动者本身，而这恰恰是自然科学中所不具备的。正因为如此，认知科学中的第三人称姿态势必会滑向第二人称立场。

第二，将第二人称方法看作一种混合的双面进路[13]。在德普拉（N. Depraz）看来，应将第二人称方法理解为一种关系动力学（relational dynamics）。也就是说，一二三人称方法之间存在密不可分的关系，它们一并被嵌入复杂的社会交流网络（或主体间性网络）中，在不同的确证模式中相互交叉和重叠。这就要求我们应在整合一三人称方法论的基础上建构第二人称方法论。具体而言，第一人称方法载有直接性和对个人表达的搜索，第三人称方法处理关于知道如何的非个人的社会嵌入性。相比而言，第二人称方法关涉两种互补性报告：移情共鸣和异类现象学（heterophenomenology）描述，前者被理解为一种强烈的与他人之间的情感共鸣，意味着第二人称方法渗透于第一人称的直接性中；后者被看作一种参与性的外部的远区观察，意味着第二人称方法面向第三人称的社会嵌入性。

第三，第二人称方法论的应用表现在丹尼特（D. Dennett）的异类现象学和瓦雷拉的神经现象学（neurophenomenology）中。"异类现象学"是一种另类的现象学。它与主流现象学本身关联，是美国当代著名哲学家丹尼特在其《被解释的意识》一书中提出的。丹尼特既反对传统现象学单纯从第一人称立场探究意识，认为将这种"我的意识"的研究结果普遍化第一人称复数的"我们的意识"是成问题和不可靠的，又反对自然科学单纯从第三人称立场对第一人称经验数据进行简单的消除或还原，主张走"一条中间道路"，即"从客观的自然科学及其所坚持的第三人称视角出发，走向一种现象学描述的方法。该方法（原则上）可以公正地对待那些最私密、最难以言达的主体经验，但绝不丢弃科学在方法论上的审慎"[14]72。

尽管丹尼特将自己的异类现象学标榜为一种延伸至人类意识现象的第三人称方法论，但它本质上仍是一种典型的基于一三人称的第二人称方法论。一方面，它是现象学的，因为它必定要确保人类意识现象的独立性；另一方面，它又是异类的——是关于"他者"而非"自己"的现象学[15]，因为单纯的主体意识现象无法确保自己的可靠性和确定性，所以它必须从第三人称立场出发审慎地对待意识经验。另外，异类现象学家需要以某种意向姿态，对从第三人称视角获得的第一人称信息进行解释，以期从这些数据信息中推出心理（或文化）的生活模式。这种意向姿态一经采取，异类现象学家就会完全跌入第二人称立场，因为他必须表现为一个情景化的个体，对数据进行意向性的解释。

瓦雷拉提出神经现象学的初衷是在方法论上应对查尔莫斯（D. J. Chalmers）的意识的"难问题"，旨在整合意识的神经生物学特征和现象学特征，实现"当代认知科学和人类经验的一个训练有素的研究进路"[2]330 间的联姻。这也是瓦雷拉针对自己提出的实现科学与经验循环的目标所做的一个具体且务实的开创性探索和尝试。在他看来，要实现对意识的科学研究，必须联合探索意识经验结构第一人称方法（如现象学）和揭示意识的神经相关物的第三人称方法（如认知神经科学）。

基于此，神经现象学的工作假设是：意识经验结构的现象学说明（第一人称）与认知过程的科学说明（第三人称）之间通过互惠约束关系（reciprocal constraints）而彼此关联[2]349。换言之，意识研究的一三人称方法之间存在某种动态的互惠约束关系，即相互影响和相互决定的关系[16]。具体而言，第一人称方法用于获取关于意识经验的丰富的第一人称数据，第三人称方法用于分析和解释与意识相关的生理过程。第一人称数据为第三人称的分析和解释提供强有力的约束和限制，启发富有建设性的研究策略；反过来，第三人称方法借此获得的第三人称数据又构成对第一人称数据的约束和限制，使其得到进一步修正和改进。这样，神经现象学的研究就基于三个层面的认识：第一人称数据——来自对经验的第一人称方法检视；形式模型和分析工具——来自基于认知的具身－生成进路的动力学理论；神经生理学数据——来自对大脑的神经生理过程的测量。需要强调的是，一三人称方法间的这种互惠约束关系过程是以第二人称姿态介入实现的，因此我们可以将神经现象学定性为一种名副其实的第二人称方法论。

总之，无论是丹尼特的异类现象学，还是瓦雷拉的神经现象学，都是以第二人称方法论视角对认知科学和现象学进行整合研究的典范，体现了当代认知科学趋于融合自然科学和人文科学的时代精神，为我们研究和确立一门宏大视野中的全新的意识科学树立了榜样。

结　语

生成主义作为一种新的研究纲领不仅弥补了传统认知科学在研究对象和方法论上的缺陷，而且还展示了自身强大的生命力和卓有成效的研究策略。生成主义作为一种新的哲学观，既避免了客观主义和建构主义两个认知研究的极端，又避免了关于认知过程的内在论与外在论的争论。同时，基于生成主义纲领形成的核心认知观和方法论，为进一步探究认知和心智的奥秘提供了理论和方法上的洞见。

然而，在一些认知科学家看来，生成主义纲领的有效性仅限于较低层次的认知能力，它对于较高层次的认知能力问题，如概念思维、推理、计划、语言能力等并没有提出行之有效的解决办法，而这反而进一步激励了传统的认知研究框架。例如，对环境的具身适应和情境适应虽然能完全说明昆虫导航，但是它却不能解释我们何以能计划一次从北京到上海的旅程。生成主义或许能很好地解释一些复杂技能，如掌控视知觉中的感觉运动的偶然性，但是所有这些在解释高层次认知方面仍显得微不足道，仍不足以解释一些像准备数学期末考试或设计房屋这样的认知现象，这似乎不得不又要求助于心理表征概念。因此，有些研究者就武断地把生成主义纲领的有效性局限于低层次的感觉运动认知，生成主义在高层次认知方面还不能完全取代表征主义。

这种看法确实击中了生成主义纲领的要害，但是我们不能因此就断定：凡是生成主义所不能解释的必须由新版本的旧观点——各种改装过的表征主义和计算主义来解释。这无疑是对生成主义纲领的误读和误判，因为一个研究纲领的有效性在于它具有自我发展和完善的能力。生成主义作为一种新理论框架，必须得到连贯的展开和拓展。我们必须明确的一个事实是，生成主义在许多领域，尤其是高层次认知领域，如价值的产生和评估、意义的建构和理解、社会交互作用和社会理解等中都有进一步发展的空间和潜能，而且当前的一些研究成果也表明生成主义在这些领域可以做得更好、更有效。

事实证明，生成主义能有效地沟通"关于具体的具身实践和情境实践的知识"与"较高层次的人类认知"，它能使我们以一种整合的视角看待处于众多不同层次上的具身的社会交互作用和协调作用（从调节交互作用的自主时间结构的涌现到受社会调节的意义的产生），进而成为认知科学中能与计算主义相抗衡的范式。因此，我们可以有理由、有信心地讲，生成主义将是认知科学中又一次革命性的范式转变，是认知科学中的一个颇具前景的认知研究纲领，尽管她目前仍然有这样和那样的不足。

参考文献

[1] Varela F J, Shear J. First-person methodologies: What, why, how? Journal of Consciousness Studies, 1999, 6: 1-14.

[2] Varela F J. Neurophenomenology: A methodological remedy for the hard problem. Journal of Consciousness Studies, 1996, 3（40）: 330-349.

[3] Thompson E. Mind in life: Biology, Phenomenology, and the Sciences of Mind. Cambridge:

Harvard University Press, 2007.

[4] Merleau-Ponty M. Phenomenology of Perception. Smithc trans. London: Routledge & Kegan Paul, 1962.

[5] Thompson E. Sensorimotor Subjectivity and the Enactive Approach to Experience. Phenomenology and the Cognitive Sciences, 2005, (4): 407-427.

[6] Gallagher S. Hyletic experience and the lived body. Husserl Studies, 1986, (3): 131-166.

[7] 瓦雷拉, 汤普森, 罗施. 具身心智: 认知科学和人类经验. 李恒威, 李恒熙, 等译, 杭州: 浙江大学出版社, 2010.

[8] Epstein M. Thoughts without a Thinker. New York: Basic Books, 1995: 95-96.

[9] Hutchins E. Cognitive ecology. Topics in Cognitive Science, 2010, (4): 705-715 .

[10] Maturana H R, Varela F J. Autopoiesis and Cognition: The Realization of the Living. Boston Studies on the Philosophy of Science. Dordrecht: D. Reidel Publishing Company, 1980: 59-140.

[11] Stewart J. Foundational issues in enaction as a paradigm for cognitive science: From the origin of life to consciousness and writing// Stewart J, Gapenne O, Di Paolo E. Enaction: Toward a New Paradigm for Cognitive Science. Cambridge: The MIT Press, 2010: 6-27.

[12] Van Gelder T, Port R. It's about time: An overview of the dynamical approach to cognition// Port R, van Gelder T. Mind as Motion: Explorations in the Dynamics of Cognition. Cambridge: The MIT Press, 1995.

[13] Depraz N. Empathy and second-person methodology. Continental Philosophy Review, 2012, (45): 447-459.

[14] Dennett D. Consciousness Explained. New York: Little, Brown and Co. , 1991.

[15] Dennett D. Who's On First? Heterophenomenology explained. Journal of Consciousness Studies, 2003, (10): 19-30.

[16] Lutz A, Thompson E. Neurophenomenology: Integrating subjective experience and brain dynamics in the neuroscience of consciousness. Journal of Consciousness Studies, 2003,(10): 31-52.

基于情感的思维何以可能 *

魏屹东　周振华

从古希腊哲学开始，哲学家们大多秉持一种把理性和感性对立的态度，主张用理性的思维去压服感性的情感。但随着认知科学革命的兴起和发展，特别是认知心理学、脑与神经科学、人工智能等学科对思维研究的逐步深入，这种把思维和情感对立的观点已显露出局限性。根据当代认知科学，思维作为一种复杂的认知活动，不仅包括推理、决策和问题解决等理性过程，还应把人在认知过程中与思维相关的情感因素都包含在内。基于此我们认为，情感不仅作为心理状态和人格特质贯穿于人的整个思维过程，它本身就包含着复杂的认知因素和背景，我们称之为"基于情感的思维"，简称"情感思维"，是指人在加工和处理传入信息的同时运用情感来统合信息并做出反应或决定的思维方式与能力，但这并不是说情感本身可以作为一种单独的思维类型而存在，而是说包含了情感在内的"情感思维"可以更完整地体现认知过程中情感与理智的深刻内涵，主要包括体验、表征、评价和修正，其作用可以划分为正负两个向度，而基于情感的"情感计算"对未来人工智能的发展也有着重要启示作用。

一、情感及情感思维的内涵与作用

1. 情感的相关概念界定

在古希腊，人们最先用"pathos"这个词来表达人们对悲剧的感伤之情，与之含义相近的拉丁词包括"passio"和"affectio"。而"emotion"一词由前缀"e"和动词"move"结合而来，直观含义是从一个地方移动到另一个地方，强调情感能使人"动起来"的特点，后来逐渐被引申为扰动、活动，直到近代心理学确立之后，才最终被詹姆斯用来表述个人精神状态所发生的一系列变动

---

* 原文发表于《科学技术哲学研究》2015 年第 3 期。
　魏屹东，男，山西大学科学技术哲学研究中心 / 哲学社会学学院教授、博士生导师，研究方向为科学哲学与认知哲学；周振华，男，山西大学哲学社会学学院博士研究生，研究方向为认知哲学。

过程[1]463。因此，从词源上来看，"情感"、"情绪"和"感情"有着天然的近似关系，都是指人的一种感性体验或心理状态。在当代心理学语境中，"情绪"（feeling）指同生物生理性需要密切相关的感情反应，多标示感情形式，具有外显性特征。情绪代表着最一般的感情性反应过程，人和动物都可以有情绪。而情感（emotion）指社会性的高级感情，是具有稳定而深刻的社会含义的感情性反应，多标示感情内容，其含义侧重于主体对事物的体验，比较内隐，并且只有人才能具有情感。情感既包括与"感觉"相关联的感受能力，也包括与"同情"相关联的体验过程，它集中表达了人类对自身感性体验的觉察与体会。感情（affection 或 feelings）则是与人特定需要相联系的感性反应的统称，它一般包含情绪和情感的综合过程，有着这两者共同的含义。

从认知科学角度看，情绪更多地指处于情感状态时我们的身体和心灵所感受到的一种感觉，是处于情感状态时知觉的混合。由于涉及身体，情绪应该说是行动在思维中所呈现出的意象而不是行动本身，它在本质上可以视为是知觉在大脑中的一种映射关系。比较而言，情感则是一个复杂且巨大的自动化行动程序，是由包括特定的想法和模式在内的认知计划所组成的，不过这种行动在很大程度上是由我们的身体所呈现出来的，包括了从面部表情、身体姿势到身体内部脏器所发生的一系列变化，并且情感是关涉特定的思维理念和模式的[2]77。

可以看出，情绪、情感和感情所指的其实是同一个过程或状态，都包含了身体唤醒、主观体验和外显行为等多种成分，它们之间并不存在绝对的差异和界限，其区别更多的是一种状态描述的差异。我们可以把情感理解为是在多次情绪体验的基础上形成的相对稳定的心理状态，并且可以通过情绪表现出来。情绪是情感形成的基础和外在表现，情感则是情绪的内心深化和主要内容。情感是我们对生存状况的价值态度，不仅包括信念理想等复杂意识，也包括对自身状态及外部情境的描绘解释和反应选择等。情感还是一种意向，一种与认知行为、需求和评价密切关联的态度。因此，情感具有人类共同的内涵对象，它与人的思维活动、道德行为、生存状态、审美体验和实践活动都密不可分[3]150-151。

2. 情感思维的内涵

在认知科学语境中，思维指的是一种间接的、概括的认知活动，它存在于以大脑为主的认知系统里，是由人的行为推论而来的。思维还是一种认知系统内的一系列操作过程。因此，思维是一种"指向问题解决，间接的和概括的认知过程"[4]4。思维不仅是我们大脑所进行的一系列活动，还需要通过多种形式来进行内部和外部表征，因而思维是我们知识的心理表征系统，其内容和目的在于描述真实或可能世界的状态。因为人们总是倾向于相信思维是一种决定、推理或概念化的过程，是一种有目的的计划，同时也是某种形式的回忆[5]2。

　　情感在人身上有两种存在形式：一种是作为人内在的状态或体验；另一种是外显的面部表情和相关动作。由此就有了两种关于情感的不同定义：前者以心理内省为基础，认为情感是来自主体感受到环境信息的生理心理反应的组织；后者以生理变化为基础，认为情感起源于身体肌肉、腺体和激素水平等体征的变化，是身体对心理和行为的扰乱。正如萨伽德所言：关于情感的本质，认知科学家存在颇多争议，受欢迎的有两大阵营：一派把情感大体上视为关于人的总体状况的评判（认知研判）；另一派则强调人身体对认知的反应（大脑对身体变化的调节与适应）[6]176。在我们看来，这两种观点都只看到了情感在心灵或身体某一方面的来源和作用，却忽视了情感在心身交互过程中的重要作用。因此，当代认知心理学把情感界定为由多种成分组成、具有多维结构、多水平整合，并为有机体生存适应和人际交往而同认知交互作用的心理活动过程和心理动机力量[7]4。

　　可见，要想弥补两派在心身交互观点上的裂痕，就应当认识到情感对思维研究的重要性。用认知科学家达玛西奥的话来说，为了真正理解人类的行为和思维方式，我们必须要考虑情感因素。如果不对情感及隐藏于其中的现象给予足够的重视，那么我们对人类意识、思维和心灵的研究都是不完整的。对情感问题的讨论需要回到我们的现实生活中，尤其关涉到价值、奖惩、驱动力和动机，以及一些必要的感觉[2]76。正是基于这种观点，我们认为应该把思维看作是发生在人身体内部的一系列生理心理活动过程，它以记忆为基础，统合了主体的情感体验，不仅涵盖了一系列思维者内在的心理活动，还体现了思维者对外部环境的表征，具有意向性和目的性。从思维机制与过程来看，我们认为存在一种"基于情感的思维"类型，把情感本身所包含着复杂的认知因素和过程涵盖进来，用来指称人在加工和处理传入信息的同时运用情感来统合信息并做出反应或决定的思维方式与能力，我们称之为"情感思维"。

　　从信息加工观点来看，加工语义情感知识的能力是情感思维的主要成分。当语义信息被激活后，这些信息就随同其他情感体验信号一同汇入大脑，一起被分类再整合而成为情感知识，这种情感状态和过程就构成了情感思维。因此，语义情感知识是情感思维内容的重要组成部分，与不同的情感体验密切相关。情感思维既可以通过概念命题等符号来进行表征，也可以通过人体诸多感官的信息统合来产生作用，因为有些情感是难以用语言来准确表达的。背景知识的不同和情感体验的个体化差异很大，决定了情感思维不仅因人而异，即使是同一个人在不同的时空环境和身心状态下也会发生变化。因此，情感思维是一个动态的平衡过程，它本身就特指了人类才具有的一种能力，动物有的只是情绪反应，一些高级动物还能够表现出某些有感情的行为，但它们没有情感，也没有表达感受体验的情感思维能力。

3. 情感思维的向度与作用

认知科学对情感的研究有两种角度。一种是类型研究，认为情感由不同的基本情绪组成，因此情感研究的核心就是分类。传统哲学认识论、心理学多从此角度出发，主要通过对情绪外在表情的划分来区分不同的情绪类型。另一种是维度研究，从功能上把情感分成积极和消极两种。我们认为这两种划分各有优劣，可以把它们予以融合，对情感思维进行一种"向度"（tropism）划分，分为正向情感思维和负向情感思维。

正向情感思维是说使主体能够采取恰当而有效的情感来对其所处环境做出感知和反应的思维方式。

负向情感思维是说不能使主体采取恰当情感来对其所处环境做出感知和反应，往往会导致认知偏差或思维错误。

这种划分不同于单纯的积极与消极情感划分，因为在特定的情景中积极情绪并不一定能对思维起到促进作用，如要想对悲剧有深入的认识和体验，读者或观众就必须把自己带入到剧中人物所处的悲伤情感之中，这种情感尽管在日常生活中被视为是消极，但它在情感思维中却可以对我们的思维和认知起到正向的促进作用。又如恐惧，在面临威胁的情况下，恐惧的情感可以让主体快速做出判断和反应（如逃跑），这种看似消极的情绪对主体的认知和行为也起到了正向的作用。从心理产生的交叉背景上讲，正向情感思维主要由安全感和满足感产生，负向情感思维则主要由恐惧感和厌恶感产生。只有这两种情感思维方式在特定环境中达到平衡，主体才能具备稳定的情感结构，才能有适宜的情感思维结构去对外界环境做出合理的认知与反应。

二、情感思维的认知神经学证据

早在 19 世纪，布罗卡（Broca P）就把位于大脑半球邻近间脑边缘的扣带回和海马旁回称为边缘叶（limbic lobe）。麦克莱恩（Maclean P）进一步把端脑与间脑之间交界的边缘区命名为"边缘系统"（limbic system），主要包括海马、杏仁核、前额皮层、扣带回和下丘脑等脑区，并认为该区域的神经结构对情绪加工起关键作用[8]207。当代认知神经学研究表明：人类的情感体验主要发生在脑干自调节系统，包括脑岛、杏仁核、眶额皮层等结构，特别是杏仁核与恐惧和愤怒情感密切相关，但我们对情感是如何同动机及心情发生关联仍然知之甚少，我们对于神经化学究竟如何调整包括情感在内的精神状态也所知不多，因此研究情感在认知发展中的作用就显得非常紧迫而重要[9]1194。

认知神经科学家葛詹尼加提出了四种基本情感与大脑功能区域及功能的对应

分布（表 1）[10] 332。

表 1　情感类型与脑的对应区及功能

情感类型	对应脑区	功能表现
恐惧	杏仁核	学习，躲避
愤怒	眶额皮层、扣带前回皮层	标明违反社会准则
悲伤	杏仁核、右侧颞极	退缩
厌恶	前脑岛、扣带前回皮层	规避

这种基于大脑区域分工协作的情感对应关系也非常符合自柏拉图以来奠定的认知传统：理性居于大脑中央，情感位于边缘。认知神经学的研究在一定程度上支持了这种预设，情感的主要控制区域应该集中于边缘皮层系统，尤其是前额皮层、腹内侧前额皮层和眶额皮层、杏仁核及海马，不仅每个不同的脑区对应不同的情感，也是相对应情感思维的主要部位。

1. 前额皮层系统对语义信息起着控制调节作用

语言是思维的直接现实，对语言的脑功能区定位被视为思维存在的物质基础。早在 1861 年，布罗卡就通过对表达性失语症患者尸体的解剖，最早发现了语言中枢位于大脑左半球额叶的额下回后部，该区域由此被命名为"布罗卡区"[11] 93。当代神经科学家通过对局部前额皮层血流量的考察，证明左下前额皮层确实是提取语义信息的重要区域，并且由强烈的情感所导致的大脑变化往往会改变决策的质量与效用[12] 353-385。前额皮层的这一特质使得它同语言能力与情感刺激都密切相关，对语义信息的处理能力更成为人类与其他动物的显著区别。这也说明，作为语言直接现实的思维和情感密切相关的能力在该区域确实存在。

2. 腹内侧前额皮层和眶额皮层是情感思维在大脑中的主要分布区域

这一区域的功能主要是编码和表征与社会生活有关的情感的反应变化信息，从而计算当前情境的情感价值，以及在计算基础上采取何种反应或行动[13] 45-48。腹内侧前额叶皮层主要控制信任感，该区域受损会让人更易轻信他人，这也说明了为什么这个部位受损的聪明患者会被显而易见的骗局欺骗。而眶额皮层是人类产生后悔的最主要的神经区域，而后悔主要由上行反事实思维引起。此外，眶额皮层还与愉快、尴尬、愤怒、悲伤等情绪有关。总之，它们的职能是利用我们的情绪反应指导我们的行为，并在不同的社会情境中控制相应情感的发生。

3. 被称为人类"情感计算机"的杏仁核是情感信息处理的核心

杏仁核对恐惧威胁尤为敏感，这是神经科学家勒杜（LeDoux）通过对杏仁核损伤猴子的脑成像研究发现的。他认为杏仁核具有在大脑皮层尚未完成处理前抢先做出反应的能力，他把杏仁核视为情感信息处理枢纽，通过分析身体获得的感觉信息来判断其是否有情感内容，再联结大脑其他部分做出反应。杏仁核接受两方面的感觉信息：一是来自于视听皮层的感觉信息，二是来自丘脑的感觉信息，它对情感内容的判断不仅要靠获得的外界感觉信息，还包括大脑内部的已有相关信息（记忆、想象等），这说明杏仁核已经具有进行某些思维的能力和作用。基于此，勒杜提出了情感传递的双通道理论：一条是外界信息经由新皮层分析后到达杏仁核，另一条则是直接到达杏仁核引起反应。通过对双侧杏仁核损害患者的行为评估发现，这些人普遍丧失了对社会威胁（特别是面孔识别）评判的能力，会认为所有人的面孔（即使对那些面目狰狞或明显具有攻击倾向的面孔）都是可接近和可信任的。由此可以把杏仁核的避让作用推广到社会情感认知层面，它在我们判断他人意图和信念等情感过程中也起着关键作用[14]287-298。

4. 海马作为记忆的重要功能区域在情感思维中的作用体现在与杏仁核共同完成情感记忆

海马主要保存陈述性记忆，负责回忆过去发生过的复杂事件；杏仁核负责判断海马提取的信息的情感价值。杏仁核对情绪信息进行前注意加工，将其内化到内隐记忆中，和海马的非情绪性语义加工共同组成人关于事件的情景记忆，因此海马提供的记忆信息内容构成了情感思维的内在信息来源。对于认知过程中海马和杏仁核作用的关系，认知神经科学家有一个很生动的案例：海马从视神经传导来的信息中认出了谁是你的表妹，但杏仁核提醒你，其实你并不喜欢她。这就是一个典型的情感思维过程，特别是对与我们关系密切的人和事物的认知都渗透着情感背景因素，尽管有时候我们完全感觉不到它，但它是确实存在的。

总之，通过对不同种情感在人脑边缘系统中的定位与研究证明，人脑中进行的绝大多数认知活动（尤其是思维）都有着一定的情感因素，并且情感因素对计划和决策往往起着关键作用。在我们看来，并不存在所谓的"纯理性思维"，其区别只在于情感因素所占权重的大小与持续时间的长短而已。从神经科学角度来看，情感往往是由特定的刺激引起的，随后迅速扩散至身体和大脑中相应的皮层区域进而引发情感体验。值得注意的是，最初传入大脑的感觉信号在经历身体和大脑处理后所发生的变化，才是引起我们情感体验的真正源头所在[2]77。情感对于思维的作用不仅在于它的预判，在我们做出最终决定的时候情感也往往发挥着十分重要的作用，缺少了情感的理性人反而更容易做出对自己不利的判断，对一些脑损伤病人的 fMRI（功能性磁共振成像）扫描结果表明：在腹前额叶皮层受损的情况下病人往往做出对自己不利的决定。这就说明，没有情感的理性不仅失去了方向，也失去了价值。

三、情感思维的认知心理学证据

情感思维是人类心理和人格结构的重要组成部分，主要体现在以下三个方面。

1. 情感是人类意识和记忆的起点

在大脑的认知与思维过程中，情感不仅作为一种心理背景参与其中，还常作为引起意识的首因。认知心理学家巴尔斯（Baars B J）曾把意识比作一盏头脑剧场中的聚光灯，灯光照到的地方就是人所注意到的意识[15]24。思维作为意识的高级阶段，情感可以视为意识灯光的最初来源，并且可以控制其注意的方向和内容，这种由情感控制的思维方式与能力，就是情感思维在认知心理学中存在的基础。从信息加工观点来看，情感思维的不同状态可以促进或减缓大脑的加工，还可以通过对身体机能的调节来影响加工的选择和方向。

情感在记忆中的作用体现在它既能影响到事件的存储方式，更影响到回忆时对事件的重构。情感可以使得我们对事件的记忆更加深刻，通常附带有强烈情感的事件比中性事件更容易回忆，而且记忆的细节会更准确。在记忆编码存储的时候，不仅事件本身会被编码，附带当时的情感也会被贴上不同的标签一起被储存，当需要回忆调取相关信息的时候，情感标签有时会拥有更高的优先级被调取。这就构成了"情景记忆"（Episodic Memory），它是每个人日常生活中独特场景的高度个性化记忆，这种记忆凝聚了我们关于特殊事件、人物、时间和地点的信息联想，其实质是我们曾经体验过的内部经验[16]123。例如，对于初恋的记忆，每个人都可以瞬间回忆起与之相关的一些场景，而这种回忆可以是通过意识，也可以经由不经意的感觉刺激（如视觉、听觉和味觉等信息）来唤醒，其内容可以在短时间内迅速扩展。这种记忆的特质就在于它可以在保留大量细节的前提下对我们原有记忆进行改造和重构，最终使得我们对于曾经事物或经验的记忆发生潜移默化的改变，而我们自己却以为这才是真实的过去。回忆的过程如同用一堆碎片重新拼接一个打碎的花瓶，而不是放一部看过的电影。我们感觉我们的记忆非常清晰鲜明，其实这只是一种幻觉，所有的记忆都不是对过去发生事件的真实记录，而是我们在自身想象中进行重构的结果。这就是为什么对于同样的事件，不同的亲历者会有着截然不同的回忆，尽管他们的叙述都是自认为真实可靠的。记忆重构的过程天然地包含着情感思维的驱动和引领作用，构成我们认知内容的心理基础。

2. 情感思维作为一种快速决策方式，和逻辑思维一起构成人类的基本决策能力

对于复杂问题的判断和决策一直被视为思维的核心能力与最高级形式，我们

通常采取两种方式来进行判断和做出决定：一种方法准确可靠但是用时较长（理智逻辑），另一种方法快速但是并不可靠（感性情感）。这两者都是我们的身体在进化过程中逐渐发展并完善起来的决断能力，理智和感性可以看作是两个互补的系统，它们共同帮助我们做出决策。当时间充裕且信息充足时，判断的准确性和可靠性是首要的，我们可以依靠理智来进行详细分析和判断；当时间紧迫且信息量不足时，判断的准确性就要让位于时效性，这时就要用情感思维来快速做出判断。

3. 情感思维作为一种心理状态和能力，是构成我们人格的重要部分，同时情感思维发展也是人类思维发展的必要成分

如果说婴儿的发育可以视为人类种族进化的重演，那么儿童的思维的发展同样也可以视为人类思维发展演化的缩影。新生儿不能独立生存，但他们接受成人的哺育并不是完全被动和无条件的，他们有着从祖先遗传获得的感觉体内外信息并通过简单情绪来表达的能力，即使没有发育完全的语言能力，他们也能很快通过动作、表情和声音同周围的人建立起亲密的联系，在这个意义上，我们可以说婴儿的情感能力是人出生后获得的第一个有效的心理适应工具，尽管其内容和形式都很简单，但也包含了基本的编码与储存过程。从认知过程来看，应该把情感理解为一种战略性的信号，特别是在偏好强度编码的过程中。情感大多数带有指向性和偏好性，这可以追溯到人类在婴儿时期同看护者所建立的亲密互动关系，由此产生的强烈依赖心理直至成年依然延续着[17]315。由此可见，情感是人类处于婴儿时期为适应生存而遗传获得的重要心理工具，情感思维的能力也随之而来。随着社会化进程的发展，婴儿的情感也会伴随着语言能力的提升而发展。正是在情感和认知的相互作用与影响下，人的内在心理素质才能够成长，才能逐渐发育起完整的人格与个性。

四、情感思维的社会人类学证据

以上都是以个体的人为单位来分析情感思维在认知中的物理与心理基础，但现实中的人并不是一个孤立的个体，人的身体和精神始终都处在与外界环境的信息交流之中。处于社会中的人，其情感思维也会发生相应的变化，这不仅是进化的需要，更是社会交往和社会协作的需要。情感思维在人类社会中的存在证据体现在以下三方面。

1. 情感思维是人类在进化过程中为适应生存所形成的必要心理工具

如前所述，脊椎类动物虽然没有社会性的情感，但大多具有某些情绪表现，一些高级哺乳动物还可能具有某些情感色彩的动作表示。进化论表明，喜怒哀惧等基本情绪的产生应该和脊椎动物的脑同步，约有 5 亿年历史，而高级认知情感的产生不会超过 6000 万年。达尔文最早研究了情感进化的特征，认为人类的很多情感反应也是从动物祖先那里进化过来的，如人类面临恐惧或表达愤怒的时候也会毛发直立甚至"怒发冲冠"，即使这并不会使我们像猫一样看起来更强大，但这正是我们情感进化的最好证据。情绪是可以学习的，这已经在其他灵长类社会生物中得到了印证，有科学家曾让猕猴观看一些其他猴子害怕蛇的影片，结果这些本来并不害怕蛇的猴子也对蛇有了恐惧。同理，人类的情感也是在和其他人相处的过程中逐渐习得的，这取决于环境的影响及个体选择性的学习倾向，特别是在婴儿和儿童时期家人的训教有着重要作用[18]167。

2. 情感思维是人类实现跨文化和跨代际交流的有效方式

正是情感的共通性和相对稳定性，人与人之间的交流才成为可能，才能使我们可以超越文化之间的隔阂，实现更广泛的联结。20 世纪 60 年代后期，人类学家艾克曼（Ekman P）在新几内亚一个叫福尔的偏远地区进行长期调查发现，这个地区的人没有文字，也没有看过西方的图片和电影，不可能了解西方人的情感。他给这些福尔人讲一些故事，并给他们看一些西方人的表情图片，福尔人能够大致把故事情节和表情图片对应起来。这就说明，确实存在一些超越种族的先天情感，是全人类所共通的，艾克曼称之为"基本情感"，包括快乐、痛苦、愤怒、恐惧、惊奇和厌恶。这些基本的情感几乎存在于任何文化中，它们似乎并非后天习得的，而是人脑中所固有的。有实验表明，即使是先天失明的婴儿也会作出传达这类情感的典型面部表情——微笑、皱眉等。我们所说的某些性格或情感是"先天的"，说的是其是与生俱来的，即任何人只要一出生，满足其生存的基本需求，即可具备基本的情感与表达方式。与此相类似，语言也可以说是人的一种先天的能力，一个语言生理功能正常的婴儿不需要太多的专门训练——只需要让他和同样具有语言能力的人在一起相处，就可以表现出语言学习和运用的能力[12]145-147。正是情感思维的存在，才使得人类能够实现跨文化和跨代际的基本信息交流，那些没有文字的社会形态可以维持基本良性运行。

3. 社会对情感思维具有放大作用，集体决策的合理性正是基于情感思维的社会性

对人类这样高度社会化的生物来说，处于集体中的个人情感往往是放大的。一方面，人的内在感觉会随着情感的指引发生变化，进而导致身体采取或避免某种行动；另一方面，情感在有机体身上所引起的外部表现会给他人提供相关信息，以使他人产生同理心，从而理解我们的情感和经历，这种"同情心"或"同

理心"（empathy）会使人产生一种归属感和认同感，通常会大幅提升人的情感思维能力。然而社会实践中我们却并不信任社会化的情感思维，我们通常倾向于认为一个人的独自决定难免被情感蒙蔽，试图通过增加参与的人数来提高决策的理性化程度，对集体决策的信任就构成了当代民主的基石。这种以为 100 个人比 1 个人更理性、更合理的预设真的成立吗？社会心理学家通过精巧的实验测试对此给出了否定的答案，在大部分情境中，特别是在时间紧迫、信息量又小的情况下，被试依靠情感做出的直观判断反而有较高的准确性，这就说明基于情感做出的决策是有益的。如果说集体决策比一个人独裁更能体现社会进步，大众陪审团判决能比单一的法官宣判更能体现公平和正义，这恰恰是因为集体比个人拥有更多更强的情感思维能力，而不是人们以为的更少。与其说我们相信集体决策的理性成分更多，不如说我们更愿意相信集体决策会更有良心且可靠，这种信念其本质更多的是我们的一种情感期望，而不是理性分析。

综上所述，我们认为情感思维体现了人类在现实思维中情感所具有的神经、心理和社会基础，是包含了情感因素在内的一种基本思维方式。

五、情感思维对人工智能的意义

当前人工智能的理论基础是认知计算主义，认为人的思维本质就是计算。这种观点把思维看作是心理表征的符号运算，唯一的不同之处在于我们尚不清楚人的精神活动到底是如何运作的。启蒙时代的霍布斯认为思维就是加法：两个名称加在一起组成一个断言，两个断言加在一起组成一个推论。计算器的发明者莱布尼茨也幻想着有朝一日人们不必争论谁对谁错，只要拿出铅笔和纸运算就可以了。现代计算机的发展很大程度上实现了这个梦想，计算主义至今仍在认知科学领域中居于统治地位，福多把这种计算机符号形式语言称为"思想语言"。与自然语言相比，这种符号语言（本质上为二进制）是不连续的、不依赖语境的、由以功能为组块的"类语句"结构组成，这种表征系统构成了老式人工智能的经典结构[19] 21。

但是这种基于计算主义的人工智能模型现在遇到了难以逾越的瓶颈，现有的人工智能机器距离人的思维还相差甚远，一个重要缺陷就是对情感的忽视。著名认知科学家萨伽德在总结认知计算主义的缺点时指出，一直以来很多认知科学家都忽视了人类情感的作用，认为人的思维应该是以计算性作为核心表达方式，但这种经验论式的观点很可能是错误的。尽管计算主义可以成功解释很多关于思维的尤其是诸如问题解决、语言学习等方面的疑惑，但这种基于计算的认知主义仍面临着诸多严峻的挑战，包括来自意识理论的挑战，来自真实世界的挑战，来自具身性的挑战，来自动力系统论的挑战，来自社会学的挑战，来自数学的挑战，特别是来自情感理论的挑战可能会彻底改变认知计算主义的未来发展[20]。

其实早在1967年，人工智能的先驱西蒙就提出，要想解决"机器人困境"（如何高效实现机器人内部目标管理），就必须使机器人具有情感，这样机器人才能有某种学习的能力。在他看来，情感就是使机器人可以主动中断任务的能力，可以使机器人根据周围环境的变化来选择最适宜的任务优先完成——就如同人在面临选择的时候所做的一样，如果能够做到这一点，我们就可以说至少在决策环节机器人具备了类似人的思维能力。我们认为这种思维只能是情感思维，它是一种导致行为快速中断的反应过程，而绝不能是纯逻辑的运算思维，因为这需要巨量的信息搜集和运算再到分析、判断，会导致机器人如同决定困难的病人一样陷入无限细节计算而无法做出最终决定。只有基于情感思维的"情感计算"成为可能的时候，才能使机器人在面对突发状况时采取快速有利的行动，才能具备独立交流和学习的能力，才能具有同人一样思维的可能性。

基于目前的计算机和网络的结构与运算特质，计算机还只能按照人们的指令去完成指定的任务，它只是执行预先设置的命令而已。如果将来计算机程序能够自我学习、自我进化，那么这种新的算法（可称之为"进化算法"）将会给计算机带来全新的革命。现在的某些计算机病毒已经具有了一些这样的特质，它们可以在任何连接到网络的计算机中存在，可以自动复制，还可以根据宿主计算机的软件环境来改变自身结构以躲开杀毒软件的查杀，并且新产生的病毒具有比母本更强的适应能力和传播能力。由此我们会发现，计算机病毒和现实世界中的病毒几乎具有完全相同的特点，那是不是可以说，这些病毒就如同早期地球海洋中的单细胞生物一样，它们是人工生命（或虚拟信息生命）的雏形，也同样遵循自然选择的进化规律，能适应新的环境并据此发生进化。这些程序似乎已经具备了初级生命的某些特征：遗传（自我复制）、变异（复制基础上的变化）、自然选择（不同病毒的复制变异能力也不同，能力弱的会被杀毒软件删除）。所有的区别只是在于进化的物理化学基础不同：生物是染色体上的核苷酸序列，而计算机程序是存储于硬盘上的二进制编码序列。从信息论的观点来看，进化的本质并不在于它们的物质基础构成，而应该是这些物质所包含的信息是如何表现和传递的。一个生命体所需要的情感是由其所生活的环境和方式所决定的，机器人的物理化学结构和人类迥异，其生活方式和环境也大为不同。如果说情感对于任何智能生物的生存都至关重要的话，那么未来拥有智能和意识的机器人极有可能会进化出和人类完全不同的情感。

也有人坚持认为计算机永远不会有情感，因为它们不可能有人一样的主观感觉，也就不可能有意识和思维。很多人把感觉的能力作为情感的存在依据，如同我们不能因为植物人不能表现面部表情就认为他没有情感一样，我们也不能仅仅因为计算机没有感觉就认为它没有情感。吊诡的是，很多理性主义者声称计算机永远不会有意识，其判断在很大程度上是出于一种直觉而不是详尽的论证。无论是塞尔的"中文屋"还是查尔莫斯的"无意识的怪人"假说，这种思想实验本身就是一种纯粹的设想，缺乏实验证据。认知科学的思维研究比传统认识论研究更有活力之处就在于它更多地以认知科学实验为依据，而不是依靠语言分析和单纯思辨。关于思维和意识从古至今争论了2000多年仍没有一个确定结论，认知科学的贡献之一就在于转换研究方式：与其争论到底什么是思维和意识，不如去试着制造一个有意识能思维的机器，无论结果是成功还是失败，都会对透视思维和意识带来实质性的帮助。

结　语

我们认为把情感和思维进行二元对立的传统观点已经不合时宜，应该综合认知科学发展的最新成果，从脑与神经、人类心理和社会实践三个层面证明情感思维的合理性，把情感正式纳入思维研究的范畴中来，把情感思维作为一种理想型予以提出。情感思维通过不同的情绪体验来组成情感资源，再把包括身体资源、智力资源、心理资源和社会资源等在内的不同信息和情感资源加以整合，以此来建构每个人不同的认知方式与内容，是一种基于情感的思维融贯论。这时的理性已经是广泛意义上的理性，正是葛詹尼加所说的"进化理性"或"生态理性"，情感也是由自然进化而来的。情感思维的价值不仅在于帮助我们如何实现既定目标，更重要的是帮助我们确定到底要去追求什么样的目标。情感思维也会和其他思维一样，能够帮助我们在快速变化的世界中更好地生存和繁衍下去。而基于情感思维的情感计算如果能在未来得以实现，将促使人工智能在思维模拟上实现重大突破，为进一步揭示人类思维的奥秘提供实质性的帮助。

参考文献

［1］Knuuttila S，Sihvola J. Source Book for the History of the Philosophy of Mind. Dordrecht：Springer Science+Business Media，2014.

［2］Damasio A. Self Comes to Mind：Constructing the Conscious Brain. New York：Pantheon Books，2010.

［3］崔宁.思维世界探幽.北京：科学技术文献出版社，2006

［4］汪安圣.思维心理学.上海：华东师范大学出版社，1992.

［5］Holyoak K J，Morrison R G. Thinking and Reasoning：A Reader's Guide. Cambridge：Cambridge University Press，2005.

［6］萨伽德.心智：认知科学导论.朱菁，陈梦雅译.上海：上海辞书出版社，2012.

［7］孟昭兰．情绪心理学．北京：北京大学出版社，2005.

［8］蔡厚德．生物心理学：认知神经科学的视角．上海：上海教育出版社，2010.

［9］Dolan R J. Emotion, cognition, and behavior. Science, 2002, 298: 91-94.

［10］葛詹尼加．认知神经科学：关于心智的生物学．周晓林，等译．北京：中国轻工业出版社，2011.

［11］德拉埃斯马．记忆的隐喻——心灵的观念史．乔修峰译．广州：花城出版社，2009.

［12］Drevets R. Reciprocal suppression of regional cerebral blood flow during emotional versus higher cognitive process: Implications for interactions between emotion and cognition. Cognition and Emotion, 12 (12), 1998: 353-385.

［13］许远理．情绪智力三维结构理论．北京：中国社会科学出版社，2008.

［14］Fine C, Lumsden J, Blair R J R. Dissociation between "theory of mind" and executive functions in a patient with early left amygdala damage. Brain: A Journal of Neurology, 2001: 287-298.

［15］巴尔斯．意识的认知理论．安晖译，魏屹东审校．北京：科学出版社，2014.

［16］Rowlands. The Body in Mind. Cambridge: Cambridge University Press, 2004.

［17］Menary R. The Extended Mind. Cambridge: The MIT press, 2010.

［18］Evans D. 解读情感．石林译．北京：外语教学与研究出版社，2013.

［19］Chemero A. Radical embodied cognitive science. Bradford Books, 2009.

［20］Thagard P. Cognitive science//Edward N. Zalta The Stanford Encyclopedia of Philosophy (Fall 2014 Edition). http: //plato. stanford. edu/entries/cognitive-science/#CogSci, 2014.

人工生命视域下的生命观再审视 *

王姝彦

生命的本质及源头直指自然、心灵、社会等各大领域的交集，对生命的研究直接关涉人与世界本质结构的整体把握和理解。因此，对生命及其相关问题的探讨，历来不仅是生物学研究的焦点论域，也是哲学等多学科关注的重要问题。长期以来，来自不同领域的学者基于各自的学科本位、研究实践、观察视角等对生命的性质、特征、构成及机能方面进行了富有成效的探讨，从而也在此过程中产生了旨趣各异的生命观。作为计算机与生物学交叉的前沿学科，于 20 世纪 80 年代兴起的人工生命研究在一定程度上拓展了生命的可能界限，提供了探索生命的崭新手段，而且提出了诸多关于生命的新知与见解，在一定意义上促动了生命观的进一步重塑。本文以生命的多学科解释为言说基点，力图在对人工生命的类型及其思想旨趣进行勾勒的基础上，阐明人工生命实践对生命观认识所带来的反思、冲击与挑战。

一、生命意涵的多元阐释

一般而言，所谓生命观是指对生命最一般、最根本的看法和认识，是关乎生命本质、特征、构成与意义等诸多问题的总体性概括与思考。历史地讲，既往对生命的解读及其相应生命观的生成总是镶嵌于具体的学科语境当中。由于学科本位、文化传统、历史情境等多重因素的影响，学界在对生命的认识上可谓众说纷纭、观点杂陈。也正是众多领域从不同视角、观点、立场和方法对生命所进行的多元化探析，为我们提供了日益丰富的生命观图景。

在对生命的各类解释中，来自生物学领域的研究最为引人注目。总体而言，生物学对生命的解释主要聚焦于生命构成及特征两个方面。就其构成方面而言，如细胞学说的创立曾使人们意识到细胞在生物体的结构和功能中扮演着极为重要的角色；恩格斯的大分子定义进一步推动了人们对生命的认知；随着生物学研究水平的不断提高，人们对生命的认识随着 DNA 双螺旋结构的发现又进一步得以

---

* 原文发表于《科学技术哲学研究》2015 年第 4 期。

王姝彦，山西大学科学技术哲学研究中心教授、博士生导师，研究方向为心理学哲学。

改变，等等。不论是对碳、氧等基本元素的重视，还是对氨基酸等小分子的分析，抑或是对蛋白质、核酸等大分子的解读，生物学对生命的研究总体上是围绕碳基生命展开的。就其特征方面来说，如认为所有生命存在和发展的过程都是一个新陈代谢的过程，并且与生命代谢过程相伴随的是生物体的成长、发育与衰竭；自我复制、繁殖、变异、对外界刺激的反应及进化能力也是生命有别于非生命的重要表征。

　　当然，即使在生物学内部，由于各子学科的立论基础与理论旨趣不尽相同，因而对生命进行研究的侧重点也各异。例如，在进化论看来，生命的主要特征在于自然选择过程中的不断进化；而生理学的主旨是要强调生命的表征在于生长、运动；如果采用物理化学的分析理路，则更多是将生命特征的探讨置于与外界环境系统进行物质和能量交换的视域当中，如此等等。但无论如何，这些研究所秉持的基本观点是它们都认为地球上的生命皆以相同的物质为构成基础且表现出较为一致的活动机制。

　　在生命研究的种种图景中，西方哲学界亦对生命问题进行了卓有成效的探讨，并在此基础上形成了着眼于生命的机能或功能并以强调生命属性为要旨的生命观。可以说，亚里士多德在生命本质问题上迈出了重要一步。在他看来，生命的本质属性并非人们通常所理解的生长、繁殖、衰亡等，而是在于蕴藏在物种中的潜能。而且，作为生命潜能形式的生命与心智之间是彼此融通、相互联系的。正是在此意义上，普特南认为亚里士多德关于生命和心智的解说预示了机能主义的思想，是刻画生命本质的有益尝试[1]21。可以说，作为现代机能主义的滥觞，亚里士多德关于生命潜能的解释为后来的人工生命研究提供了积极的思想启示和理论养料。

　　纵览西方哲学界对生命阐释的历史，大致有三种不同视角的观点：第一种观点认为生命究其本质只是一组具有松散联系的属性，如法默（J. Doyne Farmer）和白林（Aletta d'A Belin）曾用繁殖、过程、进化、稳定等属性对生命进行了定义[1]335，尽管不是一切生命实体都必然具有这些属性，但对于所有生命而言这些属性都具有相当的代表性，且属性之间呈现出维特根斯坦（Wittgenstein）所说的"家族相似"联系；第二种观点指出生命只是由一些特定属性集合而成，并且这些属性是生命存在的充分条件或必要条件，如迈尔（E. Mayr）就从这个角度出发列举出了生命存在与发展的属性[2]；第三种观点强调生命的本质在于新陈代谢，其代表性看法是薛定谔的"负熵说"，认为生命的独特特征即在于新陈代谢，生命赖以维系的根据是"负熵"[3]。显然，西方众多哲学家看待生命的核心是要强调生命的本质主要在于各种各样的属性，而正是这些机能各异的属性使得生命的存在成为可能。

　　综观以上，无论是生物学视域的解读还是哲学角度的透视，这些开拓性的探索在厘清生命现象的基本特征，以及揭示其必要条件、实现机制等方面无疑都做出了大量的、富有建设性的有益尝试，从而为进一步发掘生命现象的丰富面向提供了先在的理论基础，也为进一步走进生命观的深层建构提供了启示性的思维。当然也要看到，上述研究不管从哪种角度来考察生命的意涵，其共同点就在于它们大都聚焦于自然界的生命存在，即都限定于"如吾所识的生命"（life-as we know it）范围之内，然而囿于这一框架之中的研究或多或少也会束缚对种种可能生命形式的进一步探求。由之，如能突破这一限定，在"如其所能的生命"（life-as it could be）形式中寻求生命的本质特征，则更有助于我们系统地把握生命的全貌，进而为生命观的重塑提供新的契机。作为计算机与生物学相遇的前沿学科，人工生命研究的兴起恰恰满足了这一要求。简言之，人工生命研究之所以能够在生命问题上有所作为，并为生命观的传统认识注入新的活力，正是因为人工生命突破了既有的生命图式，并力图在对一切可能生命形式的关照中重新反思生命观的丰富意涵。

二、人工生命及其思想旨趣

众所皆知，作为 20 世纪的重要标识，以计算机革命为表征的电子信息技术给人类社会带来了深远的影响。就新生命类型构建及其生命观认识而言，计算机革命的重要影响就是"导致了自伽利略以来又一场新的方法论革命，这场方法论革命的产物之一就是计算机和生物学交叉的前沿学科：人工生命的诞生"[4]。由于人工生命运用新的工具、方法和视角对新的生命形式加以探究，所以人工生命一经问世便受到众多科学家和哲学家的青睐，成为学界的"新宠"。毋庸讳言，人工生命的兴起具有重要的实践价值和理论意义：一方面，众多具有现实生命特征的虚拟人工生命由于种种需要被越来越广泛地应用于现实世界，这不仅丰富了科学的研究对象，也日益影响着人类的生产生活实践；另一方面，与人工生命相伴而生的是一系列关于生命的新概念、新方法和新理论，也促使我们从新的维度对生命观所关涉的诸多议题进行重解。

到目前为止，虽然学界对人工生命内涵及边界的认识可谓见仁见智，但还是相对普遍地对兰顿（C. Langton）人工生命定义表示认可和接受。作为人工生命研究的开创者，兰顿率先对人工生命的概念进行了阐释和发微。在兰顿看来，"人工生命是以具有自然生命系统行为特征的人造系统为研究对象的学科"[5]。"它试图抽取蕴含在生物现象下的基本动力学原理来理解生命，并通过计算机等物理媒介来重新理解生命。"[6]迥异于传统生物学的研究对象，人工生命不以碳基生命为聚焦点，而是对一切可能的生命形式即"如其所能的生命"进行分析。

　　总体而言，人工生命研究的兴起深受其时诸多思想观点和学术实践的影响，如冯·诺依曼（John von Neumann）创建的"通用计算细胞自动机"，图灵（A. Turing）用计算方法对生物胚胎发育的研究，维纳（N. Wiener）从信息理论角度对生活系统的探讨，康韦（J. Conway）、沃弗拉姆（S. Wolfram）等人关于"生命游戏"的研究等，正是这些极富创新性和洞见性的研究为兰顿人工生命思想的孕育提供了重要的实践和理论源流。虽然人工生命是作为计算机与生物学交叉学科的面貌出现的，但其与哲学思想也有着休戚相关的复杂纠葛关系，一方面哲学思想为人工生命的诞生注入了重要的启示，另一方面人工生命的发展也促生了人工生命哲学的研究，正是在与哲学的深层互动中，人工生命研究不断丰富和推进了我们的生命观认识。目前，学界对人工生命主要有两种划分方式：一种是以人工生命实在性为准绳所强调的强人工生命和弱人工生命；另一种是以构建人工生命的不同途径为依据所划分的软人工生命（soft artificial life）、硬人工生命（hard artificial life）和湿人工生命（wet artificial life）。不同的人工生命类型也映射了其不同的思想旨趣。

　　依照强人工生命的观点，生命的本质不在于具体的物质构成，而是在于自复制、自组织、自繁殖及自行对外界环境做出反应等特性，通过计算机等媒介创造出来的虚拟生命完全具备这些生命的本质属性，虚拟生命事实就是真正的生命。作为人工生命的先行者，兰顿不仅首次明确地提出了人工生命的概念，而且为人工生命研究规划了明晰的思想蓝图，并在一定程度上成为强人工生命阵营的主要倡议者。在兰顿之后，众多研究者集结于强人工生命的旗帜之下，如法墨（D. Farmer）从生命定义的角度讨论了人工生命的实在性，为强人工生命研究提供了重要论据；拉斯姆森（S. Rasmussen）基于信息、实在、生命的复杂关系研究也强调了人工生命的实在性特征；贝多（M. Bedau）从哲学视域出发提出的生命本质问题也为强人工生命研究注入了重要的思想活力。而弱人工生命的看法则与强人工生命的基本思想壁垒分明，其支持者大都从哥德尔定理出发对强人工生命的核心主张提出了批驳，认为虚拟人工生命并非真正的生命，虚拟生命在本质上只是现实生命的模拟，如卢卡斯（J. Lucas）认为心与机器有着本质上的不同；彭罗斯（R. Penrose）沿循卢卡斯的论点，进一步论证了计算机与人在思想上的差异。

　　探究人工生命的合成方法亦是当代学界所关注的另一重要场域，基于其构建路径的不同可将人工生命划分为以下三种类型："'软'人工生命创造出展现类生命行为的电脑模拟或其他纯数字构造；'硬'人工生命产生出类生命系统的硬件装置；'湿'人工生命涉及在实验室中用生化材料创造的类生命系统。"[7]585 一般来讲，软人工生命主要是在计算机内部通过编程的方式创造出具有现实生命特征的可通过计算机屏幕展示的生命形式，软人工生命具有两个显著特征：一是自我繁殖；二是自我复制。硬人工生命主要是借助诸如光电通信、计算机、进化算法、神经网络、精密机器等工程技术，通过金属板、硅片等硬件，将生命科学和信息科学有效地融合在一起，进而设计和研发出类动物或类人类的人工生命。较之于传统生命而言，硬人工生命除却在能量转换及物质构成方面与其存在一定的差异外，在信息处理、进化能力、系统结构等方面都表现出与碳基生命相类似的表征。湿人工生命主要是运用传统生物学的研究方法，通过基因控制、人工合成、无性繁殖等手段，在试管或其他环境中将现有生命分子结合来创造生命。由于湿人工生命大都并非从零开始，只是对现有生命进行改变，所以对于湿人工生命是否属于人工生命的范畴仍饱受争议。

回望人工生命的研究实践，虽然迄今仅仅走过了约30年历程，但由于人工生命研究所具有的前沿性、复杂性和创新性等特征，使其从创生之初就显现出蓬勃的生命力，并在随后的研究实践的中日益显现出越来越重要的实践意蕴和理论价值。人工生命的诞生不仅催生了各种人工生命模型的问世，而且还蕴含着极具反思性的生命观新维度，因而在一定意义上冲击和重塑了人们的生命观结构。

三、人工生命的生命观意蕴

作为计算机与生物学联姻的产物，人工生命的兴起不仅为我们提供了探索世界的崭新手段，而且通过多种途径构建了新的生命类型，有力地推动和深化了我们关于生命的理解和认知。对于人工生命的价值，法默曾旗帜鲜明地指出："随着人工生命的出现，我们也许会成为第一个能够创造我们自己后代的生物。……当未来具有意识的生命回顾这个时代时，我们最瞩目的成就很可能不在于我们本身，而在于我们创造的生命。"[8]应该说，作为一个极具挑战性的新视域，"人工生命不仅是对科学或技术的一个挑战，也是对我们最根本的社会、道德、哲学和宗教信仰的挑战。就像哥白尼的太阳系理论一样，它将迫使我们重新审视我们在宇宙中所处的地位和我们在大自然中扮演的角色"[9]397。的确，随着人工生命研究的拓展和深化，日益丰富的可能生命形式已经在某种程度上以新的视角、立场和方法展现了其特有的生命观蕴含。

一是关于生命的进化能力。与"如吾所识的生命"一样，人工生命也揭示了生命的进化能力。在为数众多的人工生命研究者中，贝多从人工生命视角阐述的生命进化本质颇具代表性。在贝多看来，对生命本质的探讨是无法通过诸多属性的罗列完成的，人工生命的发展实践已经向我们昭示生命的一个本质，即适应的进化。适应的进化不仅可以显现出生命的根本特征，还可以揭示出生命的发展过程，更可以为多样生命的统一找到最为根本的基底。从本质上看，这种适应的进化是一种特殊的适应，是一种顺从的适应。顺从的适应贯穿于生命进化过程的始终，它使得一切生命形式可以对那些突如其来的、意想不到的变化做出及时的反应和解决。当然，顺从适应的形式并不是唯一的，它会在面对不可预见的事物时呈现出多样性的反应。它近似于托马斯·雷（T. Ray）的"无止境的进化"或霍兰德（J. Holland）"不断更新"的概念。可以说，贝多从生命系统与环境系统交互作用角度出发对生命本质进行的阐述，丰富了我们关于生命进化的理解，并推进了生命进化观的拓展。

二是关于生命的计算主义解读。"计算或算法，长期以来一直是作为数学的专利概念，如今，随着计算机广泛而深刻的运用，已经泛化到了人类的整个认识领域，并上升为一个极为普遍的哲学范畴，成为人们认识事物、研究问题的一种新视角、新观念和新方法。"[10] 作为计算机与生物学交叉的前沿学科，人工生命从诞生之初就力图从计算的视角理解生命的本质，探索生命的奥秘，竭力将计算作为研究的指导观念和方法。例如，兰顿所提出的泛基因型和泛表现型概念便力求阐明生命的本质就是算法。另外，阿德勒曼（L. M. Adleman）DNA 计算机理论的提出，更进一步彰显了生命的计算特质。总之，纵览人工生命的研究理念和研究方法，无不凸显了计算主义的生命观内涵，即生命的发展和进化在很大程度上并非立基于传统自然科学所强调的具体物质，而是依赖于从简单元素的突现。可以说："人工生命就是尽力像人工智能抓住和模仿神经心理学一样抓住和模仿进化。我不是要准确模仿爬行动物的进化，而是想在计算机上抓住进化的抽象模型，为此展开实验。"[9]300

三是关于生命的突现特征。作为生命的重要特征，突现意在强调生命的整体功能大于其构成部分之和。之前关于生命的突现问题之所以始终未能取得突破性的进展，一方面是由于对突现的理解或是着眼于生命的具体物质构成，或是聚焦于生命的系列属性，从而限定、束缚了研究者的关注范围；另一方面则是缺乏有效的研究工具和创新的研究方法，而人工生命的出现无疑则有助于突现观的进一步拓展与深化。与"强"突现（即微观与宏观之间不可还原）不同，人工生命通过自下而上的生命建构方式向我们展示了一种新的突现观，即"弱"突现观。"依照这种观点，一个系统宏观状态的出现源自于该系统的边界状况，并且它的微观层次的动态过程只有通过所有微观层次潜在的迭代和聚合方能实现。"[7]585 可以说，正是这种弱突现观在一定程度上消解了传统哲学中关于突现问题的诸多困惑，对于丰富我们关于生命突现本质的理解和认识进行了有益的尝试。

此外，人工生命研究在揭示生命形式的标识性特征（如自主性、自增殖、自适应、自组织等）的同时，也进一步深化了我们对生命与心灵、生命伦理等议题的思考。在生命与心灵的关系方面，无论是传统的哲学观点，还是心灵哲学的看法，抑或是人工智能的立场，大都认为生命的心灵或突发心理状态是依赖于特定语境的，而人工生命实践则表明生命在变化语境中显现出的心灵能力与常态的生命运行之间是可以保持平衡的。在伦理方面，随着湿人工生命、人工智能、基因工程等活动的推展，越来越多的伦理问题浮现于政府、学界和公众的视野，众多已知的和未知的伦理议题不仅给我们的伦理观和价值观带来了前所未有的冲击，还警醒我们必须在新的时代语境中对生命观认识进行反思和重构。

概言之，作为一个古老的问题，"从亚里士多德到康德的众多哲学家都曾探究过生命的本质，但今天的哲学家忽视了这个问题，可能因为它似乎太过科学。与此同时，大多数生物学家也忽视了这个问题，也许是因为它太过哲学。人工生命的到来格外地使这个问题具有了新的活力。如果一个人对何谓生命有一些概念，那么他就可以模拟或者合成生活系统。旨在理解生命本质的人工生命目标鼓励基于新奇的类生活组织和过程的变革实验。因此人工生命研究促进了关于生命的广泛关注"[7]595。基于人工生命视域的生命观再审视，不仅有助于我们更为深入地捕捉生命的一些基本特征，也让我们看到了生命观构成在技术时代和信息时代所展现的多维面孔。尽管人工生命研究从起步到现在的时间并不长，但毋庸置疑的是人工生命的研究确实为我们提供了探索、理解生命的有效手段和方法，并且在对生命的认识上引发了革命性的变革，随着其研究的渐深，势必会在生命观问题上带来更大的挑战及更具启迪性的视域。

总之，人工生命所涵盖的生命观意蕴，其重要价值不仅在于持续性地撼动既有解释在生命观构建中的普遍性和有效性，更在于通过新生命类型的尝试性构建为我们重新反思和审视生命观提供了崭新的洞见。一切正如兰顿所言，只有在"如其所能的生命"形式中，我们才能最终理解生命的最终本质。

参考文献

[1] Boden M A. The Philosophy of Artificial Life. Oxford, New York: Oxford University Press, 1996.

[2] Mayr E. The Growth of biological Thought. Cambridge: Harvard University Press, 1982.

[3] Schrodinger E. What is Life ? Cambridge: Cambridge University Press, 1969.

[4] 李建会. 人工生命对哲学的挑战. 科学技术与辩证法, 2003, (4): 23.

[5] Langton C G. Artificial life//SFI Studies in the Sciences of Complexity. Vol. VI. Redwood City: Addison-Wesley, 1989.

[6] Langton C G. Artificial life//SFI Studies in the Sciences of Complexity. Vol. X. New Mexico: Addison-Wesley, 1992.

[7] Matthen M, Stephens C. Philosophy of Biology. Amsterdam: Elsevier, 2007.

[8] Farmer D F, Belin A. Artificial life: The coming evolution//Langton C G, Taylor C, Farmer J D, et al. Artificial Life. SFI Studies in the Sciences of Complexity, Proc. Vol. X. Redwood

City：Addison-Wesley，1989.

［9］沃尔德罗普 M. 复杂：诞生于秩序和混沌边缘的科学 . 陈玲译 . 北京：生活·读书·新知三联书店，1997.

［10］郝宁湘 . 计算哲学：21 世纪科学哲学的新趋向 . 自然辩证法通讯，2003，（6）：37.

认知生成主义的认识论 *

武建峰　魏屹东

生成主义作为一种新的认知研究纲领，首先是由瓦雷拉（F. Varela）、汤普森（E. Thompson）和罗施（E. Rosch）[1]于 1991 年提出的（他们建立了相关的概念基础和方法论基础），汤普森[2]对其核心观点和基本理论做了系统阐述和高度提炼，斯图尔特（John Stewart）等[3]将其进一步完善并广泛应用于认知科学的实际研究中，我们称之为"认知生成主义"。随着生成主义范式的逐步形成和完善，它对传统认知科学的计算表征主义产生了巨大冲击，并日益成为一个关于生命和心智科学的富有前景的可替代性框架。本文在阐述生成主义的反表征主义立场和基本理论内核的基础上，从其独特的生物现象学视角，重点分析心身、他心和认知鸿沟这三个认识论问题。

一、生成主义：一种新的认知框架

"生成"一词的英文表述是 enaction。从构词上讲，它由 en 和 action 合成，表示"使……行动"，一般用于指制定和颁布法律的行为，通常引申为施行或执行一个行动。可以看出，enaction 所表达的含义与行动密切相关。enaction 一词最初是由认知科学家 J. 布鲁纳（Jerome Bruner）引入建构论传统并加以推广的，他将 enaction 看作一种组织知识的可能方式和一种与世界发生交互作用的形式。他认为存在一些"心理模型"（如知道如何骑车）是行动而非逻辑分析的结果，enaction 就是一种"把体验转换成某种世界模型"[4]的特殊方式。

第二次对 enaction 做出明确定义的是智利生物学家和哲学家瓦雷拉和马图拉纳（Humberto Maturana），他们将 enaction 描述为在行进中开辟道路，赋予该词 bringing……forth（使……产生）的含义，我们据此将其译为"生成"①。继而，他们提出了生成认知科学（enactive cognitive science）概念，用于强调一种激进

* 原文发表于《学术研究》2015 年第 2 期。
　武建峰，山西大学哲学社会学学院博士研究生，研究方向为认知哲学；魏屹东，山西大学科学技术哲学研究中心/哲学社会学学院教授、博士生导师，研究方向为科学哲学与认知哲学。

① 关于该词的汉语译法，我们参考了国内学者李恒威教授于 2010 年出版的译著《具身心智：认知科学和人类经验》，浙江大学出版社。

建构论特征，即主动"生成"和维持一个与认知者的结构密切相关的有活力的世界。在此基础上，他们提出了生成进路（enactive approach）、生成范式（enactive paradigm）、生成认知（enactive cognition）、生成心智（enactive mind）、生成主义（enactivism）等一系列核心概念，试图建构认知科学的新进路、新范式、新纲领和新方法。正如瓦雷拉等人所言，他们批评视心智为自然之镜的观点，建议以"生成的"（enactive）为名，"旨在强调一个日益增长的信念：认知不是既定心智对既定世界的表征，它毋宁是在'在世之在'所施行的多样性动作之历史基础上的世界和心智的生成"[1]。

　　为了避免混淆，我们需要从一开始强调：在瓦雷拉继布鲁纳引入"生成"一词后，认知科学中也有其他一些进路使用"生成"这一术语，如赫顿（Hutton）的"激进生成主义"，阿尔瓦·诺埃（Alva Noe）的知觉研究的生成进路，以及埃利斯（Ellis）对心理表征的生成说明。对"生成主义"的绝大多数批评实际上都指向诺埃的知觉研究的生成进路，他所讲的生成进路不同于我们这里的生成框架。最近，诺埃似乎将其立场统一于我们在这里讲的生成进路。然而，仍需要进一步研究，以确定这些不同的"生成"进路之间有何本质差别。

　　显然，生成主义已经成为一种全新的心智理论。正如贝特森所言，生成主义认为认识论与心的理论和进化理论之间关系密切，因此对生成主义的探讨必然涉及哲学（特别是现象学）、心理学和生物学领域。瓦雷拉等人起初引入"生成"概念，意在描述和统一如下五个相关的观点[2]：一是认为有机体是自主行动者，它们主动生成和维持自己的身份，并规定自己的认知域；二是认为神经系统是一个自主系统，它的操作被看作一个组织封闭的神经元交互作用的感觉运动网，因此它主动生成并维持自身活动的连贯模式；三是认为认知结构涌现于身体、神经系统和环境之间的感觉运动耦合作用；四是认为认知者的世界不是一个由人脑表征的预先独立存在的世界，而是一个在认知者与其环境间的结构耦合史中生成的关系域；五是认为任何对心智的综合把握都不能避开意识的主体性和体验，而现象学恰好提供了探究人类生活体验的具体方法和洞见。

　　根据瓦雷拉等人的看法，生成主义最初是一种具身认知模型，而具身认知概念已然明确提出了一种介于客观表征主义和主观建构论之间的中间道路。因此，生成主义持一种反表征主义立场，它断言传统表征主义一统天下的局面将一去不复返，这得到了知觉研究领域中所取得的一些新进展的强有力支持。这些新进展对现行主导的客观表征主义提出了严重挑战，激励了认知科学研究者试图寻求取代认知表征主义的新范式和新进路。以颜色知觉研究为例，瓦雷拉和莱考夫指出：在世界中，颜色不是一种客观存在于"那里"的性质，即它不是一种独立于观察者的、物自体中的客观性质。相反，它是一种特殊的体验域，通过我们的颜色视锥细胞、神经回路、具身的结构耦合史（即我们在时间上的特殊进化轨迹和与环境间的共决定关系）、客体的反射特性和电磁辐射之间的交互作用而涌现出来。因而，从根本上讲，生成主义特别强调"心智与我们的主体体验性存在、我们的生物具身性和在社会－文化世界中的情境性密不可分"[5]。然而，生成主义也拒斥极端的主观建构论，即认为实在全然是由观察者产生的，完全是我们主体性的产物。另外，我们不能只根据文化来对颜色体验进行说明，同时还必须考虑生物学和环境等因素。

因此，根据生成主义，对于任何一个有机体而言，它的世界最好不要理解为一种由观察者被动和准确反映的既定实在，而应当理解为一种由它与其宽泛环境间的感觉运动关系生成的差别在历史上构成的涌现域。我们可以把瓦雷拉等人的生成主义认知观概括为四个要点：①认知在生成意义上是具身的，它是内部与外部共决定作用的结果；②认知在生成意义上是涌现的，它是神经要素（局部的）与认知主体（全局的）共决定作用的结果；③认知在产生意义上是生成的，它是自我与他者共决定作用的结果；④意识在本体论意义上是复杂的，它是第一、第三人称描述共决定作用的结果。

从中可以看出，生成主义关于心智的基本看法是：一方面，心智不是简单地存在于头脑中，认知和认知的世界（cognitive worlds）通过我们与环境间的感觉运动关系展开，内在与外在、主体与客体都是共决定和共出现的（co-arising）；另一方面，虽然心智与我们的神经构架和具身行动不可分，但它是一种涌现的全局性过程，且这一过程不仅依赖于这些局部要素，而且反过来还作用于或影响这些过程。据此，我们可以推出如下结论。①心智本质上是一种想象和幻想（fantasy）。也就是说，正是这些丰富涌现属性的内在活动，和我们所具有的持续耦合作用，构成了心智的核心。心智不是表征某种事态（state of affairs），而是不断地隐藏这种构成世界的连贯性实在，通过局部－全局过渡来组织的连贯性。②认知不仅是具身的或涌现的，也是主体间性生成的。瓦雷拉认为此心智是彼心智——主体与客体的差别是在一个前反思的、移情－情感的基础上出现的。③意识是一个公众事件。意识不仅对于外部的第三人称探究（以神经科学和认知科学的方法论为指导）是开放的，而且对于系统的第一人称探究也是开放的（以现象学和各种冥想训练为指导）。他提倡一种神经现象学的研究进路，即整合意识研究的第一、第三人称方法。

二、生成主义与心身问题

任何一个认知科学研究范式，必须能够提出有效解决心身问题的具体方案。传统的计算主义认知科学之所以能取得巨大成功，很大程度上就是由于它能在计算机科学框架下统一心理学和神经科学，即它的计算表征主义框架使得心智研究与自然科学相一致。它所提出的解决心身问题的方案是：个人与亚人之间的区别被看作软件与硬件之间的区别。因此，生成主义要想取代传统的认知主义范式，就必须提出一个能解决心身问题的令人满意的方式。

与传统的计算进路相比，心身问题在生成进路中显得既复杂又简单。生成主义拒斥任何形式的计算主义和功能主义，试图从生物现象学的视角来处理心身问题。具体而言，它通过如下几点来完成这一任务。

首先，在关于人类存在（human existence，表现为"个人层次"和"心理层次"两个维度）的区分方面，生成主义通过借助于现象学的分析和洞见，拓展了传统计算主义的分析范围。在个人层次方面，生成主义将之区分为三个视角：关于主体体验的第一人称视角；关于你我对话式交互作用的第二人称视角；关于客观测量的第三人称视角。在心理层次方面，传统计算主义将之简单地区分为有意识和无意识的心理过程；而生成主义则将之区分为：反思经验（及物的觉知）、前反思经验（不及物觉知）和无意识过程（无任何直接觉知）。生成主义关于人类存在的三重性区分，为其解决心身问题奠定了基础。其中关键的一点是，现象学揭示了传统心身绝对划分之后隐藏的、人类存在的"第一人称视角"和"前反思层次"。这一洞见深刻地指出："我们实际上总是参与到我们的生命中。这就是充满了目的性努力、时间流、暧昧情绪、意义建构、身体觉受等的体验王国。"[6] 也就是说，现象学的分析表明，生命现象涉及我们"生活存在"（lived existence）的成分，这种生活存在于世界中是具身的和情境化的。

其次，生成主义通过吸纳现象学和以有机体为核心的生物学，将心身问题转化为身身问题（body-body problem）。在它看来，现象学和生物学本质上都致力于研究生命现象。而生命现象作为一个整体统摄了身体的双重具身性[1]——生命（生物）具身性和生活（体验）具身性。前者是生物学意义上的，指身体作为一个具体的生命体（living body）（包括物质的和热力学的性质，具有自主性组织）；后者是现象学意义上的，指身体作为一个具体的生活体（lived body）（包括前反思经验）。概言之，生命现象统一了生物学意义上的生命体和现象学意义上的生活体，它既作为生物学所研究的生命体而存在，也作为现象学所研究的生活体而存在。这构成了生成主义的一个核心信条：我的身体作为一个生命体的物质显现，不能与我的身体作为一个生活体的体验显现分离开来。也就是说，心智具身于生命体中，生命体亦具心于（minded）心智（生活体）中，生物生命与心理生命是彼此交织在一起的。质言之，由于生成主义将主体的生活体验同认知和心理事件连接在一起，并纳入了生物学的能动性（biological agency）和现象学的主体性，所以它将传统的心身问题转换成了身身问题[7]。正是身体的这种双重具身性统一了（或者说沟通了）心身，认知生物学用于揭示生命体，现象学用于揭示生活体，二者以生物现象学的方式协同处理心身问题。

再次，生成主义框架中的自创生理论（生物学领域）在解决身身问题中起了关键作用。其一，将生命存在看作一种自创生系统。也就是说，系统通过其本有的组织方式使其运作的结果保持自己的持续性存在。这一洞见揭示了有机体与其身份之间存在某种内在关联。换言之，有机体因自己所做的事情才是其所是，且它因自己是其所是才做它所做的事情。用系统性术语来讲，一个有机体可以被概念化为一个自主系统，即一个自维持的、自生的和自区分的过程网。有机体的这种内在关联可以充当某种参考点，借此它的内部和外部事件显示出意义性。其二，正是由于自创生，有机体在面临持续的衰朽和可能的死亡时才得以持续存在，所以就不能牵强地认为正是这种不稳固的情境给予了它一种关注的视角。根据这种观点，存在的（代谢的）生存被看作是最高价值。这表明，我们已然将传统认知科学的功能主义框架抛在了后面：为了避免产生悖论，死亡作为一切功能的停止不能被看作另一种功能。因此，从生命体到生活体的研究是可行的，就像我们从生活体视角来检视生命体一样。虽然它们不是直接相同的，但身身问题的两边对彼此而言都不是全然陌生的。

最后，生成主义框架中的动力系统理论发挥着与计算机科学在认知科学中相类似的作用，这为心身问题在实践中的解决提供了可能性。需要指明的是，自创生理论与动力系统理论的数学之间关系密切（后者有助于前者的模型化）。确定的是，由于无论是生物学事件还是现象学事件都是在时间中展开的，所以我们可以通过这种时间结构将二者沟通起来。而正是在这种时间结构中，动力系统理论发挥着类似计算机科学的作用。这表现在：它提供了一个普遍的数学框架（它认为计算机也是一种特殊离散类型的动力系统）；它使我们科学地看待现象在多重时标上的持续性变化；它提供了一种关于自然科学的标准数学语言。另外，就它与认知科学的关系而言，它让我们避免了在不恰当的描述层次上（如前反思的、代谢的或神经层次），形式化一些被错误的过度心理学解释的现象[8]。

三、生成主义与他心问题

在传统认知科学（认知心理学）的社会认知领域中，存在一个类似于心身问题的困境，即"他心问题"：我们是如何将他者遭遇为他者的（如何了解他心）？他者是否具有心，他者的思维和感觉是个什么样子？人与人之间的社会性理解是如何通过那些无意义的物理事实来实现的？因此，生成主义要想成为一个可行的认知范式，除了心身问题以外，还必须对他心问题做出合理解释。在传统认知科学中，对他心问题的处理，通常根据计算主义的"意义－模型－计划－行动"这一流程来解决[9]。具体而言，我们先是感知到一组物理事件（如物理的身体和运动），并且这些事件作为某种认知加工的输入信息（如推断或模仿），从而产生某种关于他者心理状态的表征。然后，我们借此制订出关于如何以一种恰当的社会方式行动的计划。继而，我们通过执行那项计划指令来尽可能地做出响应。显然，计算主义在解决他心问题时所面临的一个根本问题是，它无法阐明那些看起来全然是任意的声音、视觉和动作的意义，它实际上所解释的是两个形而上孤立的心智之间的可能认知通道。

针对计算主义的这一根本缺陷，生成主义以生命与心智的连续性论题为基点，结合现象学和认知生物学的观点，一定程度上消解了他心问题。通过现象学考察，我们得出了解决他心问题的两个重要步骤。

其一，必须摒弃传统社会认知理论对社会性的过于狭隘的看法，突出我们对他者前反思理解的第二人称视角。如前所述，现象学分析揭示了第一人称视角（将自我体验为"我"）和第三人称视角（将他者体验为"它"）的绝对划分是不合理的，但它同时也突出了第二人称视角（将他者体验为"你"），即我们可以在其中的彼此遭遇。另外，现象学还揭示了前反思体验意义上的人类存在，它主张传统的社会认知理论大都聚焦于获得关于他者的反思性认识的认知机制，而忽略了对他者直接的前反思直觉的作用。因为我们在日常生活中与他者发生交互作用时，并不把他者感知为怪人一样的身体，而是直接感知为一个活的具有可能心智的存在，并同时感知到他者也以同样的方式感知我们。这种对他者生活具身性的直接知觉实现（即前反思），先于任何形式的理论反思[10]。现象学传统把这种直接知觉描述为移情或同情。因此，一旦我们承认前反思的第二人称视角的存在，那么至少在认知心理学所指涉的传统的反思层次上，就不存在任何他心问题。

其二，必须构建我们对他者前反思理解的理论基底，即需要找出一个与他者共享的理解基础。换言之，我们如何解释与他者共享体验的可能性？为此，弗勒泽在生命－心智连续性论题的基础上提出了延展身体假设（extended body hypothesis）："如果我们接受'生命体即是生活体'的生成主义信条，如果我们可以表明那些发生交互作用的身体在某种程度上变成一个身体，那么就存在一个作为直接分享彼此心性（mindedness）的基础。"[11]关于共依赖性的代谢形式和多细胞机体为延展身体假设提供了一个证据支持。在生成进路来看，作为自创生系统的生命体可以得到延展。一方面，在实际中，自创生系统不能脱离其环境而存在。例如，细胞膜对细胞的保护，不是通过简单隔离它，而是通过适应性调节它与环境的交互作用来实现的。细胞和环境不是两个孤立的系统，而是以一种非对称的方式内在地关联（前者依赖于后者，为了其存在）。这说明生命不是某种独立的实体，而是一种关系过程。另一方面，这种关系的环境方面并不局限于单纯的化学要素，还包括其他有机体。例如，在细胞情形中，细胞的代谢依赖于其他有机体的产物。如果这些有机体中有一些也依赖于该细胞的排泄物，那么我们已然确立了另一个共依赖性循环，这一共依赖性循环将两个有机体关联为一个较大的自主性单元，即一个延展的生命体。这种新的自主性可以形成一个复杂的结构连贯性，以至于形成多细胞机体。延展身体假设说明了我们何以可能从单个的生命身体（细胞）中被造出来，何以可能从一个统一的视角体验这个世界。

然而，延展身体假设只是阐释了我们与他者共享体验的可能性，并没有为我们直接找出一个与他者共享的理解基础。弗勒泽通过考察以有机体为中心的生物学中的"社会交互作用"，提出了"参与式意义建构"[12]概念，作为我们对他者前反思理解的基础。首先，他把自创生理论中的共依赖性循环（化学领域中的自创生）拓展为自主性循环，有机体在这种循环中与其环境相关联。其次，由于生命体也是一个具心身体（minded body），所以每一种身体运动都不仅得到了感觉知觉中变化的补充，而且还得到了生活体中变化的补充。通过环境和身体的调节，生命、感觉和行动被连接成一个统一的感觉运动环。弗勒泽认为，正是在这一感觉运动环上产生了有机体的意义建构活动，并且该有机体的意义建构活动受到环境的调节（这种环境包括其他具有感觉运动环的有机体）。在此基础之上，不同个体的意义建构之间存在丰富的交互作用，它们的感觉运动环延展至一个较大的自主循环中。除通常的意义建构以外，有机体的行为导致了另一个有机体感觉的变化，因而产生了其行为的变化，而这反过来修正了该有机体的感觉和行为等。当这两个有机体如此调节彼此的感觉运动环时，它们也调节彼此的意义建构活动，它们参与到了"参与式意义建构"活动中。我们据此可以推出：当我们与他者的交互作用转变成一个自主性循环时，我们的身体通过对各自的感觉运动环的动力调节暂时变成了一个延展身体。

此外，由于连续性论题的一个核心信条是一个延展的生命体蕴含了一个延展的生活体，所以在第二人称视角中，当我们的身体在动力学上变得彼此缠杂交错时，我们可就以参与到彼此的体验当中。最后，他得出了这样一个结论：当我们在与他者的交互作用中意识到我们如何体验他者的时候，在这种存在层次上就不存在任何他心问题，因为我可以将他者直接体验为像我一样的、活的具有心智的存在。

四、生成主义与认知鸿沟

生成主义除了必须解决认知科学中的心身问题和他心问题以外，还必须处理它本身所面临的认知鸿沟问题。生命与心智的强连续性论题是生成认知科学的核心工作假设，它所面临的最大挑战是认知鸿沟问题，即生命与心智的基本现象与人类的高级认知现象之间存在着一条难以逾越的鸿沟。也就是说，对适应性生命

（简单有机体）的研究如何扩展到对人类抽象认知的研究？生成认知科学认为，造成这一困境的根本原因在于没有质疑传统认知科学中盛行的方法论的个体主义假设，克服认知鸿沟的关键在于系统考察社会性对生命和心智的本构作用。为此，生成认知科学从理论生物学和现象学两大视角，详细论证连续性论题的合理性，并对其内在的认知鸿沟问题进行有效的双向处理。[①]

　　然而，在考察社会性之前，如果我们对与他者关系的理解遭遇到了他心问题，那么就很难通过诉诸社会关系来弥合认知鸿沟，所以如何解决他心问题就成了弥合认知鸿沟的一个前提要件。如前所述，生成主义以其特有的理论视角一定程度上消解了他心问题。在认知鸿沟中，对他心问题的解决，有助于说明人类进化中的认知发展问题。关于这一问题，传统认知科学一直存在着先天与后天的争论。在许多情形中，我们很难想象：如果没有被赋予复杂的先天认知能力，孤立的个体何以可能学习复杂的行为。对此，传统认知科学提出了语言习得和先天语法的假设。但同时有科学研究表明，通过在社会环境中喂养非人类的猿（如倭黑猩猩和黑猩猩）来使它们适应文化是可能的。我们进而知道当一个年轻的智人（homo sapiens）碰巧被剥夺了一个恰当的社会文化环境时，它将不能发展那些与人类进行交流的高级认知能力。换言之，不可否认的一个事实是：人类认知很大程度上依赖于我们与他者的交往。因此，为了使认知发展成为可能，就必须把我们与他者的关系作为认知发展的一个内在要素。

　　关于他心问题，我们可能会问：我们与他者的关系本身是否也会受到认知鸿沟的限制？弗勒泽认为这种顾虑是多余的，因为它低估了前反思的第二人称交互作用在我们与他者关系中的作用，低估了那种自主组织我们个体能力的潜在的交互作用过程。事实上，我们可以证明：只要小孩具有以正确方式与他者相互协调的能力，那么他能通过他与他者的自动交互作用而发展出较为高级的能力。如果所需的对他者的敏感性也可以在这种交互作用中得到，那么认知鸿沟的整个问题就可以被分解为一个分布于自我、他者和剩余世界的关系矩阵中。从中可以看出，他心问题的解决使得认知鸿沟的弥合在理论上成为可能。

　　生成主义通过探究存在主义现象学、以有机体为核心的生物学和基于行动者的模型之间相互启发的关系，提出了一些整合进路，如瓦雷拉提出的神经现象学纲领和弗勒泽提出的综合性生物现象学，为认知鸿沟在实践中的弥合提供了具体可行的方案。例如，弗勒泽设计了一系列基于行动者的交互作用模型，这些模型表明：个体对他者的敏感性源自与他者的交互作用；个体的运动、感觉和身体都可以通过与他者的交互作用而被结构化。这样，通过社会交互作用的自发启动动力学，认知鸿沟就有望得到系统的解决。

---

① 　关于这一方面的详细论证，参见武建峰，魏屹东. 生成认知科学中的连续性论题. 江苏社会科学，2014,（3）:46-53.

结　语

生成主义作为当代认知科学发展中的一种极富有成效的认知研究纲领，以其强大的包容性和整合性彰显了自身的优越性，为认知科学注入了新鲜的血液。它拒斥传统的表征主义框架，提倡在生物学和现象学之间建立一种直接的相互启发关系，以其特有的方式为认知科学中的心身问题和他心问题，以及其自身框架范围内的认知鸿沟问题提出了一种新的解决思路和方案。然而，它作为一种新兴的进路还不够成熟，尚需进一步夯实和完善，但这并不妨碍它成为认知科学研究的指导性纲领。所以，我们不应简单地把它看成是对传统认知科学低层次领域的填补。相反，它提供了一个审视高层次认知和人类心智特性的科学视角，因而揭示了一些正统认知科学所没有的深刻洞见。

参考文献

[1] 瓦雷拉，等. 具身心智：认知科学和人类经验. 李恒威，李恒熙，等译. 杭州：浙江大学出版社，2010.

[2] Thompson E. Mind in Life: Biology, Phenomenology, and the Sciences of Mind. Cambridge: Harvard University Press, 2007.

[3] Stewart J, Gapenne O, Di Paolo E. Enaction: Toward a New Paradigm for Cognitive Science. Cambridge: The MIT Press, 2010.

[4] Bruner J S. Toward a Theory of Instruction. Cambridge: Harvard University Press, 1966: 10.

[5] Froese T. Breathing new life into cognitive science. Philosophical-Interdisciplinary Vanguard, 2011, 2 (1): 114.

[6] Froese T . Breathing new life into cognitive science. Philosophical-Interdisciplinary Vanguard, 2011, 2 (1): 115.

[7] Froese T. On the role of AI in the ongoing paradigm shift within the cognitive sciences// Lungarella M, et al. 50 Years of AI. Berlin: Springer-Verlag, 2007: 63-75.

[8] Froese T. Breathing new life into cognitive science. Philosophical-Interdisciplinary Vanguard, 2011, 2 (1), 118.

[9] Froese T, Di Paolo E A. Sociality and the life-mind continuity thesis. Phenomenology and the Cognitive Sciences, 2009, 8 (4), 455.

[10] Zahavi D. Beyond Empathy: Phenomenological approaches to intersubjectivity. Journal of Consciousness Studies, 2001, 8 (5-7): 151-167.

[11] Froese T. Breathing new life into cognitive science. Philosophical-Interdisciplinary Vanguard, 2011, 2 (1), 122.

[12] De Jaegher H, Di Paolo E A. Participatory sense-making: an enactive approach to social cognition. Phenomenology and the Cognitive Sciences, 2007, 6 (4): 485-507.

当代计算神经科学研究述略*

尤　洋　崔　帅

计算神经科学（computational neuroscience），是一门兴起于20世纪的新颖学科，因其对脑认知行为独特的研究模式和新颖的研究方法逐渐凸显出来并成为一个重要的研究领域。计算神经科学，以数学方法为基础，以计算机为工具，将大脑活动模拟为计算模型并对大脑活动和信息进行计算式的综合处理，它从计算角度理解脑活动，研究非程序的、适应性的及多变性的脑处理信息的能力和本质。"计算神经科学的最终目的是要阐明脑如何利用电信号和化学信号来表达和处理信息的"[1]，并在结构上模拟大脑建立计算模型和仿真，对模型中的一些变量与数据进行研究。本文将详尽论述计算神经科学的学科发展与特征，在此基础上分析该领域内存在的若干重要研究机制，最后对其哲学意义与研究价值给予解读。

一、计算神经科学的学科发展

计算神经科学是近年来兴起的一门交叉学科，它广泛地采用了数学方法及模型工具来计算、阐释、模拟大脑的工作机制，究其原因就在于脑机制分析是一个复杂的过程。直觉性的脑机制理解方式不可避免地会存在着主观偏差和臆想，甚至相当程度上不过是一些孤立的发现和片面的理解，因此深入的定量分析与定性分析对于理解大脑的真实活动的必要性就得以显现出来。从这一视角来看，有必要对计算神经科学进行较为仔细的考察，特别是对其发展历程、研究特性等相关问题做出分析。

1. 计算神经科学的历史溯源

计算神经科学兴起虽然较晚，但是其历史却可追溯到20世纪40年代。1943

* 原文发表于《自然辩证法研究》2015年第2期。
尤洋，山西大学科学技术哲学研究中心教授、硕士生导师，研究方向为科学哲学；崔帅，山西大学科学技术哲学研究中心博士研究生，研究方向为科学哲学。

年，诺伊大学神经生理学家麦卡鲁（W. S. McCulloch）和芝加哥大学数学系的皮茨（W. Pitts）联合发表了论文《神经活动中内在观念的逻辑运算》，首次尝试在神经系统中引入数学分析，并主张借用布尔逻辑函数建立神经元的过程模型，这一成果开始标志着计算神经科学出现在学科研究内部。以此为开端，随后的《数学生物物理通报》上刊登出了许多利用数学模型研究神经系统的文章。

20 世纪 50 ～ 60 年代，数学的计算和模型方法开始广泛地介入神经科学研究中，并取得了诸多重要的研究成果。比如，1961 年，卡亚涅洛（E. R. Caianiello）利用布尔代数加以模拟形成神经元模型。1963 年的诺贝尔获得者生理学家霍奇金（A. L. Hodgkin）和赫克斯利（A. F. Huxley）的主要成就就是采用了数学模型来研究兴奋膜膜电位的产生和传导。但是，尽管这一时期出现了众多神经系统的数学模型，但是由于缺乏必要的计算工具及系统的计算方法，计算神经科学仍然处于一种前范式时期，直到计算机技术的迅猛发展和普及推广，其才真正地开始作为一门学科进入了当代神经研究的大视野内。

20 世纪 80 年代开始，计算神经科学进入了快速发展时期，在大量科学发现和事实积累的基础上，在计算机技术的辅助下，计算神经科学开始广泛介入实验研究。1985 年，施瓦茨（Eric L. Schwartz）在国际会议上首次提出了"计算神经科学"一词并随后出版在 MIT 的刊物中。1986 年，罗穆尔哈特（David Rumelhart）和麦克莱兰德（James McCleland）在《并行分布处理——认知微观结构探索》一书中将并行分布的理论概念应用到计算神经科学的研究方法之中。但真正确立计算神经科学作为一门独立的学科分支出现的是"1988 年，赛诺斯基（T. J. Sejnowski）等人在美国科学杂志上发表了专论，其标题为'计算神经科学'，阐明了这一学科的研究目标、方法和意义"[2]。随后大量相关论著开始出版①，这些论著进一步推动了计算神经科学的成熟化。

2. 计算神经科学的学科特性

如果说阐明认知活动的脑机制是神经科学的研究任务，那么使用计算分析和计算模型模拟的方法对脑认知进行研究就成为计算神经科学的主要研究工作。概括起来，计算神经科学的研究对象强调的是大脑；研究方法主要表现为计算表征、建模和模拟仿真。当然有必要指出的是，这里所说的计算是一种广义的计算，它意味着输入在遵循规则的情况下会得出输出结果，而非绝对意义上的数学类比计算，也因此与其他学科相比计算神经科学具有其自身的特性。

其一，非程序性。计算神经科学侧重于从计算角度理解脑机制，它采用的研究方法往往是非程序性的。与人工智能通常采用的将功能编写为离散的程序，并

---

① 代表性的著作包括：Churchland P M，A Neurocomputational Perspective：The Nature of Mind and the Structure of Science，1989；Churchland P S，Sejnowski T J，The Computational Brain，1992。

由计算机依据程序顺序分步地机械化运行实现类智能化相比，计算神经科学的研究并不是程序化实现的，一方面神经系统对刺激的处理方式是并行分布的，表征为可以同时处理多项事务；另一方面，计算神经科学本身也强调并大量应用了计算的交互作用，其计算模型的建立和推导过程往往会涉及数据与信息的循环利用，因而具有交互式的特征。因此，有理由认为计算神经科学摒弃了传统机械式的研究方式，综合考虑了外在环境和心灵内部的共同作用。

其二，低重复性。经典自然科学学科内定理或实验的成立需要经得起重复实验的验证。但在计算神经科学内，神经系统的刺激却表征出了较低的重复性，也就是说同样的刺激在相同的刺激条件下，可能会得到不同的响应。此外，计算模型的建立离不开数据的采集和分析，但神经系统在处理刺激时，极容易受环境、情绪、意识、心灵等多方面因素影响，因而如何能够在当下得到即时的刺激反馈，并根据反馈准确修改模型从而改善计算，这些都对计算神经科学的发展提出了更高的要求。

其三，弱实验性。不同于经典自然科学，计算神经科学的研究对象是具有生命活性的神经系统和组织，脱离人类生物实在的神经系统实验是毫无价值的。从这个意义上来看，将某个或若干神经元单独剥离出来进行实验，所得到的结果只可能是断裂的和片面的。而针对神经系统的实验，无论是生物学实在的神经系统试验、刺激反馈信息的采集与整合，还是架构类神经系统的设想在实践中都面临较大的困难。因而当代计算神经科学的研究，需要获取来自认知科学特别是神经科学提供的更为丰富的经验数据，合理地推演出数学计算分析与建模，充分利用计算机工具进行类似的仿真或模拟，并依据同样刺激下模型模拟的结果推断神经系统的反应方式就成为一种必然。反过来，基于神经系统的分布式表征机制，对神经系统刺激的响应推断与行为探寻无疑构成了对计算神经科学的巨大需求与挑战。

综上所述，当代认知科学、神经科学与计算机技术的成熟，以及长期以来大脑与计算机的对比思考，使得人类探索认知活动的脑机制成为可能。目前计算神经科学已经成为脑科学研究的主要方式之一，而对它的研究将极大地深化我们的认识。当然，这一学科内部仍存在着若干问题需要进行重点研究。其一，神经化学计算。生物学显示神经元中存在大量携带信息的分子和离子的活动，这些活动将传递大量有效的信息，而目前对于分子和离子等在神经计算中的重要作用还知之甚微。其二，神经元和神经网络的模型。目前，大脑皮层局部神经元和神经网络的研究模型较多，但是多皮层神经网络模型及整个大脑的神经网络模型的深入研究则还较为稀少。如何运用数学方法建构神经元和神经网络处理脑机制的综合模型就成为下一阶段至关重要的问题。其三，神经系统的整体活动分析。意识、情感、心灵与神经元的关系依然是认知科学与神经科学的一个较大的鸿沟，如何在完整的神经系统层面上探讨这些关系进而解决长期以来的人类认识之谜。所有这些问题的研究和思考就构成了之后计算神经科学的主要研究方向。

二、计算神经科学的研究机制

人类的认知活动建立在大脑的脑机制基础之上，而脑机制就是有关大脑活动是如何产生、进行、结束的，即脑活动的功能实现。大脑进行思维的过程，是一个复杂而系统的过程，存在许多脑机制原理的共同作用，因此逐一探索与研究无疑是困难重重的。而计算神经科学就是要从计算层次、认知层次、神经科学层次对大脑活动的机制原理进行深入研究和独特诠释并用于解释脑认知现象。也因此，计算神经科学的机制研究视角主要集中在以下几个方面。

1. 生物学实在

人类是一个实在的生物体，其语言、行动及思维功能都必须依托生物实体大脑。在大脑中，存在着大量的神经元用于提供人类认知的基本的信息处理机制。而生物神经元是依据电学原理和扩散原理的微小而又复杂的电化学信号系统。也因此生物学实在凭借离子的活动而产生表征刺激信息的电流，实现刺激信息在神经元上的传递，并进一步架构实现人类认知活动的神经网络。

1) 膜电位与门控通道

"神经元上信息的输入是通过允许带电离子通过位于突触上的通道进入神经元。神经元内外不同离子浓度存在差异而迫使突触通道敞开允许离子在神经元内外扩散，从而形成电流。"[3] 此外，神经元将因钠离子（$Na+$）通过谷氨酸盐刺激敞开的突触通道进入神经元而变得兴奋；同时也因氯离子（$Cl-$）经由神经递质 GABA 刺激敞开的抑制通道进入神经元而受抑制。神经元中还存在泄露通道（leak channel），用于钾离子（$K+$）的扩散，继而间接影响神经元内外钠离子浓度。神经元内外离子浓度的差异促使离子流动，形成了表征刺激信息的电流，而不同的神经递质将刺激不同的神经元通道，进而调节神经元的兴奋度和电流值。因此刺激突触通道、抑制通道和泄漏通道所产生的刺激输入电流在不同权重作用下，形成了膜电位（membrane potential）。而且神经元上，还存在许多电压门控通道（voltage gated channel）和钙离子门控通道（calcium gated channel）用于刺激的兴奋调节作用和滞后的自调节作用。可见神经元的膜电位是由膜两侧离子浓度决定的，但是很重要的一点是神经元上钾离子浓度膜内长期高于膜外，而钠和钙离子则为膜外高于膜内。

2）离子泵与静息电位

钾离子、钠离子、钙离子浓度梯度之所以会如此呈现，是因为神经生理学中存在两种离子泵：钠－钾泵（sodium-potassium pump）和钙泵（calcium pump）。二者都是酶，它们通过降解 ATP 释放化学能以驱动自身，而钠－钾泵迫使膜内钠离子与膜外钾离子交换，而钙泵用于将钙离子从膜内运送到膜外。然而静息电位是指细胞未受刺激时，存在于细胞膜内外两侧的电位差；其形成的原因在于，静息状态下，细胞膜两侧的离子不均匀分布，膜内的钾离子高于膜外，膜外的钠离子和钙离子高于膜内，而此时大量钾离子的外流，以及微弱的钠离子、钙离子的内流导致细胞内正电荷减少，从而形成细胞外高于细胞内的电位差（静息电位）。而之所以会长期维持细胞膜内高浓度的钾离子及低浓度的钠离子，是由于钠－钾泵和钙泵的存在驱动钾离子和钠离子、钙离子的交换与活动。虽然与离子门控通道相比，离子泵的作用效果并不显著，但是却建立和维持了膜内外离子浓度梯度，确保了静息电位存在。

3）神经回路网络

神经元的信息传输是基于神经元细胞内外的化学离子的扩散和电学驱动而形成的，而无数的神经元互相连接就形成了庞大的神经元网或者说神经回路网。研究表明：基于功能系统构建的神经元网难以说明神经元网的功能与结构间的关系，需要代之以中枢神经系统的神经回路网络加以说明。但是"神经回路网并不是固定不变的，不能用静止的观点认识神经回路网的构造和功能关系"[4]，需要通过回路结构分析及回路在排列组合上的相互关系来认识脑功能。神经回路网的提出将计算神经科学的分析层次和研究视角由神经元的层次拓宽至神经回路网层次，有利于整体性、全局化地认识脑功能和脑活动，进一步推动对神经系统的整合与可塑性研究。由此，计算神经科学将生物学神经和化学离子作为构建计算模型的物质基石，计算就不再是脱离物质而孤立存在的理念的构想。神经系统与化学离子的电化学信号的计算表征为脑的计算提供了充分的证据，而生物实在和计算理念的构建将促进脑认知的机制诠释。

2. 分布式表征

人类大脑皮层依据功能的差异分为不同的区域，依据表征功能的差异对其的解释也存在着局部式表征和分布式表征两种类型。局部式表征认为一块单一神经元区域表征一个特定的输入信息。与之相对，"分布式表征认为每一个神经元都参与表征大量不同的混合刺激输入信息，而每一个输入信息都是大量不同神经元共同的表征结果"[3]82。如此来看，分布式表征就是以整体的方式来存储和提取信息，它对单个神经元的权值作用不具有特定的功能和意义，只有所有神经元在权值的共同作用下才形成有意义的刺激信息。特别是大脑的处理过程是由位于大脑不同位置的数十亿神经元同步进行的，存储也同样分布于大脑的不同位置，相较于局部表征来说，其信息处理过程效率更高、适用范围更普遍、鲁棒性更强和具备更好的准确性。鉴于大脑分布式表征处理过程的优越性，计算机科学家模拟脑的表征方式，构建了分布式多指令流多数据流（multiple instruction stream multiple data stream，MIMD）。但是在 MIMD 中是多个处理单元同时独立处理指令，同时拥有独立的内存空间，因此 MIMD 实际是在多台计算机之上架构信息连接的网络。这与大脑分布式表征机制之间是否相同依然需要探讨，但是分布式表征确实为计算机科学的发展和人工智能效率的提高提供了新路径。

3. 刺激交互作用

神经元是处理信息的基本单元，但是单个神经元只能处理一些较为简单的任务，认知过程实际上主要通过神经网络加以实现。"尽管从结构来看皮层神经网络可以分为六个层次，但是通常的认知活动过程主要涉及三个，即刺激输入层、刺激隐藏层、刺激输出层。输入层神经元通过丘脑的感觉接受信息。输出层神经元将运动指令或其他的信息输出到皮质下区域。隐藏层作为输入层与输出层之间的中间转换协调者，它既接收来自输入层的刺激输入信息也接收来自输出层的刺激输出信息。"[3] 113 同时，在层与层之间存在大量内部连接神经元，可以用于双向传递信息，所以刺激输入信息与输出信息可以在不同层之间进行双向传播。尽管在刺激神经元之间既存在单向连接模式，又存在双向连接模式，但是主要以后者为主。这些刺激的双向连接模式不仅具有有效性，还具有独特的对称性能。它既可以将抽象概念具体形象化，完成从上到下的传播；同时还可以将刺激的具体形象信息概念化，实现从下至上的逆过程。如此，双向连接模式的神经系统有利于刺激信息的准确反馈与正确分析，为脑机制的逻辑分析提供了合理的前提假设。

4. 抑制交互作用

双向连接模式具有独特的优势，但是当刺激信息在兴奋神经元之间传播时，刺激信息权重值会随着时间逐渐累积，继而致使活动模式的放大，甚至会产生神经元的癫痫性活动。为了抑制不受控制的正反馈，事实上神经元内部存在着两种平衡机制：一种就是泄漏电流，它只能对静态的变化做出调整；另一种是抑制交互作用，它受抑制中间神经元控制调整刺激输入的动态平衡。在神经网络中，抑制中间神经元类似恒温控制器，可以控制神经元网络的活跃程度。抑制中间神经元存在设定值，当神经元过度兴奋而超越设定值时，抑制中间神经元就会产生抑制作用平衡过度兴奋活动。抑制中间神经元的抑制作用会随着兴奋神经元的活跃程度产生正比例关系；强的兴奋活跃度会激发强的抑制作用，反之，弱的兴奋活跃度激发弱抑制作用。

　　为了便于模拟抑制中间神经元的抑制作用，计算神经科学将抑制作用表征为抑制函数，其中最简单有效的抑制函数是 kWTA（k-winner-take-all）。kWTA 意味着在皮层中 n 个神经元中存在着 k 个活跃神经元。为了满足稳定性和适应性，kWTA 抑制函数为 k 设定了上限值，k 值只能在 ［0，上限值］ 之间取值，这样 kWTA 抑制函数就可以准确地解释为至多有 k 个神经元处于活跃状态。如此一来，抑制作用不仅抑制兴奋神经元活跃度，还促进神经元间的竞争作用。抑制与兴奋共同构成了神经元网络内外的约束条件，同时抑制与兴奋的相互制约也构成人类身体的平衡态。在神经系统中，神经元的抑制作用会牵制神经元过度兴奋，达到神经系统功能最佳化。但是过度的抑制会阻碍神经系统的功能实现，而贫乏的抑制将形成神经活动的过度活跃和资源的浪费。

　　综上所述，生物学实在、分布式表征、刺激交互作用和抑制交互作用就构成了计算神经科学的主要机制，它们的相互作用构成了对包括感知觉、记忆、语言、意识、学习、情绪在内的一系列人类行为的认知基础。生物学实在为计算神经科学提供了物质基石，分布式表征为计算神经科学的模型建构提供重要的方法，而刺激交互作用和抑制交互作用的相互协同就为计算神经科学的模型的计算架构指明了方向。如此，以生物学物质为基础，以分布式表征为建模方法，以刺激与抑制交互作用为指导的计算神经科学将推动思维、心理和认知功能在大脑中实现的诠释进程。通过对计算神经科学的机制研究，在发展出更多的计算模型的基础上，也折射出诸多与之相关的元理论问题。比如，计算与大脑表征问题（计算是否是大脑的唯一呈现方式，其他的呈现方式有哪些），计算、神经元与模拟的问题（模型中神经元的权重值的设定及如何更新）。类似这样的问题一方面为该学科的深入发展提供了更多的研究焦点和论题；另一方面也为该学科领域开启了更多的研究可能和探索方向。

结　语

　　当代计算神经科学是以计算为工具"探究我们的心理和行为能力，以及在行使这些能力的神经基础的意义上研究心灵的本质"[5]，其致力于剖析、解读、思考和探索神经科学的最新学科发现和进展。因此，对计算神经科学展开的哲学分析与思考，将有助于为该领域的发展提供出学科动力与方向指导，尤其是在计算神经科学与传统的心灵获取之间具有内在的天然联系，对它的解读不仅有助于深化人类认知本质和认识之谜的回答，而且有助于新时期科学哲学从脑科学领域汲取素材获取发展动力。具体来看，这样的哲学意义可以体现如下。其一，为深入理解人类心灵本质提供了全新的研究思维。面对心灵与世界的关系问题，以及意识、情感等如何通过身体表征于世界，计算神经科学提供了一条更为合理的研究方法，它"旨在探讨心理过程的神经机制，也就是大脑的运作如何造就心理或认知功能"[6]。因此，它在突出计算是一种合理的研究方法的同时也保留了更多的心灵特性和生物学特性：一方面，它剔除了过分强调外部世界对心灵投影的内容和成分；另一方面，它也回避了过分强调计算并忽略生物物质基础的习惯思维，而是将计算和模型建构作为一种分析性的方法加以应用。从这个视角来看，计算神经科学依据的是认知理论与神经科学的共同作用，包括对大脑的计算分析，建立类脑式神经系统模型，通过对数据的处理来揭示大脑与心灵的关系，以期摆脱传统心灵问题研究的空洞性。其二，为心脑关系的最终解读提供了重要的研究基础。计算神经科学的目的在于研究脑机制进而为人类的心脑关系提供系统准确的说明。在这一过程中，它不仅要阐明脑的认知活动与认知过程，分析脑科学与神经科学中的理论概念，而且还要分析大脑互动和处理信息的方法与过程，发现与修正大脑活动过程所存在的缺陷与不足，最终实现解读人类心脑的本质联系。虽然心脑关系的本质目前仍不得而知，但需要看到的是计算神经科学的出现确实为心脑关系的诠释带来了希望。首先，计算神经科学建立在生物学基础上，它试图探究心理与物质的关系，反思心脑的本质，为心脑关系的解读提供坚实的物质基础、理论假设和规律分析；其次，计算神经科学以计算作为心脑关系的分析和诠释方式，就从方法论上为神经系统与意识、心灵与脑的阐释提供了新的表征、呈现方式。

综上所述，新兴的计算神经科学摒弃了对心灵问题的传统内省研究方法，以及对心脑本质关系的臆测和猜想，回避了计算主义"生命即为计算"的强硬主张。与之相对应，它以生物学实在为物质基础，试图建构类脑式神经模型，将心灵的分析建立在物质基础上。基于认知理论与神经系统知识建立的计算模型，将模拟认知现象中数据处理，并通过分析数据结果解释神经现象，扩大对神经系统的功能-结构关系的了解，增加人工神经网络的架构的可行性与可信度。除此之外，计算神经科学还立足于生物学物质基础，针对语言、思维、情感、意识及心灵本质等哲学问题进行了计算模拟与诠释，进而为心脑关系问题的解决奠定了基础。当然这里有必要强调的是，无论是身心一元论、二元论还是认识困境是否存在形而上学的阐释抑或是科学实证的解答，神经反应的计算表征和模型构建对于获取真实的人类脑活动现象来说都是必要和迫切的。在这一现实要求下，计算神经科学将立足生物学基础，通过计算表征和神经网络认知模型为工具，就可以达到调节模型中神经系统计算参量进而观察相应行为反应的目的，这种全新的研究模式和方法将为当代心灵哲学乃至科学哲学的发展提供独特的研究视角和必要的研究助力，而这或许就是该学科领域未来快速发展的最大价值和意义所在。

参考文献

［1］顾凡吉. 计算神经科学. 科学, 1995,（6）: 12.

［2］M. S. Gazzaniga. 认知神经科学. 沈政，等译. 上海: 上海教育出版社, 1998: 5.

［3］O'Reilly R C, Munakata Y. Computational Explorations in Cognitive Neuroscience: Understanding the Mind by Simulating the Brain. Cambridge: The MIT Press, 2000: 69.

［4］李云庆. 神经科学基础. 第2版. 北京: 高等教育出版社, 2010: 70.

［5］贝内特，哈克. 神经科学的哲学基础. 杭州: 浙江大学出版社, 2008: 425.

［6］尤洋. 当代认知神经科学哲学研究及其发展趋势. 科学技术哲学研究, 2012, 29（6）: 61.

罗姆·哈瑞科学哲学思想初探*

李　晶

对于罗姆·哈瑞这个名字，国内学界或许并不陌生，他的《科学哲学导论》《认知科学哲学导论》都被翻译为中文并出版，这只是他思想体系中极少的一部分。他撰写了30多本关于物理学、化学、社会学、心理学等方面的著作，在他这么庞杂的研究背后，我们可以发现他总是以不同方式展现着作为科学哲学家的自己，尤其是他偏爱化学哲学和心灵哲学的研究，并有自己独特的见解。

邱仁宗的文章中曾提到"哈瑞被西方科学哲学同行称为'最后的实在论者'"[1]，哈瑞1927年生于新西兰，与科学实在论的代表人物塞拉斯、夏佩尔、普特南处于同一个时代，但他只是科学实在论的倡导者，而不是真正的实在论者，他与正统的科学实在论者有着微妙的差异，他注重由不可观察物实体向可观察实体的转变这一过程的研究，从不纠结于科学知识的客观性及其与真理的关系。他不苛求真理的存在，而是追求科学理论的似真性和操作性，并认为这才是理论的理想形式。他承认理论实体，但从不在虚拟模型中找寻实在，而是在实验操作中探索实在，这也是他偏爱化学哲学的思想基础。

近十几年，他变身为话语－文化心理学的倡导者，开始涉足心灵哲学的研究，致力于科学心理学的建立，试图从语言的角度来分析心理实在的似真性，即通过人类日常话语的分析来逐步接近人类心灵的本质。他选择心灵作为研究对象，并不代表他放弃了对科学理论的探索和反思，而是他期望用他的思想来规范心理学的研究方法、概念体系和理论形式。因为只有从不同的学科的基本问题入手，才能使他对科学理论的最佳形式的反思更完善。本文选择哈瑞最具代表性的科学实在论、心灵的话语分析等研究内容进行讨论，对他的科学哲学思想的开启、展开和转向进行一番梳理，以为学界所关注。

一、哈瑞科学哲学思想的开启

《科学哲学导论》一书是哈瑞科学哲学思想的开端，此书公平地叙述了两种

---

* 原文发表于《自然辩证法研究》2015年第5期。
　李晶，山西大学科学技术哲学研究中心博士研究生，研究方向为科学哲学。

对立的观点，即实证主义和实在论，二者终极的差异在于研究者是使用归纳得出科学理论，还是使用想象和模型来建构科学理论。哈瑞指出归纳主义是对科学现象进行归纳和概括，但归纳的结果只是符合人们心理期望的一种结果而已，并无法探明现象背后的实在机制。他不否认归纳主义是科学的一部分，但科学的终极目标不单是寻找现象之间的相关性，而是探索因果关系，即原因及其与结果之间的实在的联系，所以，使用归纳法得出的科学理论的客观性不强，因为归纳掺杂了研究者的主观期望。

哈瑞指出"实证主义认为理论仅按照演绎逻辑、数理逻辑和分类学的方法组织起来"[2]55。如此这样，实证主义下的理论便等价或是被还原为数学公式和逻辑规则，理论的作用也被局限于说明和描述，完全丧失了其预测功能，这是实证主义的失败之处。不仅如此，哈瑞还认为现象论是实证主义的翻版。他指出"完全现象论认为唯有观察到的现象的命题才应赋予知识的地位"[2]71，但很多知识是现象或感知以外的东西，如化学原子，所以哈瑞认为"理论能扩展我们的现象概念"[2]84，理论要比我们感知到的现象更丰富，更具想象力。也许正如"虚构主义所认为的理论与事实的关系是类似于小说与历史的关系，理论是虚构的、想象的产物，但理论不能脱离事实而存在"[2]84。

但不论是现象论还是虚构主义都无法解释病毒理论，这样实在论便出现了。实在论的观点是理论中的实体是假设性的实体，假设性实体从存在的候选者转变为实在的过程依赖于演示。哈瑞区分了"指称"和"演示"，他认为"指称是词指称事物，是一种事物存在的假说。而演示是构成存在的证据，因为其能在事物存在时指出事物"[2]95-96，所以，演示是事物存在与否的证据。随着科学的进步，各种高精尖的仪器的发明和创造，使我们的感知延伸到了非常精细的领域。成功的演示使很多假设性的实体变为存在的事物。所以，现象和实在是科学认识的两个方面，事物的实在性是以有限的现象为基础和限度的。

哈瑞最初的研究领域是化学哲学和物理哲学，所以，他倾向于微粒论哲学的传统，即"引起事物变化的原因是最基本的微粒的排列或运动状态的变化"[2]137-138。"当我们感知事物时，事物显现给我们的质被定义为基本个体的结构的排列和组合关系。比如，石墨和钻石就是碳原子的不同的排列。"[2]148-149 所以，事物的多样性是关系的多样性，而不是实体的多样性。"如果将微粒论的结构观念作为说明的理想形式，那么各个事物和物质的性质和能力的不同由它们的微细结构所致，即由它们组成成分的配置和相互作用所致。"[2]150 这样的观念非常适合于化学、物理学、生物学的研究。

微粒论哲学不仅对物质进行结构说明，还引导科学家对感知到的质进行量化，并设定了计量标准。研究者要选择不变的质来研究感知到的物质。这就要求研究者用主体不变的质代替主观可变的质，做到这一点只能用定量描述代替定性描述[2]168-169。比如，温暖是定性标尺，是可变的，而温度是定量标尺，是不变的。消除可变的质，相同的质才会显现出来，这是科学研究应该遵循的准则，也是微粒论的核心，即"描述世界的理想形式应该是标准要素结构的测量几何学，并且应该将这些结构看作世界事物的现实情况"[2]176。微粒论为哈瑞对化学中的分子、原子、电子等基本范畴的研究奠定了坚实的理论基础。

哈瑞最核心的观念是对理论的理想形式的反思，他认为理论中常常会引入一些不可观察的实体来说明可观察的事件。所以，假设性实体存在与否是一些科学理论成败的关键。比如，病毒理论。如果证明了病毒不存在，那么病毒理论就消失了，但现实正好相反。科学理论中的假设性实体是人们想象出来的，不是通过观察发现的，假设性实体的属性来自于与已知实体的类比，通过类比我们能知道任何两个事物之间的相似性和相异性，并从已知的实体对未知的实体做出推论，从而推论我们不清楚的某些情况[2]182，这一过程就是模型建构的过程，"模型是对未知过程和不可观察的事物的模拟"[2]183-184，而正确建构和使用模型是科学思维的基础。

总之，哈瑞认为实证主义把理论等价于逻辑推理和数学公式，科学知识仅仅是对现象的概括，科学理论受限于现象的描述，不可否认，实证主义有其可取之处，完全符合科学研究的最基本、最初级的要求，但对关系的描述和现象的归纳只是科学研究的初级阶段。而实在论与实证主义正好相反，实在论认为理论的功能是对模型的描述和说明，其强调通过想象、类比建构的模型的背后的因果实在机制。理想的模型是根据双重类比的复杂结构推理得出的，而且可被设想为可能实际引起被说明现象的假设性机制。所以，在哈瑞看来理论是想象、类比、操作的结果，是对现象的扩展和丰富。模型的建构是哈瑞所钟爱的理论的理想方式，也是最符合他所研究的化学这一学科的理论的理想形式，这些是他对实在论继续探讨的原因。

二、科学理论与模型建构

在《科学哲学导论》一书完成后，哈瑞继续他对科学理论与模型的研究，继续深化他的科学实在论。他认为"理论是真实世界的实体、结构、过程、属性的理想化的表征"[3]138，哈瑞用了理想化这一词语，突现了理论的虚拟性和建构性，而模型代表的是一个虚拟世界，或者说是世界的替代品。由此可见，现象是理论的源泉，而理论是现象的再现和想象。在哈瑞看来，科学理论要满足三个条件。

"第一，经验的充分性（empirical adequacy），即理论是一系列符合逻辑的表述，其描述了理论理想地应用条件、预测结果等"[3]139，也就是说，研究者能使用模型进行成功的预测，研究者把某个定律规范为一个模型，这个模型能成功地再现定律所描述的类似的现象，比如，道尔顿的分压定律所规定的模型是复合气体的行为的再现[4]28。

"第二，本体论的似真性（Ontological plausibility），即理论的模型实例化了当代的本体论。例如，气体的分子是牛顿粒子的实例化。"[3]139模型的来源是当代一致认同的科学知识。我们现在观察不到的物质与相同的本体论范畴内的能观察到的物质的种类是类似的。哈瑞称这个原则为种类的守恒性原则（principle of conservation of kinds）[3]143，任何模型的建构都有坚实的本体论基础，模型不是无根据的想象，而是类比的构想，比如，研究者通过人脑与计算机的类比完成了记忆存储的网络模型的建构，打开了研究人类心灵的通道，把大脑中的神经元的联结和变化作为心理的动态发展的基础。

"第三，操作的有效性（Manipulative efficacy），即由'实体的不可观察的特征类似于理论模型的属性'这一假设引导研究者完成实验操作，如施特恩－格拉赫实验，人们试图去操作银原子的射线束的方向，依赖的是磁场这一理论模型的成功。"[3]139最终证明原子角动量的投影是量子化的。理论模型是推动技术发展的原动力，因为不可观察物变为可观察物依赖于技术的支持。理论模型在实验中具有引导作用，相应地，任何理论都需要证据的支持，所以，模型的可操作性是理论存在的重要条件，理论依赖于模型的建构和使用。当一个实验成功地证明了某个图像模型，这个模型会被很快地吸收进入科学的本体论中，作为客观世界的一部分。

任何可信的科学理论都要与事实相匹配，哈瑞提出要保证理论的实践性和似真性，就要维护策略实在论（Policy Realism），即"模型描述的某些方面类似于真实世界的某些方面"[4]27。研究者只有合理地采用建构图像模型和测试图像模型的策略，才能使模型显现出自然世界中没有被揭示的特征。相应地，模型对科研项目进行了控制或限制，因为科研项目要测试模型与世界的某些方面之间的相似性[4]27。所以，哈瑞的科学实在论提倡理论要展现一定程度的似真性。一个理论的似真性不能直接通过这个理论如何接近真理来评估，而是间接地通过模型的适宜程度来评估，即模型描述事实的似真度。这个似真度评估的最好方法是实验。而研究者的工作是把理论应用到事件的实际状态中，即根据理论假设，使用仪器和装置创造客观世界。真正的客观世界是人类创造的客观世界，而不是自然的世界，是人们通过实验操作所获得的世界。

化学理论是哈瑞所认为的理论的理想形式的代表。他认为"从17世纪开始，化学哲学的发展基本是以波义耳的微粒论（corpuscularian）概念框架为基础，尤其是粒子物理学使用的是微粒论的本体论，其中涉及的量子力学中的量子数和薛定谔方程中的微观粒子的运动等都是化学语言的基础"[5]128，化学理论具有本体论上的似真性。比如，吸热和放热反应是以物理学中的能量守恒定律为基础的[6]109。化学中最典型的酸碱平衡产生盐和水的定律能在目前可知的物质世界中的所有的酸和碱的反应中所应用[6]109，这符合经验的充分性。一个新的化学物质的发现都是在实验中完成的，化学可以说是一项实验科学，没有操作就没有物质的产生，这符合操作的有效性。

任何科学理论都不是恒定不变的。在传统的化学理论中，分子是最主要的范畴，其次是原子和电子。这三个单词涉及物质的部分整体论（mereology）。这个理论中包含了部分－整体和结构－元素的关系，分子、原子、电子的关系是想象的物质实体的空间关系。但随着量子力学的发展，尤其是分子轨道理论的应用，这个空间关系的模型受到了挑战，电子不再是原子的组成成分，因为用部分整体论难以分析电子的量子化[5]138，这时哈瑞引入了知觉心理学中的"可供者"（affordance）的概念来解释电子在模型中的地位。

"可供者"这一概念是吉普森（Gibson）1967年提出的，他认为"可供者是直接环境（如对象、空间、文本）中的特征与主体耦合的产物。可供者是人们行为的潜在支撑者，影响世界与个体的意图、知觉、能力之间的关系"[7]。哈瑞指出"在自然科学中，可供者指仪器与世界互动的产物，但这个产物不是物质的组成成分，而是物质的支持者。这个可供者首先必须是实质性的提供者，是一种物质，哈瑞列举了模具来说明这一支持关系，模具支持了锭的产生，但是模具不是锭的组成部分"[5]134。可供者自身具有一定的属性或功能，能产生相应的结果，产生结果需要一个相应的、配套的过程。哈瑞通过类比得出电子是可供者，是世界中的一些不知道的方面与设备的互动的产物[5]135，所以，电子不是原子的组成成分，是某类操作派生出来的产物。

哈瑞通过类比为电子构造了一个新的模型，把电子在传统的化学理论模型中的"组成成分"转变为"可供者"，而这个转变来自于心理学概念的引入，新概念引起了化学的基础理论和模型的再构造，这也证明理论的相对性。随着科学知识的发展，新概念会引发传统模型的重构，这是科学理论完善和改造的必经之路。哈瑞相信有一种实在论，不仅能使感觉概念化，还能作为科学实践的基础。他的实在论不是关于假说的真理的教条，而是关于模型的似真性和操作的合理性。他认为研究者通过想象的类比完成模型的建构，模型与现实的契合度是科学理论成功与否的关键，模型的似真性是科学理论追求的终极目标。科学的核心程序是发明模型和验证模型，以模型为基础的理论的标志是本体论的似真性和经验的充分性，而且只有通过操作才能使模型不断地接近实在的事物。

三、心灵的话语建构

　　哈瑞早期的思想注重科学实在论的研究，而在近十几年，他的研究领域逐渐转向了心理学、社会科学，从哈瑞对贝拉克尔（Jaap van Brakel）把化学哲学作为一种跨文化的哲学的观点的推崇程度来看[8]，他已经深深地被人类文化学吸引。其实从《科学哲学导论》的科学与社会那一章他便流露出对心理学的探索欲望，他指出"许多人把心理理论作为其信仰的一部分，心理理论能塑造人类的思维和感觉的模式，并对人们的行为产生微妙的影响"[2] 197。但是用何种方法来探索人类心灵的构成是一直困惑他的问题，也是他前期没有涉足心灵哲学的原因。

　　随着哲学中的语言学转向，研究者的目光集中到了语言的应用上，科学哲学、心理学、社会学都开始关注心灵与语言的关系。哈瑞看准了这一契机，并提出能叙述的心理才是科学的心理，利用话语分析的方法来研究人类心灵的本质。哈瑞指出当人们把爱情当作一种情绪时，已经超越了人们所看到的这个人对那个人的表现，爱情已经不只是脸红心跳的感觉，而是个体去描述和表达自己和他人的行为的话语[9] 184，爱情成为一种行为的表演和话语的叙述。哈瑞还认为作为一个恋爱者，其行为和感觉承担了相应的社会角色，爱情的进一步发展依赖于人们对自己所扮演的社会角色的认同和期望[9] 185。哈瑞把情绪与话语的关系的探索延伸到了情绪与社会 - 文化的因果机制的探讨。

　　其实，情绪的身体根源和生理理论已经受到了很多学者的挑战和反驳，过去的研究者对情绪有本体论方面的错觉，而哈瑞注意到了语言资源和社会规则对情绪的规范和约束。他把"情绪当作具有公共含义的行为，并提出情绪根源的研究需要文化人类学的支持"[10] 8。如果试图研究不同文化下的情绪话语的使用，就要从方法论的角度界定其他文化是什么，因为每个情绪话语都有一定的文化承载，都具有本土文化的特定含义。因此，研究者要对本土词典进行分析，研究情绪单词的使用和情绪规则的表达，只有对情绪话语进行研究才能使研究者进入到情绪理论的核心[11] 47。情绪话语的建立和使用依赖于社会 - 文化的背景。社会 - 文化为情绪建构了一个背景，并赋予情绪话语含义，这样人们才能谈论和理解情绪。

　　情绪是在社会 - 文化的背景下发生的，比如，人们单独一人时不会感到尴尬，只有他身处公众视野时，才会有尴尬的情绪。哈瑞提出尴尬是个体表达了对真实的或想象的不适合的行为的歉意，是个体意识到自己违反了某些社会约定后的反应[12]。比如，个体蓬头垢面地在公司开会会感到尴尬，但个体在家蓬头垢面不会感到尴尬。尴尬来自于个体所扮演的社会角色与情境的适宜程度的判断，来自于自身对荣誉和尊重的渴望，而这些都是个体在与社会的互动中生成的，当个体难以完成社会所要求的责任和义务时，才会感到尴尬。

社会－文化塑造了人们的情绪，但人们的情绪不是简单的社会－文化规则的复制，而是具有个性特点和主观色彩的意向行为，因此，哈瑞认为社会－文化对情绪的影响是以认知为中介的，不论是作为公众行为的情绪还是私人感觉的情绪，其都包含了一定的认知成分[11]44。因为情绪是意向的，是关涉一些事情的。情绪是对一些事情的评价，评价必然要涉及信念，而信念包含了人们对社会－文化的一些权利、义务和责任的结构体系的理解和应用，如此这样，人们的情绪才与社会－文化建立联系，才会受到社会－文化的熏陶和塑造，并逐渐变成一种行为习惯和心理倾向。

哈瑞认为情绪的典型行为受到了文化的塑造[13]14。每个情绪的表达和理解都有其文化优先性，因为每个本土文化都有自己强调的情绪。哈瑞提出在一个文化中倡导的情绪在另一个文化中却被压抑。日本人常常鼓励一种"甜蜜的依恋感"（sweet dependence），日本社会中的小孩和成人都有甜蜜的依恋，这种情绪是日本人一致认同的情绪。但西方人难以理解这样的情绪，他们只容许小孩有类似的情绪，而禁止成人有这样的情绪[10]10。情绪的提倡和禁止都包含了相应的本土文化的约定。因此，人类的情绪是对文化的适应，并随着文化的发展而变化。

哈瑞不仅从跨文化的角度研究情绪，其还认为情绪随着时间的变化而变化，而且这一变化源于话语的含义的变化。哈瑞提出"倦怠（accidie）在现代是一个灭绝的情绪。疏忽的、闲散的是它的典型解释，厌倦、绝望、忧愁是与它相关的情绪"[14]221。"但在12～15世纪，倦怠的最主要含义是腐败的或堕落的，倦怠的含义从生活中的懒散和厌恶的状态变成了不去参加宗教的活动，比如教会的礼拜"[14]230，这个长达三个世纪的堕落的含义涉及的是人们的宗教责任的内在动机的缺失，直到伊丽莎白一世的时候，倦怠才恢复了其原来的闲散和懒惰的含义，由此可见，情绪的含义被赋予时代特色。哈瑞提出情绪随着时间的推移而进化或消失，没有一个情绪词语能保持恒定不变[13]261。

哈瑞采用话语这一中介来研究情绪的社会－文化适应，通过人们每天生活中所使用的情绪话语来分析情绪的表达和变化。哈瑞把情绪当作是文本的实践、语义的进化、认知的操作。他认为"情绪不是被固定好、定义好、统计好的事情"[13]263-264，其受到了情绪话语的支配。当旧的词语远离了话语领域，旧的情绪便消失了，当新的词语进入到话语领域，新的情绪便产生了。情绪的发展遵照的是一个连续不断迭代的话语过程，这个过程依赖于情绪话语的出现、消失和交替。由此可见，话语分析已经成为情绪研究的一个很好的方法，依此类推，心理学的其他研究也可借鉴话语分析的方法，从而达到心理学研究方法的统一。

结　语

目前哈瑞的科学哲学思想经历了两个阶段，前期的他注重科学实在论的研究。他认为科学理论不能只停留在逻辑的推理和现象的归纳，科学理论应该更具预测力、想象力和操作性。未知事物向已知事物的转变是科学进步的标志，对未知事物的探索是科学研究的目标之一，而这一目标的完成依赖于现有的科学知识和研究者的构想，研究者通过类比和想象来建构一个理论模型。类比的前提是相应的科学知识的积累，加之对未知事物和已知事物的相似性和相异性的分析。想象不是凭空的想象，而是以现象为基础的理想化的预测。化学元素周期表从诞生到完善的过程便是对哈瑞所认为的科学实在论的最好的体现，周期表中的空白位置的填补便是对由假设性的实体转变为真实的实体的这一过程的最好解释。因此，科学理论既需要事实的依据，也需要研究者的大胆设想。研究者只有采取合理的策略才能一步步接近不可观察的世界，才能使假设性的实体变为真实的实体。而研究者对科研项目的敏感性则是知识的累积和想象的顿悟的结合。

哈瑞一直没有远离科学实在论，但他为了使其的科学哲学思想体系更完备，便试图把自然科学的研究方法扩展到人们的现实生活中，加之他一次偶然的机会参加了一个社会心理学的研讨班，他看到了人文科学的不足，尤其是心理学作为一个新兴学科，研究的方法和体系都不规范，建立科学的心理学是必要的。鉴于此，他思想的后期转向了对人文科学的反思，他把话语分析的研究方法引入到情绪的研究中。他认为研究者要根据个体所处的场合和背景来对情绪进行分析，他的观点是社会 - 文化以认知为中介来塑造人们的情绪，而这一关系的探索依赖于情绪话语的使用和情绪规则的表达。因此，科学心理学的终极目标是要探索人类心灵的运作机制，以及人类的话语结构的形成和发展。

总之，本文认为哈瑞试图寻找一种理论体系来涵盖自然科学和人文科学，但由于两类学科的种种差异，目前只能用不同的理论体系和研究方法来进行各自的探索，但他正在通过对自然科学和人文科学的基本问题的分析来完成这两类科学的统一的语言框架的建构，而这一努力和贡献是值得我们借鉴和深思的，同时也为科学哲学的研究者提供了一个新的研究视角和方向。

参考文献

[1] 邱仁宗. 对科学知识的研究 从罗姆·哈瑞的《科学哲学导论》谈起. 博览群书，1999，2：24.

[2] 哈瑞，科学哲学导论. 邱仁宗译. 沈阳：辽宁教育出版社，1998.

[3] Harré R. From observability to manipulability: Extending the inductive arguments for realism.

Synthese, 1996, 108（2）: 137-155.

［4］ Harré R. Approaches to realism. Studia Philosophica Estonica, 2012, 5（2）: 23-35.

［5］ Harré R, Llored J P. Molecules and mereology. Foundations of Chemistry, 2013, 15: 127-144.

［6］ Harré R. Casual concepts in chemical vernaculars. Foundations of Chemistry, 2010, 12: 101-115.

［7］ Rosenberg T. Affordance//Erlhoff M, Marshall T. Design Dictionary: Perspectives on Design Terminology. London: Springer, 2008: 20-22.

［8］ Ruthenberg K, Harre R. Philosophy of chemistry as intercultural philosophy: Jaap van Brakel. Foundations of Chemistry, 2012, 14: 193-203.

［9］ Harré R. The second cognitive revolution//Leidlmair K. After Cognitivism: A Reassessment of Cognitive Science and Philosophy. London: Springer, 2009: 181-187.

［10］ Harré R. An outline of the social constructionist viewpoint//Harré R. The Social Construction of Emotion. Oxford: Basil Blackwell, 1986: 8-11.

［11］ Harré R. Emotion across cultures . Innovation: The European Journal of Social Science Research, 1998, 11: 43-52.

［12］ Parrott W G, Harré R. Embarrassment and the threat to character//Harré R, Parrott W G. The Emotion: Social, Cultural and Biological Dimensions. London: SAGE Publication, 1996: 39-40.

［13］ Belli S, Harré R, Iniguez L. What is love? Discourse about emotions in social sciences. Human Affairs, 2010, 20: 249-269.

［14］ Harré R, Robert Finlay-Jones. Emotion talk across times//Harré R. The Social Construction of Emotion. Oxford: Basil Blackwell, 1986: 220-233.